储能科学与工程专业"十四五"高等教育系列教材

储能电池技术

主 编 陈 来 吴 锋 苏岳锋
副主编 卢 赟 李 宁 董锦洋

科学出版社

北 京

内 容 简 介

本书系统全面地介绍了储能电池技术，从基础理论到前沿应用，涵盖了一次电池、铅酸蓄电池、镍氢电池、锂基电池、钠基电池及液流电池等多种储能技术。内容翔实，注重关键材料、制造工艺和技术难点的分析，且结合了储能电池的发展现状和未来趋势，具有理论深度和实践参考价值。

本书可作为普通高等院校新能源材料与器件、材料科学与工程、储能科学与工程、新能源科学与工程等专业的本科生教材，也可作为储能行业的工程师、科研工作者及技术人员的参考书。

图书在版编目（CIP）数据

储能电池技术 / 陈来，吴锋，苏岳锋主编. -- 北京：科学出版社，2024.12. -- （储能科学与工程专业"十四五"高等教育系列教材）.--ISBN 978-7-03-080747-2

Ⅰ.TM911

中国国家版本馆 CIP 数据核字第 2024B661S4 号

责任编辑：陈 琪 / 责任校对：王 瑞
责任印制：师艳茹 / 封面设计：马晓敏

科学出版社 出版
北京东黄城根北街 16 号
邮政编码：100717
http://www.sciencep.com

北京九州迅驰传媒文化有限公司印刷
科学出版社发行 各地新华书店经销

*

2024 年 12 月第 一 版　开本：787×1092　1/16
2024 年 12 月第一次印刷　印张：13 1/2
字数：321 000

定价：59.00 元
（如有印装质量问题，我社负责调换）

储能科学与工程专业"十四五"高等教育系列教材编委会

主　任

　　王　华

副主任

　　束洪春　　李法社

秘书长

　　祝　星

委　员（按姓名拼音排序）

蔡卫江	常玉红	陈冠益	陈　来	丁家满
董　鹏	高　明	郭鹏程	韩奎华	贺　洁
胡　觉	贾宏杰	姜海军	雷顺广	李传常
李德友	李孔斋	李舟航	梁　风	廖志荣
林　岳	刘　洪	刘圣春	鲁兵安	马隆龙
穆云飞	钱　斌	饶中浩	苏岳锋	孙尔军
孙志利	王　霜	王钊宁	吴　锋	肖志怀
徐　超	徐旭辉	尤万方	曾　云	翟玉玲
张慧聪	张英杰	郑志锋	朱　焘	

序

　　储能已成为能源系统中不可或缺的一部分，关系国计民生，是支撑新型电力系统的重要技术和基础装备。我国储能产业正处于黄金发展期，已成为全球最大的储能市场，随着应用场景的不断拓展，产业规模迅速扩大，对储能专业人才的需求日益迫切。2020年，经教育部批准，由西安交通大学何雅玲院士率先牵头组建了储能科学与工程专业，提出储能专业知识体系和课程设置方案。

　　储能科学与工程专业是一个多学科交叉的新工科专业，涉及动力工程及工程热物理、电气工程、水利水电工程、材料科学与工程、化学工程等多个学科，人才培养方案及课程体系建设大多仍处于探索阶段，教材建设滞后于产业发展需求，给储能人才培养带来了巨大挑战。面向储能专业应用型、创新性人才培养，昆明理工大学王华教授组织编写了"储能科学与工程专业'十四五'高等教育系列教材"。本系列教材汇聚了国内储能相关学科方向优势高校及知名能源企业的最新实践经验、教改成果、前沿科技及工程案例，强调产教融合和学科交叉，既注重理论基础，又突出产业应用，紧跟时代步伐，反映了最新的产业发展动态，为全国高校储能专业人才培养提供了重要支撑。归纳起来，本系列教材有以下四个鲜明的特点。

　　一、学科交叉，构建完备的储能知识体系。多学科交叉融合，建立了储能科学与工程本科专业知识图谱，覆盖了电化学储能、抽水蓄能、储热蓄冷、氢能及储能系统、电力系统及储能、储能专业实验等专业核心课、选修课，特别是多模块教材体系为多样化的储能人才培养奠定了基础。

　　二、产教融合，以应用案例强化基础理论。系列教材由高校教师和能源领域一流企业专家共同编写，紧跟产业发展趋势，依托各教材建设单位在储能产业化应用方面的优势，将最新工程案例、前沿科技成果等融入教材章节，理论联系实际更为密切，教材内容紧贴行业实践和产业发展。

　　三、实践创新，提出了储能实验教学方案。联合教育科技企业，组织编写了首部《储能科学与工程专业实验》，系统全面地设计了储能专业实践教学内容，融合了热工、流体、电化学、氢能、抽水蓄能等方面基础实验和综合实验，能够满足不同方向的储能专业人才培养需求，提高学生工程实践能力。

　　四、数字赋能，强化储能数字化资源建设。教材建设团队依托教育部虚拟教研室，构建了以理论基础为主、以实践环节为辅的储能专业知识图谱，提供了包括线上课程、教学视频、工程案例、虚拟仿真等在内的数字化资源，建成了以"纸质教材+数字化资源"为特征的储能系列教材，方便师生使用、反馈及互动，显著提升了教材使用效果和潜在教学成效。

储能产业属于新兴领域，储能专业属于新兴专业，本系列教材的出版十分及时。希望本系列教材的推出，能引领储能科学与工程专业的核心课程和教学团队建设，持续推动教学改革，为储能人才培养奠定基础、注入新动能，为我国储能产业的持续发展提供重要支撑。

中国工程院院士　吴锋

北京理工大学学术委员会副主任

2024 年 11 月

前　言

随着全球能源结构的不断调整和可再生能源的迅猛发展，储能技术正逐渐成为能源转型的重要支撑，推动着未来经济的发展。推动能源革命，建设清洁低碳、安全高效的能源体系，是实现中华民族伟大复兴的重要战略任务。在"双碳"目标的引领下，中国致力于发展以储能为核心的能源基础设施，加速提升能源结构的智能化、可持续化和清洁化。

储能电池技术是储能系统中最为关键的组成部分。随着可再生能源发电的波动性和间歇性问题日益突出，电化学储能电池作为一种高效的能量存储方式，在平衡电网负荷和提高能源利用率方面发挥着不可替代的作用。近年来，全球储能产业的快速发展为能源领域带来了前所未有的机遇与挑战。储能电池技术正朝着高能量密度、长循环寿命、低成本和高安全性等方向不断突破，为电力、交通、工业等领域的清洁能源转型提供了有力支持。

《中国新型储能发展报告2024》的数据显示，截至2024年底，中国已成为全球储能装机容量最大的国家之一，尤其是在电化学储能领域的锂离子电池、钠离子电池和新型液流电池等技术取得了长足进步。《2024年国务院政府工作报告》指出："深入推进能源革命，控制化石能源消费，加快建设新型能源体系。"建设新型能源体系，推动能源清洁低碳转型，不仅是应对气候变化的需要，也是推动经济高质量发展的重要途径。储能技术作为新型电力系统的重要支撑，承担着调整能源结构和提高能源利用率的重要任务。

储能电池技术的不断进步为实现能源系统的清洁化、智能化和高效化提供了坚实的技术基础。本书全面介绍储能电池的基本理论、技术发展、材料创新以及产业应用，涵盖当前最具潜力的电池技术，如锂离子电池、钠离子电池和液流电池等。本书的编写不仅注重技术的前沿性，还结合储能电池技术在实际应用中的可操作性，以期为读者提供系统的知识框架和实用的技术指导。同时，为强化学生对知识的理解，本书融入视频内容，可扫描书中二维码进行学习。

本书共8章。第1章绪论阐述能源的重要性及能量转换、存储与利用的基本原理，分类介绍各种储能技术。第2~8章分别深入探讨一次电池、铅酸蓄电池、镍氢电池、锂基电池、钠基电池、液流电池以及前沿储能电池技术等，各章详细介绍电池的构造、工作原理、关键材料及应用实例。以锂离子电池为代表的锂基电池技术，广泛应用于消费电子、电动汽车和能源存储领域，特别强调其在高能量密度和安全性方面的研究进展。以钠离子电池为代表的钠基电池技术因其低成本和资源丰富的优势被视为锂离子电池的有力补充。

在本书与读者见面之际，衷心感谢所有为其顺利出版提供支持的朋友。在本书编写过程中，许多学者、专家及行业同仁的智慧与经验汇聚于此，使本书内容更加丰富而深入。特别感谢在储能领域深耕多年的专家和学者，他们的宝贵知识和经验为本书提供了坚实的基础。出版社的编辑团队在本书出版过程中也给予了巨大支持，确保每个细节的完美呈现。储能技术作为推动能源革命的重要力量，得到了相关高校、科研机构、学术团体及行业协会的关注与支持，在此，一并感谢支持本书出版的学校、机构和相关领导。

每位参与者的贡献都是不可或缺的，尽管我们力求严谨，但难免存在疏漏，恳请广大读者给予批评与指正。希望本书能够为储能技术的发展做出一定贡献，并助力全球能源革命，构建绿色、可持续的未来。

陈 来

2024 年 11 月

目　录

第1章　绪论 1
　1.1　能量转换、存储与利用 1
　　　1.1.1　能源概述 1
　　　1.1.2　储能与储能技术 3
　1.2　储能技术的分类与应用 4
　　　1.2.1　机械储能技术 4
　　　1.2.2　电化学储能技术 5
　　　1.2.3　电气类储能技术 7
　　　1.2.4　化学储能技术 8
　　　1.2.5　储热技术 9
　1.3　储能电池概述 11
　1.4　储能电池的工作原理和组成 12
　　　1.4.1　储能电池的工作原理 12
　　　1.4.2　储能电池的组成 13
　1.5　储能电池的性能指标和相关术语 15
　　　1.5.1　电动势 15
　　　1.5.2　开路电压 15
　　　1.5.3　内阻 15
　　　1.5.4　工作电压 16
　　　1.5.5　放电性能 16
　本章小结 21
　思考题 22

第2章　一次电池技术 23
　2.1　一次电池的概念和分类 23
　2.2　锌-锰电池 25
　　　2.2.1　锌-锰电池的工作原理 26
　　　2.2.2　锌-锰电池的结构和性能 29
　2.3　锌-氧化汞电池 35
　　　2.3.1　锌-氧化汞电池的工作原理 36
　　　2.3.2　锌-氧化汞电池的结构和性能 37
　2.4　锌-氧化银电池 40
　　　2.4.1　锌-氧化银电池的工作原理 41
　　　2.4.2　锌-氧化银电池的结构和性能 44

思考题·· 47
第3章　铅酸蓄电池技术·· 48
　3.1　铅酸蓄电池的构造和工作原理·· 48
　　　3.1.1　铅酸蓄电池的构造··· 48
　　　3.1.2　铅酸蓄电池的工作原理·· 49
　3.2　铅酸蓄电池的关键材料和技术·· 53
　　　3.2.1　铅酸蓄电池板栅·· 53
　　　3.2.2　铅酸蓄电池正极材料·· 55
　　　3.2.3　铅酸蓄电池负极材料·· 62
　3.3　铅酸蓄电池的制造工艺··· 65
　　　3.3.1　板栅制造工艺··· 65
　　　3.3.2　铅粉制备··· 66
　　　3.3.3　合膏·· 67
　　　3.3.4　生极板制备·· 68
　　　3.3.5　极板化成··· 68
　　　3.3.6　电池装配··· 69
　3.4　铅酸蓄电池的资源回收··· 69
　　思考题·· 71
第4章　镍氢电池技术·· 73
　4.1　镍氢电池的构造、工作原理和性能··· 73
　　　4.1.1　镍氢电池的构造·· 73
　　　4.1.2　镍氢电池的工作原理·· 74
　　　4.1.3　镍氢电池的性能·· 77
　4.2　镍氢电池的关键材料和技术··· 81
　　　4.2.1　储氢合金的分类和性质·· 81
　　　4.2.2　储氢合金的制备·· 87
　　　4.2.3　储氢合金的性能衰退和表面处理技术··· 88
　　　4.2.4　镍氢电池辅助材料·· 89
　　思考题·· 95
第5章　锂基电池储能技术··· 96
　5.1　锂离子电池的构造和工作原理·· 97
　5.2　锂离子电池正极材料·· 99
　　　5.2.1　钴酸锂正极材料·· 100
　　　5.2.2　磷酸盐类正极材料·· 101
　　　5.2.3　锰酸锂与富锂锰基正极材料·· 103
　　　5.2.4　高镍正极材料··· 106
　　　5.2.5　无机硫正极材料·· 107
　5.3　锂离子电池负极材料·· 108

		5.3.1 插层类负极材料	108
		5.3.2 合金类负极材料	111
		5.3.3 转换型负极材料	113
		5.3.4 锂金属负极材料	114
	5.4	锂离子电池电解质	116
		5.4.1 非水溶剂电解质	116
		5.4.2 水系电解质	118
		5.4.3 固态电解质	118
	5.5	锂离子电池的设计与制造	120
		5.5.1 锂离子电池的设计基础	120
		5.5.2 正负极材料制备与表征设备	121
		5.5.3 扣式锂离子电池制备设备	124
		5.5.4 软包锂离子电池制备设备	125
	思考题		126
第6章	钠基电池储能技术		127
	6.1	钠离子电池的构造和工作原理	127
	6.2	钠离子电池正极材料	128
		6.2.1 层状过渡金属氧化物正极材料	129
		6.2.2 聚阴离子型正极材料	131
		6.2.3 普鲁士蓝类正极材料	133
		6.2.4 无机硫正极材料	135
	6.3	钠离子电池负极材料	136
		6.3.1 插层类负极材料	136
		6.3.2 合金类负极材料	139
		6.3.3 转换型负极材料	142
		6.3.4 钠金属负极材料	145
	6.4	钠离子电池电解质	146
		6.4.1 非水溶剂电解质	147
		6.4.2 水系电解质	148
		6.4.3 固态电解质	150
	6.5	钠离子电池的设计与制造	151
		6.5.1 钠离子电池类型	151
		6.5.2 钠离子电池设计	153
	思考题		154
第7章	液流电池技术		155
	7.1	液流电池的构造和工作原理	156
		7.1.1 液流电池的结构组成	156
		7.1.2 液流电池的工作原理	158

7.2 全钒液流电池的关键材料和技术 ·· 159
 7.2.1 全钒液流电池电极材料 ·· 159
 7.2.2 全钒液流电池电解液 ·· 162
 7.2.3 全钒液流电池离子交换膜 ··· 163
 7.2.4 全钒液流电池电堆设计 ·· 168
 7.2.5 全钒液流电池储能系统 ·· 171
7.3 其他类型液流电池技术 ··· 173
 7.3.1 钒/多卤化物液流电池 ·· 173
 7.3.2 锌基液流电池 ··· 173
 7.3.3 铁/铬液流电池 ·· 175
 7.3.4 其他新型液流电池体系 ·· 176
思考题 ·· 177

第 8 章 前沿储能电池技术 ··· 178
8.1 二次镁基电池技术 ··· 178
 8.1.1 二次镁基电池的组成和工作原理 ·· 179
 8.1.2 二次镁基电池的关键材料和技术 ·· 179
8.2 二次铝基电池技术 ··· 182
 8.2.1 二次铝基电池的组成和工作原理 ·· 182
 8.2.2 二次铝基电池的关键材料和技术 ·· 185
8.3 二次锌基电池技术 ··· 189
 8.3.1 水系锌离子电池的组成和工作原理 ····································· 189
 8.3.2 水系锌离子电池的关键材料和技术 ····································· 190
8.4 二次钙基电池技术 ··· 195
 8.4.1 二次钙基电池的组成和工作原理 ·· 195
 8.4.2 二次钙基电池的关键材料和技术 ·· 196
思考题 ·· 199

参考文献 ··· 200

第1章 绪 论

能量是驱动世界运转的基本力量,也是人类社会赖以发展的核心资源。从最初利用火焰的力量,到今天的电力驱动,能量的开发和利用推动了文明的进步,并塑造了我们今天的社会结构。

随着全球能源需求的不断增长和可再生能源的快速发展,储能电池技术应运而生,成为能源领域的重要支柱。储能电池能够有效地将风能、太阳能等间歇性能源存储起来,并在需求高峰时释放出来,确保电力供应的稳定性。这种技术不仅减少了对传统化石能源的依赖,还为实现低碳和可持续发展的能源系统提供了重要保障。

储能电池技术的发展,从传统的铅酸电池到现代的锂离子电池,再到新兴的固态电池和钠离子电池,正在不断突破技术瓶颈。通过提高能量密度、延长使用寿命和增强安全性,储能电池在家庭储能、交通运输、电网调节等领域展现出了广泛的应用前景。可以说,储能电池技术不仅是当前能源结构转型的关键,更是未来智能电网和分布式能源系统的核心。

本章首先探讨能量转换、存储与利用的基本概念,然后分析储能技术的多样性及其在不同应用场景中的应用。最后详细介绍储能电池的工作原理和组成,并深入解析其性能指标和相关术语,为读者提供系统而全面的知识框架。

1.1 能量转换、存储与利用

1.1.1 能源概述

关于能源的定义,已知的表述有多种,但其内涵基本相同。一般来说,能源是可以直接或经过转换提供人类所需的任何形式能量的载能体资源。简言之,能源是指提供能量的资源,是含高品位能量的物质的总称,如煤、石油及石油类燃料、水力、风力等。

能源形式多样,根据不同的划分方式,可将能源分为不同的类型。目前,主要根据能源的产生、自身属性、使用类型、是否污染环境、形态特征等多种方式对其进行分类。

1. 根据能源的产生或能源的获得方法分类

根据能源的产生或能源的获得方法,可分为一次能源和二次能源,如表1-1所示。

表1-1 能源分类

一次能源		二次能源
可再生能源	不可再生能源	
太阳能、风能、水能、地热能、生物质能等	煤炭、石油、天然气、核能	电能、汽油、柴油、酒精、煤气、液化气等

(1) 一次能源，也称为天然能源，指直接从自然界获得的而无须经过加工转化的能源类型。这类能源涵盖可再生能源和不可再生能源两大类。其中，可再生能源指具备自然循环再生能力的能源，在被利用或转换的过程中也不会显著减少能源总量，主要包括太阳能、风能、水能、地热能及生物质能等。相比之下，不可再生能源由于不具备这种自我更新特性，其储量会随着持续的人类开采活动逐渐枯竭，典型代表如煤炭、石油、天然气和核能等。

(2) 二次能源，是指一次能源通过加工转换而成的不同形态的能量载体。这类能源主要包括电能、焦炭、煤气、沼气、蒸汽以及酒精等多种形式，还包括汽油、煤油、柴油及重油等石油产品。此外，在工业生产过程中产生的余热资源，如高温烟气、物料携带的热量、可燃气体以及带压流体等，也被视为二次能源的一种。

2. 根据能源的自身属性分类

根据能源的自身属性，可划分为燃料型能源与非燃料型能源。

(1) 燃料型能源，指能够直接用作燃烧材料以产生能量的资源。这类能源涵盖了多种类型，其中包括煤炭、石油及天然气等化石燃料，木材、沼气与有机废料等形式的生物燃料，以及甲醇和酒精等化学合成燃料；此外，还包括用于核反应过程中的铀、氘和氚等核燃料。

(2) 非燃料型能源，指不适合作为直接燃烧来源的能源类型，包括但不限于水能、风能、波浪能、潮汐能、太阳能以及地热能等。

3. 根据能源的使用类型分类

根据能源的使用类型，可分为常规能源和新能源。

(1) 常规能源，又称为传统能源，通常指已经得到广泛应用且技术相对成熟的能源形式，包括煤炭、石油、天然气、水力以及核裂变能等。

(2) 新能源，是指那些正在被初步探索利用或处于研究阶段、有待进一步普及的可再生能源类型，如太阳能、风能、地热能、海洋能、生物质能以及核聚变能等。

4. 根据能源消耗后是否污染环境分类

根据能源消耗后是否污染环境，可分为污染型能源和清洁能源。

(1) 污染型能源，即在利用过程中会对环境造成污染的能源，如煤炭、石油等，它们在使用过程中因燃烧而产生大量的二氧化碳、硫氧化物、氮氧化物等污染物，造成温室效应、酸雨等，影响生态，破坏环境。

(2) 清洁能源，即绿色能源，指在利用过程中不排放污染物或排放的污染物较少且符合一定的排放标准的能源，如水能、风能、太阳能等可再生能源以及核能等。

5. 根据能源的形态特征分类

根据能源的形态特征，可分为机械(力学)能、热能、化学能、辐射(光)能、电(磁)能、核能六种主要类型。

以上的分类方式仅仅是目前研究人员的分类方式，随着人们对能源的认识不断加深，还会根据不同的需要从其他方面对能源进行分类,但不管采用哪种分类方式,其主要目的还是更好地认识能源、了解能源,进而对能源进行更科学地开发利用。

1.1.2 储能与储能技术

储能的概念基于热力学第一定律,即能量守恒定律。根据这一定律,能量不会凭空产生或消失,而是可以从一种形式转化为另一种形式,但在这个过程中,能量的总值保持不变。因此,储能的本质是将能量转化为另一种形式并保存起来,以便在需要时释放。

可以通过热力学的基本公式来描述这一过程。根据热力学第一定律,对于封闭系统,其内部能量的变化为 $\Delta U = Q + W$,其中,Q 是传入系统的热量,W 是系统对外做的功。这意味着系统的能量变化是通过热量和功之间的转换实现的。在储能过程中,系统通常会通过某种介质或设备将能量存储起来,这一过程可以用热力学的状态方程来描述。

例如,在电池储能中,化学能被存储在电池中,当电池释放能量时,化学能转化为电能。同样,在机械储能中,动能或势能可以通过机械装置(如飞轮或弹簧)存储起来并在需要时释放。这些储能形式都遵循能量守恒定律。

储能系统不仅仅是能量形式的转换,还包括能量的传输和储存,这些都可以在热力学的框架下进行分析。例如,在储能的过程中,能量会被存储在某个设备中,这个设备可以被看作一个热力学系统。通过适当的设计,这个系统可以有效地存储并释放能量。

总而言之,储能是能量在不同形式之间进行转化与存储的过程。它在现代社会中有着广泛的应用,如电力储存、热能储存和化学能储存等。随着能源结构的调整和可再生能源的发展,储能技术在能源的高效利用和可持续发展中起到了关键作用。

在能源的开采、转换、输送及应用环节中,能量供给与需求之间往往存在着数量、形式以及时序上的不匹配。为了解决这些问题,更有效地利用能源,人们开发了多种用于储存和释放能量的技术手段,统称为储能技术。这种技术具有如下的特点。

1. 接入新能源,保障安全

对于风能、太阳能及海洋能之类的可再生资源,其产生受到季节变化、天气状况以及地理位置的影响,表现出显著的间歇性和波动性特征。通过采用大规模储能技术,能够有效整合这些不稳定能源,将其转换为更加稳定可靠的电力供给来源。

2. 合理调控,大大降低成本

采用储能电池技术,利用"谷电"为系统充电,并在用电高峰期将其应用于生产和运营活动,能够显著提高能源使用效率。这一方法不仅有助于缓解电网压力,也降低了企业的运行成本。在未来,储能解决方案将成为办公场所及家庭不可或缺的技术之一。对于商业楼宇而言,通过在夜间储存低成本电力并在日间高峰时段释放,能够有效实现负荷平衡,极大地减少电费支出。

3. 保障生产生活用电

储能系统能够在城市停电时,保障局部的紧急用电需求。配置备用电源与应急电源,能够一定程度上避免突然断电、限电、停电带来的各种困扰。与应急使用的柴油发电机不同，储能电站在平时也可以发挥调控能源的作用，而不是像发电机那样仅能在紧急场合启用。

4. 节能减排，优化能源结构

储能技术对于全球节能减排与优化能源结构有着积极的推动作用，是智能电网、新能源接入、分布式发电、微网系统及电动汽车发展必不可少的支撑技术之一。储能技术的应用可以有效提高电力设备的运行效率、降低供电成本，最终提高电能质量和用电效率，保障电网优质、安全、可靠供电和满足高效用电的需求。

1.2 储能技术的分类与应用

根据能量储存形式的不同，可以将储能技术分为机械储能技术、电化学储能技术、电气类储能技术、化学储能技术以及储热技术五大类。

1.2.1 机械储能技术

众所周知，自然界中存在各种动能和势能，如流动的水、自然风、潮汐涌浪、波浪等；人类活动中也产生了很多动能和势能，如移动的人、车辆、船舶、流体等。这些在自然界中和人类活动中产生的能量都是可再生能源。机械能是动能与势能的总和，是表示物体运动状态与高度的物理量。物体的动能和势能之间是可以转化的，在只有动能和势能相互转化的过程中，机械能的总量保持不变，即机械能是守恒的。

机械储能是一类将能量转换为机械能进行储存，并在需要时将机械能转化为电能的技术。常见的机械储能方式包括抽水储能、压缩空气储能和飞轮储能。机械储能技术通常具有较高的功率密度、快速的响应能力和较长的使用寿命，适用于电网调节和应急电源供应。其储能时间和规模视具体技术而异，从几分钟到几天不等，能够应对多种储能需求。

1. 抽水储能

抽水储能是目前应用最广泛的大规模储能技术。它利用电力将水从低位水库抽至高位水库，储存势能；在电力需求高峰时，释放水流，通过水轮机发电。这种方式具有较高的转换效率(通常为70%~85%)，适合调节电网峰谷差，并且储能容量大、运行稳定。抽水储能通常用于支持可再生能源并网，平衡供需波动，具备较长的储能时长和强大的储备能力。其原理如图1-1所示。

2. 压缩空气储能

压缩空气储能是通过电力驱动的压缩机将空气压缩，并储藏于地下洞穴、气罐或压力容器之中。在电力需求增加时，储存的压缩空气被释放出来，经过加热后推动涡轮机工作以产生电能。压缩空气储能通常具有大规模、长时间储能能力，其效率通常为50%~70%，若结合热能回收技术，效率可进一步提高。它适合与大规模可再生能源电站结合，提高电网的灵活性和稳定性。

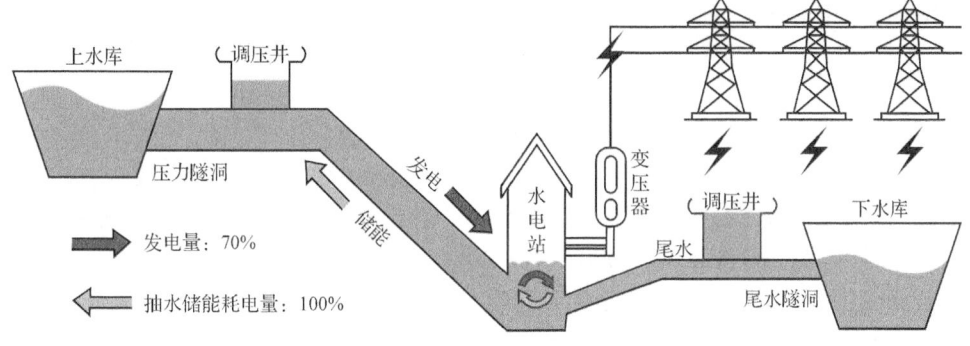

图 1-1 抽水储能工作原理

3. 飞轮储能

飞轮储能是通过电机带动飞轮高速旋转,将电能转化为动能进行储存。在需要时,飞轮通过发电机将动能转化回电能。飞轮储能技术以其极快的响应速度(通常在毫秒级)和高循环寿命(可达到数十万次循环)而著称,适合短时、高功率储能场景,如电网频率调节和不间断电源。飞轮储能的转换效率通常较高,可达 85%~95%,但其储能时间较短,通常用于平衡短时间内的功率波动。图 1-2 为飞轮储能电源系统原理图。

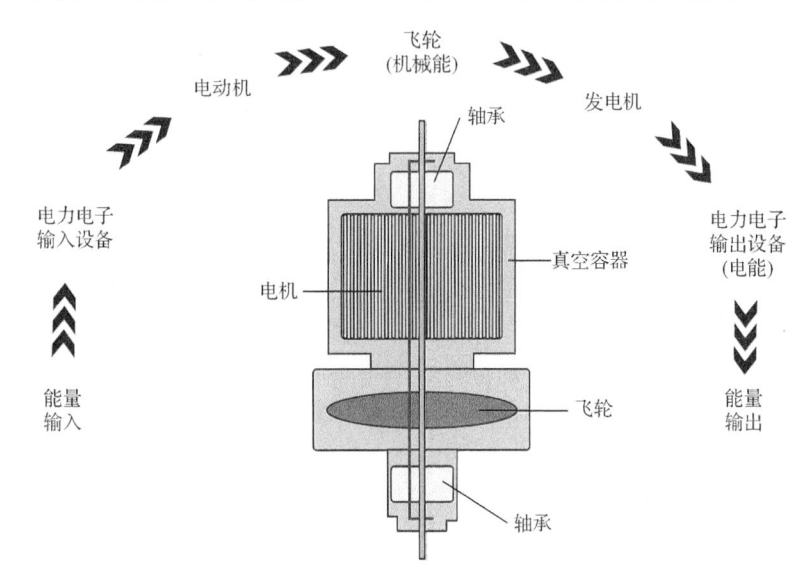

图 1-2 飞轮储能电源系统原理图

1.2.2 电化学储能技术

电化学储能是通过电化学反应将电能转换为化学能储存,在需要时将其转化回电能的一种技术。其核心是通过电池的充放电过程,实现能量的存储和释放。电化学储能技术具有响应速度快、效率高、安装灵活、模块化设计等优点,适用于可再生能源并网调频、峰谷调节和应急电源等场景。当前主流的电化学储能技术包括铅酸电池、镍氢电池、锂离子电池、钠离子电池和液流电池等,每种电池都有其独特的性能、应用场景和发展潜力。随着可再生能源比例的提高,电化学储能在全球能源结构转型中扮演着至关重要的角色,是实现清洁、低碳、安全能源系统的重要保障。

1. 铅酸电池

铅酸电池是一种历史悠久且应用广泛的电化学储能技术,其原理是利用铅及其氧化物作为正负极材料,将硫酸水溶液作为电解质,通过电化学反应进行充放电。铅酸电池具有生产成本低、技术成熟、可靠性高、耐过充过放能力强等优点,广泛应用于汽车起动电池、备用电源和储能系统等领域。然而,铅酸电池的能量密度较低,循环寿命有限,且含有有毒的铅元素,处理不当会对环境造成污染。尽管如此,铅酸电池在某些领域依然占据着重要地位,尤其是在对成本敏感的应用场合。未来,铅酸电池的环保回收及性能改进是该技术发展的关键方向。

2. 镍氢电池

镍氢电池是一种氢氧化镍作为正极、金属氢化物作为负极的电化学储能技术,具有能量密度较高、环保性好、循环寿命长等优点。相比于传统的镉-镍电池,镍氢电池没有镉的毒性问题,更加环保,因此被广泛应用于电动工具、混合动力汽车、便携式电子设备等领域。其充放电效率较高,能够在多种环境下稳定工作。镍氢电池的一个重要特点是其具有较强的过充电和过放电耐受能力,使得其在频繁充放电的应用场合中表现出色。尽管锂离子电池近年来的崛起使镍氢电池的市场份额有所下降,但它仍然在特定应用领域占据一席之地。

3. 锂离子电池

锂离子电池是一种通过锂离子在正负极之间嵌入和脱嵌来实现充放电的电化学储能技术。锂元素的质量轻、能量密度高,使得锂离子电池在便携式电子设备、电动汽车、可再生能源储能等领域得到了广泛应用。锂离子电池具有长循环寿命、无记忆效应等优势,但也存在一定的安全性问题,如过充过放可能导致热失控等。随着技术的进步,锂离子电池的安全性和电化学性能不断提升,成本不断下降,成为当前市场上应用最为广泛的储能电池之一。未来,固态电解质、硅基负极等技术的发展有望进一步提升锂离子电池的电化学性能和安全性。

4. 钠离子电池

钠离子电池是近年来发展迅速的一种新型电化学储能技术,其工作原理类似于锂离子电池,依靠钠离子在正负极之间的嵌入和脱嵌进行充放电。钠离子电池的优势在于钠资源丰富、成本低廉,不受锂资源限制,尤其适用于大规模储能应用。尽管其能量密度不如锂离子电池,但钠离子电池在循环稳定性、低温性能和安全性等方面表现良好,具有广阔的发展前景。目前,钠离子电池的研究重点集中在提高能量密度、提升循环寿命以及降低制造成本等方面。随着技术的不断进步,钠离子电池有望成为未来大规模储能的重要解决方案之一。

5. 液流电池

液流电池是一种电解液储存在外部罐体中的电化学储能技术,其原理是通过两种不同的电解液在电池内部的电化学反应进行能量存储和释放。液流电池的一个显著特点是其能量与功率独立可调，储能容量可以通过增大电解液储量来扩展，因此特别适合大规模、长时储能应用。常见的液流电池类型包括全钒液流电池、锌/溴液流电池等。液流电池具有长寿命、良好的安全性和环境友好性，但其初始投资较高，且电池系统复杂。随着技术的进步，液流电池在大规模储能领域的潜力正在逐步显现，尤其是在可再生能源并网和电网调节应用中。

1.2.3 电气类储能技术

电气类储能主要包括超级电容器储能和超导储能，前者将电能存储于电场中，后者将电能存储于磁场中。电气类储能在功率密度和循环寿命方面有巨大的优势，可减小电网瞬间断电的影响，抑制电网的低频功率振荡，改善电压和频率特性。

1. 超级电容器储能

超级电容器，也称为超级电容或电化学电容器，是一种通过电极表面的电荷积累来存储能量的储能装置。其储能机制不同于传统电池，通过电极与电解液界面上的双电层形成的电荷来实现电能的存储。超级电容器具有极高的功率密度、超长的循环寿命和快速的充放电能力，因此在电动交通工具、再生制动系统、备用电源和电网调频等领域得到了广泛应用。然而，超级电容器的能量密度相对较低，远低于锂离子电池，因此适用于短时高功率需求的应用场景。未来，随着材料科学的进步，超级电容器的能量密度有望进一步提升，从而扩展其在储能市场中的应用。

超级电容器主要可以划分为双电层电容器、法拉第电容器以及混合型超级电容器三类。其中，双电层电容器是基于碳材料作为电极，在与电解质接触形成的固-液相界面上产生电荷分离现象，从而形成双电层结构。此类电容器在充放电时经历的是物理性的电荷吸附与解吸过程。尽管双电层电容器拥有较高的功率密度及较长的使用寿命，但其能量密度相对较低。目前，这类装置已经实现了商业化应用。

法拉第电容器是利用金属氧化物或导电聚合物作为电极材料，在这些材料的表面及体相浅层区域通过发生氧化还原反应来形成吸附电容。该类电容器的工作原理类似于电池中的反应过程；在电极表面积相同的条件下，它能够提供的电容量是双电层电容器的数倍之多。然而，就瞬时大电流放电的功率特性以及循环寿命而言，法拉第电容器并不如双电层电容器表现出色。此外，法拉第电容器还面临着制造成本较高和技术尚未完全成熟的问题。

混合型超级电容器以其较高的能量密度和较长使用寿命著称，尽管目前仍处于商业化的早期阶段，但未来其发展潜力巨大。

2. 超导储能

超导储能是一种利用超导体在无电阻状态下存储电能的电磁储能技术。其工作原理是在超导线圈中通过直流电流生成强大的磁场，从而储存能量，并在需要时通过电流放电来释放能量。由于超导体在低温下无电阻，超导储能系统可以实现极高的充放电效率，几乎无能量损耗。此外，超导储能具有极快的响应速度，可以在毫秒级实现充放电，适用于电力系统中的瞬时电压调节和频率控制等。然而，超导储能系统的成本较高，主要受限于超导材料和低温冷却技术的发展，因此目前的应用场景多集中于需要高功率、短时储能的特殊领域，如电网稳定和军事装备。

常见的超导材料包括低温超导体如铌钛(Nb-Ti)和铌三锡(Nb$_3$Sn)，以及高温超导体如钇钡铜氧(YBCO)和铋锶钙铜氧(BSCCO)。高温超导体相较于低温超导体具有更高的临界温度，降低了冷却需求，使得超导储能系统更为实用和经济。

1.2.4 化学储能技术

化学储能是利用电能将低能物质转化为高能物质进行存储，从而实现储能过程。现阶段，化学储能领域中应用较为广泛的技术包括氢气储能以及合成燃料(如甲烷、甲醇等)储能。这类储能介质本身即可以直接作为能源使用，因此，在这一点上，化学储能方式与那些输入、输出均为电能的传统储能手段有着本质上的不同：当终端用户能够直接利用氢气或甲烷等物质时(如在氢燃料电池车、联合供热供电系统或者化工行业中)，这些储藏的能量形式无须再转换回电力系统中的电能，从而有助于提升整个能源利用系统的效率。这种直接利用的方式，实际上是从传统意义上的"二次能源"存储转变为了一种更为高效的"三次能源"存储模式。因此，化学储能往往是能源形式转化过程中的重要环节，其优势在于能量密度高、储存时间长、规模灵活，适合长时间、大规模的能源储存。此外，化学储能可以利用现有的能源基础设施，如天然气管道和液化燃料存储设施，降低部署成本。因此，化学储能在可再生能源并网、工业热能需求和交通领域具有巨大的发展潜力，尤其是在解决可再生能源波动性问题方面发挥着关键作用。

1. 氢气储能

氢气储能是一种电能转化为氢气储存起来的技术，其核心是通过电解水或其他化学过程产生氢气，并在需要时通过燃料电池或直接燃烧释放能量。氢气作为一种清洁的二次能源，具有高能量密度、零碳排放的特点，广泛应用于交通、工业、储能等领域。储氢技术的关键挑战在于氢气的高效生产、储存和运输，目前主要的储氢方式包括高压储氢、低温液态储氢和固态储氢(如金属氢化物储氢)。尽管储氢系统的成本较高，但随着技术的进步，特别是绿色制氢技术的发展，氢气储能被认为是未来实现深度脱碳、推动能源转型的重要解决方案之一，尤其适用于大规模、长时储能和重型交通应用。

2. 合成燃料储能

合成燃料储能是利用电能生成化学燃料(如合成天然气、合成液体燃料等)来实现能量的长时间储存。这种技术通常涉及电解水生成氢气，再将氢气与二氧化碳合成为碳氢化合物，如甲烷、甲醇或合成柴油等。这些合成燃料可以存储和运输，并在需要时通过燃烧或在燃料电池中转化为电能或机械能。合成燃料储能的优势在于其可以与现有的能源基础设施兼容，如现有的天然气管道、液体燃料存储和分配系统，适合长时间、大规模的能量储存。此外，合成燃料还可以作为可再生能源发电的调峰补充，帮助平衡电网。尽管合成燃料的整体效率较低，成本较高，但随着可再生能源的普及和碳捕集与利用技术的进步，合成燃料储能有望成为未来低碳能源体系的重要组成部分。

1.2.5 储热技术

热能作为人类利用的重要能源之一，在终端能源消费中占据了40%~50%的比例，其应用范围极其广泛。在当前的能源开发与利用体系内，几乎所有的能量形式转换过程均涉及热能。然而，由于能量转换过程中不可避免地存在能量损失，储热技术很少被直接应用于电能存储(即输入和输出均为电能的情况)。相反，它更多地作为能量转换链条中的一个环节出现，或者单纯应用于热力系统。根据工作原理的不同，储热技术主要分为显热储热、潜热(相变)储热以及热化学储热三大类。

1. 显热储热

显热储热技术是一种利用物质温度变化来实现热量存储与释放的方法，其工作机理相对简单：通过加热或冷却介质以达到储热或放热的目的。在此过程中，介质不经历化学性质的转变或相态的变化，因此整个系统易于控制且运行平稳。另外，此类储热材料种类繁多、成本低廉，适合大规模使用。该技术不仅成熟度高，而且在多个领域展现出了广阔的应用潜力。同时，显热储热也面临着一些挑战，如储能密度偏低、设备体积较大、长时间存放时热量损失较多以及输出温度不稳定等。显热储存介质大致可以分为液态和固态两大类别。在液态储热材料中，常见的有水、导热油、熔盐及液态金属等。其中，水因具备良好的安全性与稳定性，且储热温度通常不高于100℃，被广泛应用于太阳能热水供应系统以及空间供暖等领域。导热油拥有出色的热传导性能及较宽的工作温区，在早期的中高温热能存储领域中有过应用；但其高昂的成本、易燃性以及在封闭循环中可能产生的高压风险，使得该类材料逐渐让位于其他更优选项。相比之下，熔盐以其低饱和蒸汽压力、低黏度、高热传导率、不易燃烧且无毒害等特点，在主流蒸汽参数对应的温度下表现出色，并且成本相对较低，因此被认为是太阳能热电转换的理想选择之一。不过，当环境温度极高时，熔盐可能会对输送管道及相关设备造成腐蚀作用，这就要求必须进一步研究并改善它与不锈钢材质之间的兼容性和耐热性能。至于液态金属，则因其极高的热传导能力而被视为未来潜在的高温(超过600℃)储热解决方案；然而，鉴于此类物质化学性质极其活跃，需要采取额外的安全防护措施来保障系统的正常运行，加上高昂的成本，其目前仍处于初步探索阶段。

常见的固态储热材料有混凝土、岩石和耐火砖等。相较于液态储热材料而言，固态储热材料能够在更高的温度下工作，并且在相同的空间内能够储存更多的热量，这意味着所需材料量的减少以及整体成本的降低。

2. 潜热(相变)储热

相变储热技术主要依赖于潜热作为其能量存储的主要形式，该技术利用物质在相态转变过程中吸收或释放大量潜热来储存热量。在此期间，材料的温度几乎保持恒定。这种储热技术具备储能密度高和体积小等显著优点。

物质从一种状态到另一种状态转换的过程称为相变。通常情况下，这种转变是在等温或近似等温下发生的，并伴随着显著的能量变化，即热量的大量吸收或释放，这部分能量被定义为相变潜热。特别地，相较于显热而言，大多数材料在相变过程中所涉及的潜热要大得多。以水为例,其比热容值约为 4.2 kJ/(kg·℃),而在固态转变为液态(冰融化成水)的过程中,水能够吸收 355 kJ/kg 的能量作为相变潜热。由此可见,在能量密度方面,利用相变潜热的方式明显优于单纯依赖显热的方法。

物质的相变主要包括固-固、固-液、固-气及液-气四种类型。尽管固-气与液-气两种转换形式拥有较高的潜热值,但因为这两种情况下材料体积会发生显著变化,增加了实际操作中的难度,所以它们的应用范围相对有限。相比之下,当一种固体材料从一个晶态转变为另一个晶态时发生的固-固相变,则表现出较小的体积变动以及较低的过冷度,但其释放或吸收的热量通常低于其他几种相变过程。在固-液相变过程中,物质由固态转化为液态,虽然此过程需要特定容器来容纳液体,但相较于固-气和液-气相变而言,其体积变化幅度要小得多,并且所涉及的相变潜热也明显高于固-固相变。鉴于这些特点,目前固-液相变被认为是最具实用性和广泛应用潜力的一种相变储热手段。

目前用于相变储热技术的材料种类繁多,依据其化学成分的不同,主要分为有机和无机两大类。有机类型的相变材料主要包括石蜡、醇以及脂肪酸等物质;而无机类型的相变材料则以结晶水合盐、熔融态盐及金属或其合金为代表。通常来说,有机相变材料更适用于中低温度范围内的热能储存,无机相变材料则在中高温度条件下展现出更好的热能存储性能。

3. 热化学储热

热化学储热技术具有极高的单位体积能量密度,能够达到 GJ/m^3 的数量级。与之相比,显热储能材料的能量密度仅为它的十分之一左右,而潜热储能材料也仅为其1/2。此外,将反应物分开放置,该技术能够在常温条件下实现热能的零损失储存,因此被广泛认为是未来大规模及长期热能储存领域最具潜力的技术方案之一。依据在储能过程中所涉及的化学键变化的不同,热化学储热可以进一步分为化学吸附储热和化学反应储热两大类。

化学吸附储热特别适合低温环境中应用,它依赖于固态吸附剂与气态吸附物之间物理或化学的分子间作用力(如范德瓦尔斯力、静电力以及氢键等)的形成与断裂来实现热量的储存和释放。该技术主要包括两大类系统:一类是以水蒸气作为吸附质的水合盐体系;另一类则是以氨分子作为吸附质的氨络合物体系。对于常用的几种化学吸附储热材料来说,它们的具体类型、工作时的储热/放热温度及储能密度等参数如表 1-2 所示。

表 1-2 常用化学吸附储热材料的特性

材料体系	储热材料	储热、放热温度/℃	储能密度
水合盐	$LiCl·H_2O$	85、40	2622 kJ/kg
	$CaSO_4·2H_2O$	150、60	277 kJ/kg
	$Na_2S·5H_2O$	82、66	27.89 GJ/m^3
	$MgCl_2·6H_2O$	104、61	17.82 GJ/m^3
	$SrBr_2·6H_2O$	105、52	4.14 GJ/m^3
	$MgSO_4·7H_2O$	150、25	21.99 GJ/m^3

续表

材料体系	储热材料	储热、放热温度/℃	储能密度
氨络合物	$SrCl_2$	96、52	1724 kJ/kg
	$MnCl_2$	162、45	1296 kJ/kg

化学反应储热主要应用于中高温条件下，其体系多样，包括甲烷重整、氨的合成与分解、金属氢化物、碳酸盐、金属氧化物以及金属氢氧化物等。这类方法通过化学键的断裂与重组来实现热能的储存和释放。此类储能方式具备较大的反应焓值、较高的能量密度以及较高的工作温度范围。然而，在实际应用过程中仍面临成本控制、材料腐蚀性及气体存储等问题，因此有必要深入研究相关反应机理，优化工艺流程以提升整体性能。

热化学储热系统结构复杂且辅助设备众多，导致初期投资成本较高，目前尚未充分利用其超高的单位体积能量密度优势。此外，由于涉及的化学反应机制较为复杂，精确控制反应速率存在挑战，加之部分反应过程对安全性有严格要求，使得整个系统的运行效率仍有待提升。因此，仍需围绕上述问题对热化学储热技术做进一步深入研究。

1.3 储能电池概述

当代社会与电之间存在着紧密联系，为了获取电能，人类利用了多种能源形式，包括化石燃料、水能、风能、太阳能、化学能量以及核能等，将这些来源的能量转换为电能以供使用。其中，能够直接将化学反应产生的能量转化为电能的设备称为化学电源(通常简称电池)。

化学电源的发展历程可追溯至18世纪。1786年，意大利生物学家伽尔瓦尼在进行青蛙解剖实验时首次观察到了蛙腿肌肉的收缩现象，并将其命名为生物电。随后，在1800年，另一位来自意大利的科学家伏打基于伽尔瓦尼的研究成果提出了一种新理论：他认为蛙腿抽搐的现象是由不同金属接触产生的电流引起的。依据这一假设，伏打将锌片与铜片交替叠放，并用浸过盐水的皮革隔开，从而创造了世界上首个真正的化学电源，即著名的伏打电堆，如图1-3所示。到了1836年，英国发明家丹尼尔改进了伏打的设计，开发出了更为实用的丹尼尔电池。自此之后，电池技术进入了快速发展阶段，铅酸电池、锌-锰电池、镉-镍电池等一系列新型电池相继问世。进入20世纪后，随着科技的进步，人们又研发出了锌-银电池、铁-镍电池、金属氢化物-镍电池、锂金属电池、锂离子电池以及燃料电池等多种类型的先进电池产品，这些创新成果现已广泛应用于现代社会的各个领域。

当前市场上存在多种类型的电池，其分类方法也不同。依据所使用的电解质种类不同，可分为几类：使用酸性水溶液作为电解质的称为酸性电池；

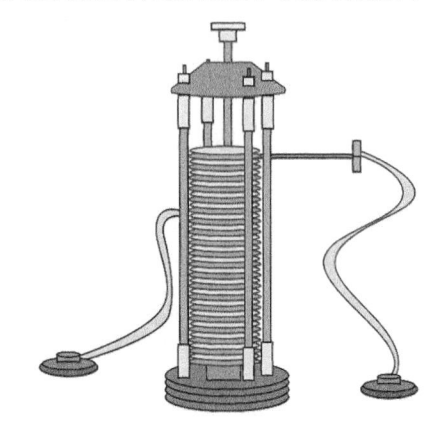

图1-3 伏打电堆

采用碱性水溶液作为电解质的是碱性电池;以中性水溶液作为电解质的则被命名为中性电池;而那些利用有机电解质溶液工作的电池,则相应地称为有机电解质溶液电池;此外,还有基于固态电解质设计而成的固态电解质电池;采用熔融状态下的盐类作为电解质的电池,则称为熔融盐电解质电池。

更常见的是依据电池的工作特性和储能机制对其进行划分,通常可以分为四大类。

(1) 一次电池,又称为原电池,指在放电之后无法通过充电方式恢复到初始状态的电池类型。这意味着这类电池只能被使用一次。造成一次电池不可再充电的原因在于其内部的化学反应本质上是不可逆的,或者即便理论上可逆,但在实际条件下实现可逆反应极为困难。锌-锰电池与锂二氧化锰电池就是两种常见的一次电池。

(2) 二次电池,又名蓄电池,指在放电过程之后,能够通过再充电的方式恢复其内部活性材料至放电前状态的电池,从而能够实现循环使用。这类电池广泛应用于日常生活与工业生产中,代表性的二次电池包括铅酸电池、金属氢化物-镍电池及锂离子电池等。

(3) 储备电池,也称为激活电池,其特点是电解质与电极活性材料在储存期间保持分离状态,或电解质处于非活性状态。只有当需要使用时,通过注入电解液或其他手段激活电池后,它才能开始运作。由于正负极活性物质在存放过程中不会自发地进行放电反应,这类电池非常适合长期保存。锌-银电池和镁氯化铜电池是储备电池中较为常见的两种类型。

(4) 燃料电池,也称作连续电池,其内部的电极材料不具备活性,而是作为进行电化学反应的平台。正负两极所需的活性物质分别存放于电池外部,在运行过程中不断地被输送到电池内,从而实现持续供电。燃料电池主要包括质子交换膜燃料电池、碱性燃料电池等类型。

与其他类型的能源相比,化学电源以其高效的能量转换效率、便捷的操作性、较高的安全性、易于小型化以及对环境的友好特性而著称。这些特点使得电池在日常生活及工业生产中占据了不可或缺的地位。储能电池的发展与社会的整体进步和技术革新是密不可分的;同时,电池技术的发展也反向促进了生产和科技领域的进一步探索与发展。由此可见,在未来很长一段时间内,储能电池领域仍具备广阔的发展前景。

1.4 储能电池的工作原理和组成

1.4.1 储能电池的工作原理

储能电池是在电能和化学能之间进行能量转换和储存的装置,在电池放电时,将化学能直接转化为电能,充电时,将电能转换为化学能进行储存。电池中正负极由不同材料制成,插入同一电解质后,正负极均将建立自己的电极电势,如图1-4中 $ABCD$ 折线所示(虚线与电极间的空间表示形成的双电层)。正负极间的平衡电极电势的差值,构成电池电动势 E。

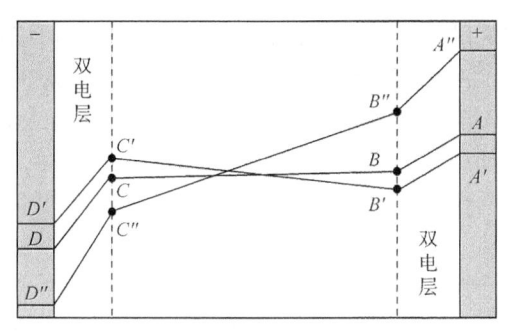

图 1-4 储能电池工作原理示意图

当正负极与外部负载连通时,正极材料得到电子发生还原反应,产生阴极极化,从而使得正极电势下降;负极材料失去电子发生氧化反应,产生阳极极化,从而使得负极电势上升。对于外电路,电子从负极流向正极,因此电流方向为从正极流向负极,在电解质中,靠离子移动进行电荷转移,由此内电路的电流方向为从负极到正极。在放电状态下,电池的电势分布如图 1-4 中 $A'B'C'D'$ 折线所示。上述的整个过程形成了一个完整的闭合回路,使得电极上的氧化与还原反应能够不断进行,由此在闭合回路中就有电流不断通过。电池工作时,电极上进行的产生电能的电化学反应称为成流反应,参与电化学反应的物质称为活性物质。

电池的充电过程本质上是其放电过程的逆过程。在充电过程中,正极上进行氧化反应,而负极上则发生还原反应;与此同时,电解质中的离子迁移方向与放电时反向,并且需要施加一个超过电池开路电压的外部电源以驱动这一化学转换过程,如图 1-4 中 $A''B''C''D''$ 折线所示。

为了促成化学能向电能的直接转换,储能电池内发生的氧化还原过程与常规的氧化还原反应存在本质差异。在电池中,失去电子的过程(即氧化)和得到电子的过程(即还原)必须被分割于不同的区域内进行,同时,在活性成分参与反应时,电子需通过外部电路流动。正是这两个关键要素使得电池内部的氧化还原机制区别于普通的化学氧化还原反应及电化学腐蚀现象中的微电池反应。

1.4.2 储能电池的组成

一个基本的储能电池应当包含四个最基本的组成部分:电极、电解质、隔离物与电池外壳。

1. 电极

电极作为电池的关键组件,分为正负两极,主要由活性材料及导电骨架构成。其中,活性材料在电池放电过程中通过化学反应生成电能,是决定电池性能的主要因素。活性材料大多数情况下为固体,但也存在液体或气体的情形。

活性物质对电池的整体性能有着决定性的影响,因此一般有下述性能要求:①正极材料应具有较高的电位,而负极材料则需保持较低的电位,以此来确保所构成的电池能够产生较大的电动势;②活性材料必须具备良好的电化学反应活性,即它们应当容易参与氧化还原过程;③活性成分需要拥有较高的重量比容量和体积比容量;④活性材料需要在电解质溶液中有优异的化学稳定性,并且自溶速率要尽可能低;⑤活性材料应具备高的电子导电性;⑥从经济性和可持续发展的角度来看,理想的活性物质应该是地球上储量丰富且成本低廉的资源;⑦活性材料还需对人体健康及自然环境无害。

针对特定活性物质而言,要全面达到上述标准颇具挑战性,因此在选取活性物质时必须进行全面考量。现阶段,正极材料广泛采用的主要是金属氧化物,如二氧化铅、二氧化锰以及氧化镍等,此外,还包括空气中的氧气。至于负极材料,则倾向于使用化学性质较为活泼的一系列金属,如锌、铅、镉、铁、锂及钠等。

导电骨架的功能在于连接活性材料与外部电路,并确保电流分布的均衡性,同时它还承担着支撑活性物质的任务。理想的导电骨架应当具备优良的机械强度、高的化学稳定性、较低的电阻率以及好的加工性。

2. 电解质

电解质的主要作用在于确保正负极之间能够有效地进行离子传导,承担着传输离子的任务,在某些情况下,它还可能参与到电化学反应中。对于电池内使用的电解质而言,其性能应当满足如下要求:①应具备良好的化学稳定性,以防止在储存过程中电解质与活性材料界面发生显著的电化学反应,从而能够减小电池自放电;②要具有较高的电导率,可以在电池运行时减小由溶液内部电阻导致的欧姆电压降。

各类电池所采用的电解质成分各异,通常会选择导电性能优良的酸、碱或盐类水溶液作为电解质。而在一些新型电源技术中,则可能使用有机溶剂电解质、熔融盐电解质或固态电解质等新型材料。

3. 隔离物

隔离物,也称为隔膜或隔板,被设置在电池的正极与负极之间,其主要功能在于防止两极直接接触而引发短路现象。对于隔离物的基本性能要求包括:①是电子的良好绝缘体,以防止电池内部出现短路;②对电解质中的离子迁移有较低的阻碍作用,从而减小整个装置的内阻,在高电流放电条件下能够显著降低能量损失;③具有良好的化学稳定性,材料能够耐受电解液的腐蚀以及电极活性物质的氧化还原作用;④具备足够的机械强度及抗弯折能力,能够有效阻挡枝晶生长,并且能够防止微小活性颗粒穿透隔膜;⑤考虑到经济性因素,应该易于获取并且成本低廉。

常用的隔离物材料有棉纸、浆层纸、微孔塑料、微孔橡胶、水化纤维素、尼龙布以及玻璃纤维等。

4. 电池外壳

电池外壳也就是电池容器,在现有储能电池中,只有锌-锰干电池是锌电极兼作外壳。相比之下,其余类型的电池则倾向于选用特定材料作为外部封装,而非活性物质本身。理想的电池外壳应具备优良的力学性能,能够抵御振动与冲击,并且能够在极端温度条件下保持稳定,同时抵抗电解质带来的腐蚀作用。实践中,金属、塑料及硬橡胶等材料因其各自的优点而被广泛采用作为电池外壳。

1.5 储能电池的性能指标和相关术语

1.5.1 电动势

当外部电路处于断开状态,即电池内部无电流通过时,正负两极间的平衡电极电势差被定义为该电池的电动势,通常以符号 E 表示。电动势的数值是反映电池系统所能输出电能多少的指标之一。根据热力学原理,有

$$-\Delta G = nFE \tag{1.1}$$

$$E = -\frac{\Delta G}{nF} \tag{1.2}$$

式中,ΔG 为吉布斯(Gibbs)自由能的变化;n 为电子转移数;E 为电池电动势;F 为法拉第常数。

由式(1.2)可以得出,电池电动势的大小主要取决于参与化学反应物质的本质属性、电池工作时的反应条件(如温度)以及反应物与生成物的活度,而不受电池几何构造或尺寸的影响。

1.5.2 开路电压

电池的开路电压是指当外部电路与电池正负极之间处于断开状态时,两极间存在的电势差。值得注意的是,由于正负极在电解质溶液中可能并未达到热力学上的平衡状态,因此,电池的开路电压通常会略低于其电动势。电池的电动势是基于热力学公式计算而得到的一个理论值,相比之下,开路电压则是通过实验直接测量得到的实际数值,二者在数值上十分接近。为了准确测定开路电压,在测量过程中应保证没有电流流经测量仪表,一般采用高阻电压表来进行此项测试。

此外,在生产研究中也会使用标称电压的概念,标称电压是表示或识别一种电池的适当的电压近似值,也称为额定电压,是用来鉴别电池类型的数值。例如,铅酸蓄电池的开路电压接近 2.1 V,标称电压定为 2.0 V;锌-锰电池的标称电压为 1.5 V;镉-镍电池、镍氢电池的标称电压为 1.2 V。

1.5.3 内阻

电池的内部电阻,通常称为内阻($R_内$),是指电流通过电池时遇到的阻力。这种内阻主要由两部分组成:一是由材料本身的性质造成的欧姆内阻;二是因电化学反应过程中电极表面发生极化现象而产生的额外极化内阻。

欧姆内阻(R_Ω)的值受到电解液特性、隔膜属性及电极材质的影响。电解质溶液的欧姆内阻与该溶液的具体成分、浓度水平以及所处的环境温度密切相关。一般说来,电池用的电解液浓度值大都选在电导率最大的区间。隔膜微孔对电解液离子迁移所造成的阻力称为隔膜电阻,即离子通过隔膜微孔时受到的电阻。隔膜的欧姆电阻与电解质种类、隔膜的材料、孔率和孔的曲折程度等因素有关。电极上的固相电阻包括活性物质粉粒本身的电阻、粉粒之间的接触电阻、活性物质与导电骨架间的接触电阻,以及导电骨架、

导电排、端子的电阻总和。放电时,活性物质的成分及形态均可能变化,从而造成电阻值发生较大的变化。为了降低固相电阻,常常在活性物质中添加导电组分,如乙炔黑、石墨等,以增加活性物质的导电能力。电池的欧姆内阻还与电池的尺寸、装配、结构等因素有关。装配越紧凑,电极间距就越小,欧姆内阻就越小。

极化内阻(R_f)是指在化学电源中,当正负两极进行电化学反应时,由于极化现象而产生的内部电阻。极化内阻包括由电化学极化及浓差极化所导致的电阻总和。其大小受到活性材料属性、电极构造、电池生产工艺的影响,并且特别地,与电池的工作状态紧密相连。因此,随着放电模式和放电时间的变化,极化内阻也会相应地发生变化。

1.5.4 工作电压

电池的工作电压,也称为负载电压或放电电压,是指在外部电路中有电流通过时,电池正负极之间的电势差。当电池内部有电流流过时,为了克服由极化内阻和欧姆内阻所带来的阻力,实际测量到的工作电压值总是低于无负载状态下的开路电压。

$$U = E - IR_{内} = E - I(R_\Omega + R_f) \tag{1.3}$$

由式(1.3)可以看出,电池的内阻越大,电池的工作电压就越低,实际对外输出的能量就越小,显然电池内阻要尽可能小。

1.5.5 放电性能

储能电池重要的性能之一就是其放电性能,为了表征电池在不同条件下的放电情形,需要测量电池的放电曲线,通常为放电电压随时间变化的曲线。而电池的不同放电条件用放电策略表征,电池放电策略不同,其放电曲线也会发生变化。放电策略通常包括放电方式、放电电流、终止电压、环境温度等。

1. 放电方式

电池放电时有三种方式,即恒电流放电、恒电阻放电与恒功率放电。其典型放电曲线如图 1-5 所示,图中展示了三种放电方式下电池的放电电流、电压、功率随放电时间的变化曲线。

在恒电阻放电的过程中,电池的工作电压与放电电流会随时间的增长而逐渐减小。同样地,在恒电流放电的情况下,其工作电压也会随着放电过程的持续而降低。工作电压随着放电时间的延长而下降是由电池内阻增加导致的。另外,随着现在电动工具、电动车辆等电池功率驱动应用的增加,电池恒功率放电的应用也越来越多。在恒功率放电时,随着放电进行,电池电压不断下降,电池的放电电流不断增大。

2. 放电电流

在电池运行过程中,其输出的电流称为放电电流。放电电流通常也称为放电率,常用时率(又称小时率)和倍率表示。

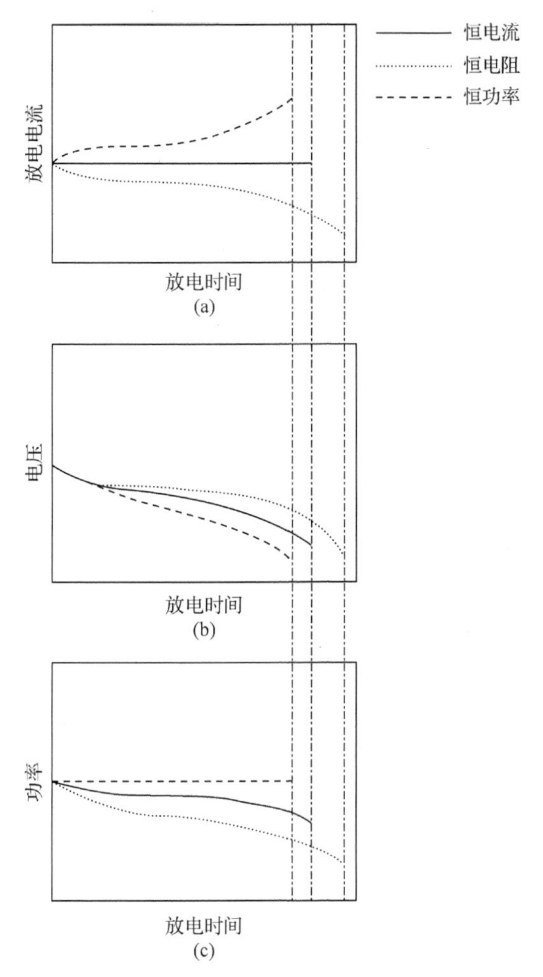

图 1-5 不同放电方式下的典型放电曲线

时率是指以放电时间衡量的电池放电速率,具体来说,就是用特定放电电流完全释放电池全部容量所需的时间,通常以小时(h)为单位表示。例如,对于额定容量标称为 10 安·时(A·h)的电池而言,如果采用 2 A 的电流进行放电,则其对应的时率为 5 h(10 A·h/2 A = 5 h),即电池是以 5 小时率进行放电的。

放电倍率是指在特定时间内完全释放电池全部容量时,用电池额定容量数值的倍数表示的电流值。例如,2 倍率放电就是指放电电流是电池额定容量数值的 2 倍,通常用 2C 表示(C 代表该电池的额定容量)。对于额定容量为 10 A·h 的电池,2C(此处存在量纲问题,即容量与电流的单位并不一致,但这是一种习惯用法,故不做改动)放电是指放电电流为 2 × 10 = 20(A),对应的时率则为 0.5 h。不同种类与构造设计的电池对放电条件有着不同的适应性:有的更适用于低电流放电,有些电池则在高电流下表现更好。一般情况下,将小于等于 0.5C 的放电速度称为低倍率;介于 0.5C 至 3.5C 的称为中倍率;位于 3.5C 到 7C 的则称为高倍率;超过 7C 的则称为超高倍率。

3. 终止电压

在电池放电过程中,其初始的电压值被定义为起始工作电压;而当电压降低至不再适合继续放电的阈值时,称该电压点为终止电压。此终止电压的具体数值通常是测试人员根据实际测试需求,并结合以往的经验来设定的。

依据不同的放电条件以及这些条件对电池容量与使用寿命的影响,所设定的终止电压也会有所差异。在低温度环境或大电流放电条件下,通常采用较低的终止电压;而在小电流放电情形下,则通常设定较高的终止电压。这是因为,在低温或大电流放电过程中,电池两极之间的极化现象显著增加,导致活性材料未能被完全利用,电池电压下降较快,因此,适当降低终止电压有助于释放更多的能量。相反地,当采用小电流进行放电时,电池中的活性成分能够得到更充分的利用,此时通过提高终止电压来限制深度放电的程度,可以有效延长电池的整体使用寿命。

4. 环境温度

如图 1-6 所示,环境温度对放电曲线的影响十分显著。当温度较高时,放电曲线呈现出较为平缓的变化趋势;而随着温度下降,这种变化则变得愈发剧烈。其根本原因在于低温条件下,离子的迁移速率减小,导致欧姆内阻上升。极端情况下,如果温度过低,电解质可能会冻结,从而阻碍了电池的正常放电过程。此外,在较低温度下,电化学极化与浓差极化也会相应增强,进一步加快了放电曲线的衰减速率。

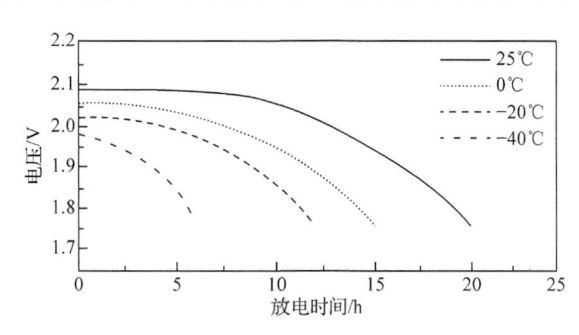

图 1-6 铅酸电池在不同环境温度下的放电曲线

5. 容量与比容量

电池的容量是指在一定的放电条件下可以从电池获得的电量,单位常用安·时(A·h)表示,根据实际情况的不同,电池容量可以进一步区分为理论容量、实际容量以及额定容量。

理论容量(C_0)是指在理想条件下,活性物质完全参与电池电化学反应所能提供的电量。该值是依据活性物质的质量,遵循法拉第定律计算得出的。法拉第定律表明电极上参与反应的物质质量与其所传递的电荷量之间存在直接比例关系;当 1 mol 活性物质参与到电池的电化学过程中时,它能够释放出等同于 26.8 A·h 或 1 法拉(F)的电荷量。因此,有如下计算式:

$$C_0 = 26.8n\frac{m}{M} \quad (A \cdot h) \tag{1.4}$$

式中,m 为活性物质完全反应时的质量;n 为成流反应时的得失电子数;M 为活性物质的摩尔质量。

此时可以令
$$K = \frac{M}{26.8n} \quad (\text{g}/(\text{A}\cdot\text{h}))$$

则有
$$C_0 = \frac{m}{K} \tag{1.5}$$

式中，K 称为活性物质的电化当量。

由式(1.5)可知，电极的理论容量与活性物质质量和电化当量有关。在活性物质质量相同的情况下，电化当量越小，理论容量就越大。部分电极材料的电化当量如表 1-3 所示。

表 1-3 部分电极材料的电化当量

负极材料			正极材料		
物质	密度/(g/cm³)	电化当量/(g/(A·h))	物质	密度/(g/cm³)	电化当量/(g/(A·h))
H_2	—	0.037	O_2	—	0.30
Li	0.534	0.259	$SOCl_2$	1.63	2.22
Mg	0.74	0.454	AgO	7.4	2.31
Al	2.699	0.335	SO_2	1.37	2.38
Fe	7.85	1.04	MnO_2	5.0	3.24
Zn	7.1	1.22	NiOOH	7.4	3.42
Cd	8.65	2.10	Ag_2O	7.1	4.33
$(Li)C_6$	2.25	2.68	PbO_2	9.3	4.45
Pb	11.34	3.87	I_2	4.94	4.73

此外，还常使用实际容量和额定容量的概念，实际容量是指在特定放电条件下，电池能够提供的电量总量。实际容量不仅受限于理论最大值，还受到具体放电条件的影响；而额定容量则是在设计和生产过程中为电池设定的一个标准，即在规定的放电条件下，电池应当至少达到的最小输出容量，也称作标称容量。

在对比同一系列内的不同种电池时，通常采用比容量这一指标来进行评估。具体来说，比容量是指单位质量或体积下电池能够提供的电量，即质量比容量(A·h/kg)和体积比容量(A·h/L)。值得注意的是，在计算电池的质量和体积时，除考虑电极材料与电解质之外，还必须将电池的其他组成部分纳入考量范围，如外壳、隔膜以及相关的导电组件等。特别是对于储备电池及燃料电池而言，其总质量和总体积还包括了所有必要的辅助设备，如用于储存液体的罐体、激活装置等(针对储备电池)，或是活性物质的存储与供给系统、控制系统、加热单元等(针对燃料电池)。

引入比容量这一概念后，我们可以比较不同种类和尺寸的电池性能。电池容量分为理论容量与实际容量，相应地，比容量也存在理论与实际之分。

6. 能量与比能量

电池的能量是指在特定放电条件下，电池对外做功所输出的电能总量，一般以瓦·时(W·h)作为单位。电池的能量同样有理论能量与实际能量之分。

假设电池在放电过程中始终处于平衡状态，且其放电电压恒等于电动势值不变，同时假定所有活性材料均参与了化学反应，则该电池所能提供的能量应等同于其理论最大能量 W_0。

$$W_0 = C_0 E \tag{1.6}$$

电池的理论能量就是电池在恒温、恒压、可逆放电条件下所做的最大非体积功。实际上有

$$W_0 = -\Delta G = nFE \tag{1.7}$$

实际能量(W)是指电池在一定放电条件下实际所提供的能量，数值上由实际容量与平均工作电压相乘得出。由于电池内部活性物质不能完全被利用，并且其工作电压通常低于理论电动势值，因此实际能量总是小于理论能量，其值可用式(1.8)表示：

$$W = CU_{平均} \tag{1.8}$$

比能量是指单位质量或单位体积的电池所放出的能量。其中，单位质量电池的能量输出被定义为质量比能量，通常使用瓦·时/千克(W·h/kg)作为其计量单位。而单位体积电池的能量输出则被定义为体积比能量，通常使用瓦·时/升(W·h/L)表示。进一步地，比能量这一概念又可细分为理论值(W_0')与实际值(W')，其中理论质量比能量可用式(1.9)计算得到：

$$W_0' = \frac{1000}{K_+ + K_-} E \quad (\text{W·h/kg}) \tag{1.9}$$

式中，K_+ 为正极材料的电化当量；K_- 为负极物质的电化当量；E 为电池电动势。

7. 功率与比功率

电池功率是指在特定的放电条件下，单位时间内电池所输出的能量，其计量单位为瓦(W)或是千瓦(kW)。当将这种输出功率与电池的质量或体积联系起来考虑时，便得到了比功率这一概念。具体来说，质量比功率用来衡量单位质量电池能够提供多少瓦的功率，其单位为 W/kg；而体积比功率则反映了单位体积电池能产生的功率大小，相应的单位表示为 W/L。

功率、比功率表示电池放电倍率的大小，电池的功率越大，意味着电池可以在大电流或高倍率下放电。例如，锌-银电池在中等电流密度下放电时，比功率可达到 100 W/kg 以上，说明这种电池的内阻小，高倍率放电的性能好，而锌-锰干电池在小电流密度下工作时，比功率也只能达到 10 W/kg，说明电池的内阻大，高倍率放电的性能差。与电池的能量相类似，功率也有理论功率和实际功率之分。

电池的理论功率可表示为

$$P_0 = \frac{W_0}{t} = \frac{C_0 E}{t} = IE \tag{1.10}$$

式中，t 为时间；C_0 为电池的理论容量；I 为电流。

而电池的实际功率应该是

$$P = \frac{W}{t} = IU_{平均} = IE - I^2R_{内} \tag{1.11}$$

式中，$I^2R_{内}$ 为消耗于电池内阻上的功率，这部分功率对外加的负载是无用的，它实质上转化为了热能，以放热形式释放掉了。

8. 循环寿命

对于蓄电池来说，其循环寿命或者说使用周期是评估电池性能的关键指标之一。每当蓄电池完成一次完整的充放电过程，即称为经历了一个循环或周期。

在特定的充放电条件下，电池容量降至某一规定值之前，电池所能耐受的循环次数被定义为电池的循环寿命或使用周期。电池的循环寿命越长，则电池的循环性能越好。不同类型的蓄电池展现出不同的循环寿命；例如，镉-镍蓄电池可以达到数千次循环，相比之下，锌-银蓄电池的循环次数则相对较少，有些甚至不足百次。值得注意的是，即使是同一类型的电池，由于内部构造上的差异，它们的循环寿命也会有所不同。

蓄电池的循环寿命受多种因素影响，除正确地使用与保养之外，还包括以下几个关键方面：①在充放电循环期间，活性物质的表面积逐渐减少，导致工作电流密度增加以及极化现象加剧；②电极上的活性成分可能出现脱落或转移；③电池运行时，部分电极材料可能会遭受腐蚀；④循环过程中电极上形成的枝晶可能导致电池内部发生短路；⑤隔离物可能发生损坏；⑥活性物质的晶体形态在反复充放电过程中发生变化，从而降低了其活性。

9. 储存性能

电池的储存性能是指在特定环境条件下(如温度和湿度等)，当电池处于开路状态时，其内部电能自然损耗的程度，这一现象也称为自放电。如果电池在存放期间电量损失的比例较小，则表明该电池具有优良的储存性能。

当电池处于开路状态时，虽然没有向外部提供电能，但它仍会经历自放电过程。这一现象主要是因为电极在电解液环境中表现出的热力学不稳定性导致了两极之间自发地进行了氧化还原反应。即使是在干燥条件下存放，如果密封不够严密，空气或水分等外界因素渗入后同样能够引发电池内部的自放电效应。

自放电的大小也可用电池搁置至容量降低到规定值时的天数表示，称为搁置寿命。有干搁置寿命和湿搁置寿命之分。如储备电池，在使用前不加入电解液，电池可以储存很长时间，这种电池的干搁置寿命可以很长。电池带电解液储存时称为湿储存，湿储存时自放电效应较强，湿搁置寿命相对较短。例如，锌-银电池的干搁置寿命可达 5~8 年，而湿搁置寿命通常只有几个月。

本 章 小 结

本章通过对能量转换、存储与利用的基本概念的探讨，为读者奠定了理解储能技术的理论基础。具体而言，本章内容涵盖了以下几个关键点。

(1) 储能技术的分类与应用：储能技术不仅具有多样性，还在各种场景中具有广泛的应用。本章对各种储能技术进行了分类，并分析了它们在不同领域的应用优势。

(2) 储能电池的工作原理与组成：本章详细介绍了储能电池的基本工作原理，可以帮助读者理解电池如何在能量转换过程中发挥作用。此外，还深入探讨了电池的内部组成结构，以便读者对电池技术有更清晰的认识。

(3) 性能指标与相关术语解析：本章最后探讨了储能电池性能的主要指标，包括比能量、比功率、循环寿命等。同时，对相关术语进行了详细解析，为后续章节的深入学习打下了基础。

思 考 题

1. 请解释一次能源与二次能源的概念，并举例说明它们在现代社会中的应用场景。

2. 储能技术在智能电网、新能源接入和分布式发电等领域中扮演着关键角色。结合实际情况，讨论储能技术在保障生产生活用电中的具体应用及其对电力系统稳定性的影响。

3. 请分析抽水储能的工作原理，并说明它在电力系统中如何调节电网的峰谷差，确保电力供应的稳定性。

4. 锂离子电池、钠离子电池和液流电池是电化学储能技术的重要类型。请比较这三种电池的特点、优势及适用的场景，并讨论未来电化学储能技术的发展趋势。

5. 请简述储能电池的分类。

6. 请简述储能电池的工作原理与组成部分。

第 2 章　一次电池技术

2.1　一次电池的概念和分类

化学电池的基本工作原理是电化学氧化还原反应。当电池工作时，负极上的物质会失去电子并发生氧化反应，而正极上的物质则会获得电子并发生还原反应。这样，电子从负极流向正极，形成电流，从而实现了化学能向电能的转换。化学电池的分类方法多种多样，常见的分类方式主要基于电解质性质、正负极材料以及电池的工作特性和储存方式。其中，从电池的工作特性和储存方式角度可分为一次电池和二次电池，本章主要围绕一次电池的基本原理和几种典型的一次电池体系展开讲述。

一次电池，也称为原电池，当这类电池内部的电解质处于不流动状态时，它们被定义为干电池。在这些电池系统中发生的化学放电过程本质上是不可逆的，或者即便存在可逆性，其逆转也非常困难，这意味着一旦完成放电过程，它们便无法再被重复利用。尽管一次电池已有超过一个世纪的历史，但在 1940 年之前，真正得到广泛普及与应用的仅限于锌-碳电池这一种类型。随着一次电池技术体系的创新，电池质量比能量在不断提高，由早期锌-锰干电池低于 50 W·h/kg，提高至现在锂-空气电池和锌-空气电池的 500 W·h/kg 以上。传统原电池的储存寿命也从最初的 1 年提高到 2~5 年，而且新型锂电池的储存寿命可达 10 年，并能实现在温度高达 70℃ 的条件下储存。一次电池低温工作区间已从 0℃ 延伸到-40℃。一次电池性能方面的相关进展表示在图 2-1 中。

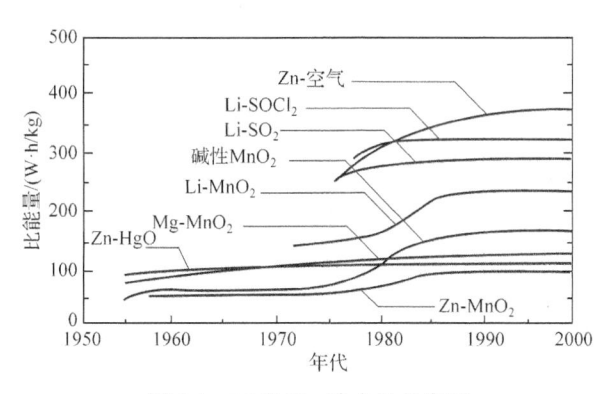

图 2-1　20 世纪一次电池的发展

虽然有许多负极/正极的组合可用于构成原电池的体系，但只有相当少的几种成功取得实用化。到目前为止，锌具有电化学特性好、电化当量低、与水溶液电解质相容、储存寿命长、成本低和易于获取等优点，已成为使用最为普遍的原电池负极材料。铝有较高的电化学电位和电化当量，以及易于获取等优势，同样也是受到关注和研究的负极材料，但由于其易于钝化和局限的电化学性能，尚未能成功地发展成为实用的原电池体系。

镁同样有着诱人的电性能和低成本，并已成功地用于原电池，特别是在具有很高比能量和长储存寿命的军用电池方面。通常，镁也可用于储备电池中的负极。近来，更多的关注则集中在所有金属中具有最高质量比能量和最高标准电位的金属锂。采用对锂稳定的多种不同的非水电解质和各种不同的正极材料，构成了一系列锂负极电池体系，为一次电池领域的比能量和比功率性能的提高提供了发展机遇。

不同的一次电池具有不同的性能特点，如表 2-1 所示，下面先简要介绍一些常见的一次电池体系以及特点。

表 2-1　原电池体系的主要特点和应用

体系	特点	应用
锌-碳电池	普通低成本原电池，可以选择各种尺寸	手电筒、玩具、便携收音机、小件仪器饰品
镁-二氧化锰电池	原电池高容量；储存时间长	曾用于军用收发报机、飞行器应急发报机
锌-氧化汞电池	体积比容量大；放电电压平稳；储存时间长	助听器、摄影设备、探测器、起搏器
镉-氧化汞电池	储存寿命长；低温性能好；能量密度低	极端温度和长寿命的特殊应用
碱性锌-锰电池	通用型；低温性能和放电性能优；成本低	各种便携式电池驱动设备
锌-氧化银电池	质量比容量高；放电电压平稳；储存寿命长	助听器、照相机、电子表、导弹
锌-空气电池	能量密度很高；成本低；受使用环境限制	助听器、传呼机、医疗仪器、军用设备
可溶解正极锂电池	能量密度高；储存寿命长；工作温度范围宽	高能量密度和长储存寿命的场合
固体正极锂电池	能量密度高；放电率和低温性能好；储存寿命长	代替传统的扣式电池和圆柱形电池
固态电解质锂电池	储存寿命长；功率低	医疗电子领域

锌-碳电池因为成本低、性能好且具有即用性而得到广泛应用，实用化已超过 100 年，是应用最广的一种一次电池。其单体电池和电池组拥有各种尺寸和特性以满足各种不同需求。在 1945~1965 年，通过采用新材料(如化学二氧化锰和电解二氧化锰及氯化锌电解质)和电池设计(如纸板电池)使其容量和储存性能得到很大的提升。成本低廉是锌-碳电池的最大特点，使其到如今也有很大的商业使用吸引力。碱性锌-二氧化锰电池成为过去一段时间内原电池应用市场的主要增加部分，因为该类电池在更高电流和低温下的放电性能特别优异，且具有更长的储存寿命，因此成为电池的优选体系。在需要高放电率或低温放电能力的应用场景下，碱性电池的性能要比锌-碳电池优越 2~10 倍。锌-氧化汞电池是另一种重要的锌负极原电池体系。由于它具有较长的储存寿命及较高的体积比容量，常被制作成小型扣式、扁平形或圆柱形，用于电子手表、计算器、助听器、照相机及其他类似的要求高可靠性和长寿命的小型电源的应用场合。锌/氧化银电池在设计上与小型锌-氧化汞扣式电池相似，且它有较高的质量比容量，低温工作性能较好，这些特性也使得该电池体系有望用于助听器、照相机和电子表等。然而由于它价格高以及其他代用电池的发展，这种电池体系主要限制于扣式电池的应用，因为在这些应用中较高的价格是可以接受的。锌-空气电池体系以其高比能量而著称，但在早期还只限于大型低功率电池在信号及导航设备中的应用。随着空气电极的

改进，这种电池体系的高放电率性能得到提高，并使小型扣式电池广泛地应用于助听器、电子器具和类似的领域。

镉-氧化汞电池中使用镉代替锌作为负极，虽使电压降低，但工作电压却极为稳定。其储存寿命可达 10 年，并且高低温性能很好。由于电压较低，这种电池同尺寸下的输出能量约为锌-氧化汞电池的 60%。同样由于该电池中的汞和镉都是有害物质，该电池的使用受到限制。镁一次电池尽管有着诱人的电化学特性，但由于镁一次电池在放电时会产生氢气，且电池的储存性能很差，故这种电池目前商业化进程较为缓慢。铝是另一种具有高理论比能量的诱人的负极材料，但铝的极化和腐蚀等问题阻止了其发展成为商品电池。锂一次电池是相对近期才发展起来的(1970 年以来)，其优点是比能量高，工作温度范围宽，储存寿命长，并正在逐步地取代传统电池体系。然而除照相机、医疗仪器、手表、存储器、军事装备和其他特殊应用外，由于其较高的价格，并没有如早先预期的那样占领主要市场份额。本章主要介绍锌-锰电池、锌-氧化汞电池和锌-氧化银电池三种一次电池体系。

2.2 锌-锰电池

锌-锰干电池的一种常见形式，即普通酸性锌-锰干电池，采用锌筒作为负极材料，并通过汞的气化处理来改善锌表面的一致性，这一工艺旨在降低锌材的腐蚀速率并延长电池在存储状态下的寿命。正极端则是由二氧化锰、氯化铵及炭黑构成的一个复合糊状物质，其中心位置穿插了一根碳棒用以导电。位于正负两极间的是一种经过特别增强处理的隔离纸，这种纸张被含有氯化铵和氯化锌成分的电解液所浸透。整个装置的上部由金属锌密封。

锌-锰电池是以锌为负极、以二氧化锰为正极的电池系列。由于锌-锰电池原材料丰富、结构简单、成本低廉、携带方便，因此自从其诞生至今一百多年来一直是人们日常生活中经常使用的小型电源。与其他电池系列相比，锌-锰电池在民用方面具有很强的竞争力，被广泛地应用于信号装置、仪器仪表、通信设备、计算器、照相机闪光灯、收音机、电动玩具、钟表、照明设备等各种电器用具的直流电源。锌-锰电池通常不适合大电流连续放电，因为在大电流连续放电时电压下降较快，一般情况下更侧重于小电流或间歇方式供电。

锌-锰电池的发展历程漫长而复杂。1868 年，法国工程师乔治·勒克朗谢利用二氧化锰和炭粉作为正极材料、锌棒作为负极材料，并采用 20%的氯化铵溶液作为电解质，在玻璃瓶内成功制造出了世界上首枚锌-锰电池。因此，这种类型的中性锌-锰电池也称作勒克朗谢电池。随后，电解质转化为糊状形式，人们开发出了"糊式"或"干"电池。到了 20 世纪 40 年代，商业化的碱性锌-锰电池问世，这类电池因采用了具有良好导电性能的氢氧化钾溶液以及电解二氧化锰，其容量显著提升，并且能够支持在较大电流下的持续放电需求。进入 60 年代后，浆纸层替代了传统锌-锰电池中的浆糊层，这一改变不仅使隔离层厚度减少至原来的 1/10 左右，降低了欧姆内阻，还增加了正极粉料的填充量，从而大大改善了锌-锰电池的整体性能，形成了新的纸板式锌-锰电池类型。70年代高氯化锌电池问世，使锌-锰电池的连续放电性能得到明显的改善。80年代后期，节约资源、保护环境的意识不断深入人心，这引发了锌-锰电池的两个发展方向：可充碱性锌-锰电池和负极的低汞、无汞化。90年代，通过改性正极材料、使用耐枝晶隔膜、采用恒压充电模式等措施，使可充碱锰电池实现了深度放充电50次循环以上，曾经一度实现了商业化生产。20世纪末以来，无汞碱锰电池的性能再度获得了大幅度的提高，LR6型碱锰电池的容量达到了2.3 A·h，比之前提高了20%～30%；另外，无汞碱锰电池在重负荷(较大电流)连续放电方面进步明显，重负荷工作时电池放电容量显著增加，放电电压显著提高。

如果按照电解液的性质进行分类，锌-锰电池可以分为中性锌-锰电池和碱性锌-锰电池；如果按照外形结构来分类，锌-锰电池可分为圆筒形、扁形、叠层式、纽扣式等。锌-锰电池的主要优缺点于表2-2中综述。

表2-2 锌-锰电池的主要优缺点

优点	缺点	一般评价
低成本	低体积比能量	低温下，搁置寿命长
形状、尺寸、电压、容量可灵活设计	低温性能差	间歇放电容量高
灵活配方	滥用条件下抗泄漏能力差	放电电流增加，容量降低
使用广泛，易获得	高倍率下效率低	电压缓慢降低，用来预告寿命即将终止
可靠性高	电压随放电下降	

2.2.1 锌-锰电池的工作原理

1. 普通锌-锰电池

锌-锰电池的优势体现在其原材料充足、成本低廉以及型号种类繁多，便于携带，并且适合用于需要间歇性供电的场景。然而，这类电池在使用过程中存在电压逐渐降低的问题，难以维持稳定的输出电压；此外，它们还表现出较低的放电功率和能量密度，以及在低温条件下的性能不佳，在温度降至–20℃时便无法正常工作。因此，这种类型的电池通常被应用于手电筒、钟表、收音机及电动玩具等对电力需求不高的设备上。

传统的勒克朗谢电池：正极活性物质是天然MnO_2(MnO_2质量分数为70%～75%)，或电解MnO_2(MnO_2质量分数为91%～93%)。隔膜是淀粉浆糊隔离层，负极是锌筒，此类电池称为糊式锌-锰电池，也称为干电池，性能较差。实际上，锌-碳电池的化学反应十分复杂，尽管它已存在了150多年，但至今有关电极反应的细节仍存在争议。此外，由于MnO_2是一种非化学计量氧化物，所以它的化学组成和化学性质十分复杂，可以更加精确地表示为$MnO_{1.9}$。其化学反应的效率取决于电解质的浓度、电池的几何形状、放电率、放电温度、放电深度、扩散速率以及MnO_2的类型等。更为全面的电池反应可描述为如下电池的反应式。

负极反应：

$$Zn + 2NH_4Cl - 2e \longrightarrow Zn(NH_3)_2Cl_2 \downarrow + 2H^+ \tag{2.1}$$

正极反应：

$$2MnO_2 + 2H^+ + 2e \longrightarrow 2MnOOH \tag{2.2}$$

电池反应：

$$Zn + 2MnO_2 + 2NH_4Cl \longrightarrow 2MnOOH + Zn(NH_3)_2Cl_2 \downarrow \tag{2.3}$$

纸板电池是一种采用浆纸层作为隔膜材料的电池，替代了传统的糊状隔膜。其电解质成分可以是氯化铵或氯化锌，相较于糊式锌-锰电池，这类电池能够提供更高的容量。特别地，一种以高浓度氯化锌为主要电解液(其中含有少量氯化铵，质量分数为4%~6%)的纸板电池自1970年起开始投入生产。此类型电池的电极反应表达式如下。

负极反应：

$$4Zn - 8e \longrightarrow 4Zn^{2+} \tag{2.4}$$

正极反应：

$$8MnO_2 + 8H_2O + 8e \longrightarrow 8MnOOH + 8OH^- \tag{2.5}$$

电解液中的反应：

$$4Zn^{2+} + H_2O + 8OH^- + ZnCl_2 \longrightarrow ZnCl_2 \cdot 4ZnO \cdot 5H_2O \tag{2.6}$$

总反应：

$$8MnO_2 + 4Zn + ZnCl_2 + 9H_2O \longrightarrow 8MnOOH + ZnCl_2 \cdot 4ZnO \cdot 5H_2O \tag{2.7}$$

锌-锰干电池在放电和储存时，由于氢质子还原，电解质的pH不断升高。在中性锌-锰电池中，由于锌的交换电流大，电化学反应速率快，阳极电化学极化小，只是由于电解质是糊状物，Zn^{2+}扩散受阻，浓差极化较大。因此，由于反应产物是不溶性$Zn(NH_3)_2Cl_2$，沉积在锌电极表面，增加了电池内阻，减少了电极的活性表面积。基于Zn、MnO_2和简化的电池反应计算，理论上这种电池的质量比容量可达224 A·h/kg。但在实际情况下，电解质、炭黑和水分都是电池不可省略的组成部分，如果这些材料均以常用量添加到上述"理论化"的电池中，则计算表明，电池的质量比容量大约为96 A·h/kg。事实上这是通用型电池所具有的最高质量比容量，也是某些大型电池在特定放电条件下可以接近放出的质量比容量。实际使用时，考虑到电池组成和放电效率等所有因素，在间歇放电条件下，当负载非常小时，质量比容量可达75 A·h/kg，而负载大时，质量比容量仅为35 A·h/kg。

由于二氧化锰(MnO_2)的晶体结构及制备工艺存在差异，所以MnO_2电极的稳定电位有所变化，通常介于0.7~1.0 V。锌电极则具有大约-0.8 V的稳定电位。因此，基于锌与二氧化锰构成的干电池，在开路状态下其电压为1.5~1.8 V；而在实际工作时，该类型电池提供的电压约为1.5 V。

放电制度主要涉及放电电流强度及放电模式的选择。当放电电流过大时，会导致电化学极化现象加剧,从而使工作电压快速降低,电池的有效输出容量随之减少。反之,如果放电电流过小,则由于整个放电过程持续时间较长,自放电所引起的容量损失会相应增加。鉴于此,锌-锰干电池更适用于在中等或较低的电流密度条件下放电。就放电模式而言,可以分为连续放电与间歇放电两种类型。特别地,锌-锰干电池展现出了独特的间歇放电后恢复特性,使得其在采用间歇方式放电时所能提供的总容量高于连续放电情况下的表现。图2-2展示了锌-锰干电池间歇放电过程中的电压变化趋势。这种能够实现电压恢复的能力是锌-锰干电池的一大特色,主要是因为二氧化锰(MnO_2)电极本身具备一定的恢复功能。具体来说,在电池停止放电期间,原本覆盖于电极表面形成的氢氧化锰(MnOOH)通过歧化反应:

$$2MnOOH + 2H^+ \longrightarrow MnO_2 + Mn^{2+} + 2H_2O \tag{2.8}$$

以及固相质子扩散作用逐渐向内部转化成 MnO_2,从而使得电极表面状态得以复原至放电前的状态,进而促使电压回升。此外,值得注意的是,在存储过程中,由于其存在的自放电效应,锌-锰干电池的实际可用容量会随时间推移而逐渐衰减。虽然正负两极都会发生一定程度上的自放电现象,但相比之下,负极材料锌的自放电程度更为显著。造成锌负极自放电的主要原因在于电池内部形成了腐蚀性微电池结构。

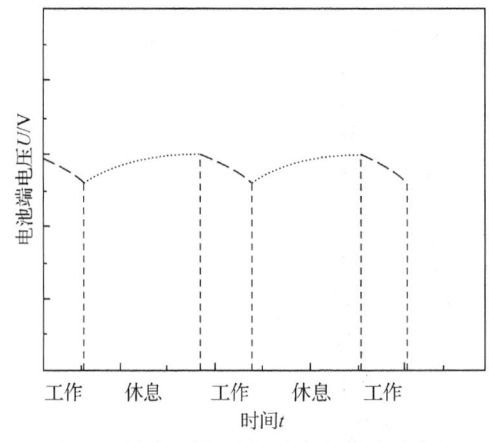

图2-2 锌-锰干电池间歇放电曲线示意图

2. 碱性锌-锰电池

碱性锌-锰电池,通常简称为碱锰电池,首次由德国科学家 G. I. Euchs 在 1882 年申请专利。直到 1912 年该技术进一步发展,并最终于 1949 年实现商业化生产。研究者发现,电解质从 NH_4Cl 更换为 KOH 溶液,不仅改变了电池内部的化学组成,还对其物理结构产生了影响,从而大幅度提升了其能量密度和放电性能。碱性锌-锰电池在高负载条件下持续供电的能力表现出色,在提供更高容量的同时保持了较低的内阻特性,能够为电子设备,如遥控装置、便携式计算机、传呼机、测量仪器、广播接收器及手持通信设备等提供更加稳定的工作电压以及更持久的服务时间。

碱性锌-锰电池采用锌作为负极材料,而正极则使用二氧化锰,其电解质溶液由氢氧化钾构成。其电化学表达式为

$$(-)Zn\,|\,KOH(饱和ZnO)\,|\,MnO_2(+)$$

电池反应式如下。

负极反应： $$Zn + 2OH^- \longrightarrow ZnO + H_2O + 2e \tag{2.9}$$

正极反应： $$2MnO_2 + 2H_2O + 2e \longrightarrow 2MnOOH + 2OH^- \tag{2.10}$$

电池反应： $$Zn + 2MnO_2 + H_2O \longrightarrow ZnO + 2MnOOH \tag{2.11}$$

通过热力学计算，可以绘制出 Zn-MnO$_2$-H$_2$O 系的电位-pH 图，如图 2-3 所示，从该电位-pH 图中可以了解 Zn、Mn 在水溶液中的存在形态与 pH 的关系，分析锌-锰电池自放电的原因等。例如，在锌-锰电池中，锌的腐蚀是由电池的自放电引起的。锌负极自溶解的条件是体系中存在一对共轭反应。在 Zn-MnO$_2$-H$_2$O 系中，共轭反应是由析氢反应和锌的阳极氧化构成的。锌的自放电白白消耗了活性物质，缩短了锌-锰电池的使用寿命。

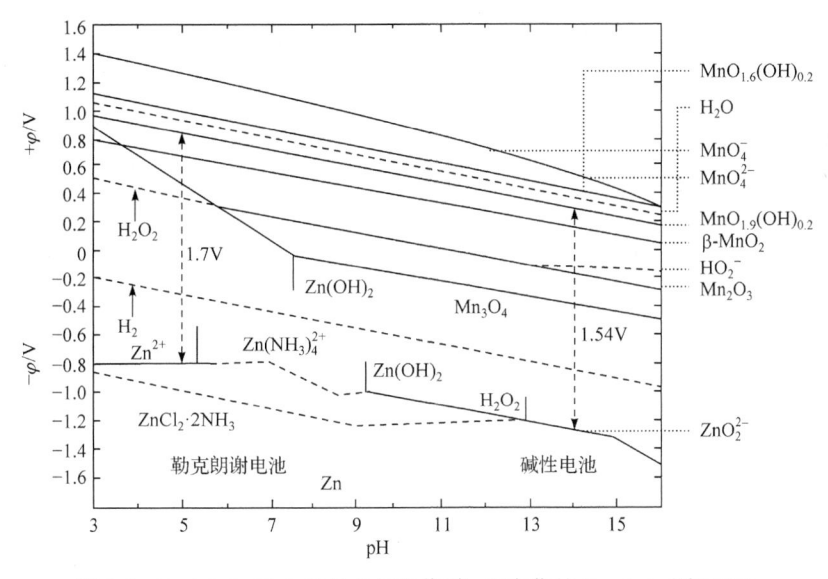

图 2-3 Zn-MnO$_2$-H$_2$O 系的电极电位随 pH 变化的 Pourbaix 图(25℃)

2.2.2 锌-锰电池的结构和性能

锌-锰电池的发展经历了一百多年的时间，糊式、纸板、碱性三种电池均发展成熟，近年来电池结构趋于稳定，生产工艺略微优化，而相关电池材料发展迅猛，带动了电池整体性能和电池工业的前进。

1. 锌-锰电池的结构

糊式锌-锰电池的结构如图 2-4 所示。电池制造的主要工序包括碳棒、正极电芯、负极锌筒的制造，电解液及电糊的配制，电池的装配等。目前天然锰资源不断减少，天然锰矿的品位不断下降，因此近年来使用天然锰粉的糊式锌-锰电池的性能也连年下降；而且天然锰粉中杂质含量较高，不加汞的电池生产工艺很难保证电池的储存性能；另外，糊式锌-锰电池的放电时间比碱锰电池低很多，造成了二氧化锰、锌等原材料的利用率低下，严重浪费了资源。基于这些原因，糊式锌-锰电池已经被逐步淘汰。

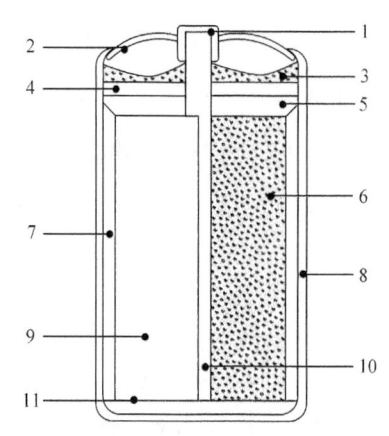

图 2-4　圆筒形糊式锌-锰电池结构示意图

1-铜帽；2-电池盖；3-封口剂；4-纸圈；5-空气室；6-正极；7-隔离层；8-负极；9-包电芯的棉纸；10-碳棒；11-底垫

叠层锌-锰电池主要用于通信设备、收音机、仪器仪表、打火机等场合。尽管比圆筒形电池生产使用量小，但在某些需要高压直流电的场合是不可取代的。它的电压可以根据需要来组合，从 6 V 到数十伏。最常见的是 6F22，即九伏电池，通常用于无线话筒、玩具遥控器、电子体温计、万用表、无线门铃等用电器具，它实际上是由 6 个扁形纸板电池组成的电池组。目前也有由 6 个碱锰电池组成的九伏叠层锌-锰电池，型号是 6LF61，其规格尺寸与 6F22 完全相同，但放电容量更高。纸板式叠层锌-锰电池的结构如图 2-5 所示，它的一个单体电池由 5 个主要部分组成，即正极(又称为碳饼)、锌片(负极)、浸透电解液的浆层纸、无孔导电膜及塑料套管。

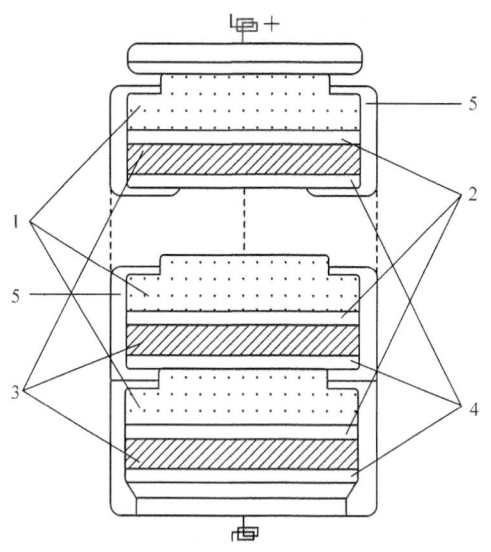

图 2-5　纸板式叠层锌-锰电池结构示意图

1-正极(碳饼)；2-浆层纸；3-锌片；4-无孔导电膜；5-塑料套管

鉴于圆筒形碱锰电池采用了锰环-锌膏式设计，其正极集流器使用的是钢制外壳而非中性电池常见的锌制外壳，因此这种特殊的构造方式也常称为反向极性结构。圆筒形碱锰电池和纽扣式碱锰电池的结构如图 2-6 和图 2-7 所示。

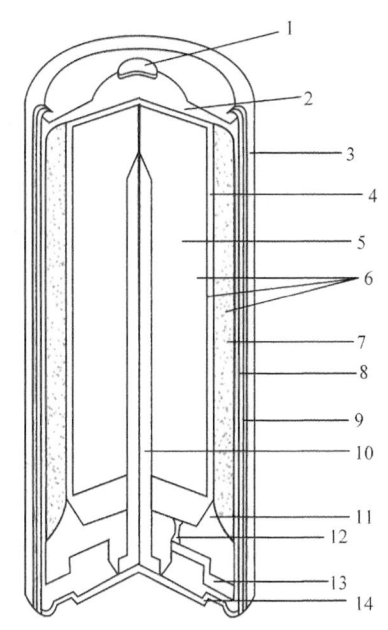

图 2-6　圆筒形碱锰电池结构示意图

1-正极帽；2-绝缘垫圈；3-钢壳；4-隔离层；5-负极锌膏；6-电解质；7-MnO₂；8-正极集流器；9-塑料套管；10-负极集流器；
11-塑料密封圈；12-排气孔；13-绝缘物；14-负极盖

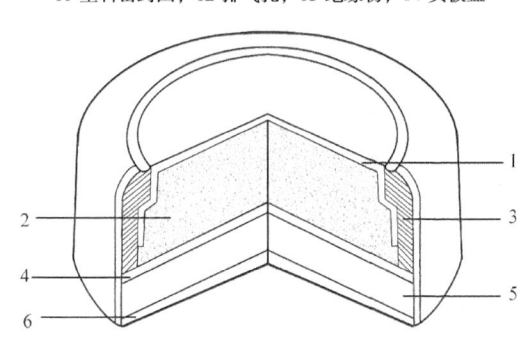

图 2-7　纽扣式碱锰电池结构示意图

1-钢盖；2-MnO₂正极料粉；3-绝缘密封；4-吸碱隔离层；5-负极锌膏；6-钢壳

2. 电极材料

1) 二氧化锰的晶型

二氧化锰有着不同的晶体结构，常见的有 α、β、γ 型，此外，还有 δ、ε、ρ 型。对于 γ 型二氧化锰，MnO_x 中的 x 值从 1.90~1.96，它一般含结合水 4%左右。而对于 α 型二氧化锰，其 x 值的上限最高可接近 2，它的结合水一般为 6%。β 型二氧化锰 x 值的上限值可达 1.98，几乎不含结合水。上述结果表明，二氧化锰的化学组成中通常含有少量的低价态锰离子及羟基(OH—)，此外，还可能掺杂有钾(K)、钠(Na)、钡(Ba)、铅(Pb)、铁(Fe)、镍(Ni)等金属离子。

二氧化锰(MnO_2)的晶体结构大致可以分为两大类：一类是具有链状或隧道特征的结构，包括 α、β 和 γ 型等，ε、ρ 型也与此类似；另一类则是片状或层状结构，其中 δ 型为其代表。图 2-8 展示了不同类型的 MnO_2 隧道结构示意图。由于 β-MnO_2 呈现单一链条构造，所以其内部通道相对狭窄，限制了质子在其内部的迁移效率，这使得在放电过程中形成的MnOOH容易聚集于表面，进而增加了极化率；相比之下，γ-MnO$_2$结合了单双链条交替排列的特点，形成了更为宽敞的内部空间，有利于质子在固态介质中扩散，因此该类型材料在放电时表现出较低的极化率以及更高的活性；虽然α-MnO$_2$同样采用了双链条设计并拥有较大的隧道横截面积，但由于其内部存在大分子物质阻塞的情况，反而阻碍了质子的有效传递。

(a) α-MnO$_2$双链结构　　(b) β-MnO$_2$单链结构　　(c) γ-MnO$_2$双链和单链互生结构

图2-8　MnO$_2$不同隧道结构示意图

从MnO$_2$的晶体结构判断，γ-MnO$_2$最有利于阴极还原的进行，比其他的晶型极化小，电化学活性高。而α型与β型MnO$_2$用于锌-锰电池的活性物质时，放电极化较大，容量较低。

2) 二氧化锰材料的种类

目前锌-锰电池采用的二氧化锰有天然MnO$_2$(NMD)、化学MnO$_2$(CMD)和电解MnO$_2$(EMD)3种。

天然MnO$_2$主要来自软锰矿，其晶型主要是β-MnO$_2$，其中MnO$_2$的含量为70%~75%，但也因产地而异。天然锰粉中还有一种硬锰矿，一般多属于α-MnO$_2$，它含有Na$^+$、K$^+$、Ba^{2+}、Pb^{2+}、NH$_4^+$等离子以及其他锰的氧化物。在它们的晶体中含有较大的隧道及孔穴，但是隧道及孔穴中存在阳离子及氧化物分子，因而活性较差。适于用在锌-锰电池中的是软锰矿。从矿场获取的天然MnO$_2$需要经过一系列处理步骤，以提升其纯度和活性。首先通过水洗及精选过程去除其中的非活性杂质，随后对得到的大块矿石进行研磨并筛选，最终制备出所需的产品。

化学MnO$_2$可细分为活化MnO$_2$、活性MnO$_2$和化学活化MnO$_2$，它们都是通过化学的方法得到的比天然MnO$_2$活性高的MnO$_2$，以提高电池的放电性能。活化MnO$_2$是将MnO$_2$矿石经过粉碎、还原性焙烧后加入H$_2$SO$_4$溶液，使之歧化、活化，然后分离出矿渣和硫酸锰。矿渣经中和、干燥得到活化MnO$_2$，这种处理实际上是表面处理，将低价锰的化合物除去，得到多孔、含水、活性较高的MnO$_2$。其优点是比表面积大、吸液性好，但相对表观密度小，MnO$_2$的含量较低，较难达到70%以上，因此其应用发展受到限制。活性MnO$_2$是在活化MnO$_2$的基础上发展起来的，针对上述缺点进行了改进。其制法是将MnO$_2$矿石经过粉碎后，进行还原性焙烧，然后加入H$_2$SO$_4$溶液歧化、活化。通过加入氧化剂氯酸盐或铬酸盐使MnSO$_4$进一步氧化成MnO$_2$，再过滤，将所得滤渣中和、干燥即得。活性MnO$_2$不仅相对表观密度提高，MnO$_2$的含量可达70%以上，而且放电性能较活化MnO$_2$有较大的提高，其重负荷放电性能接近电解MnO$_2$，是一种有发展前景的锰粉。化学活化MnO$_2$是将MnO$_2$粉碎后用H$_2$SO$_4$溶液溶解，生成MnSO$_4$溶液，然后加入沉淀剂，如碳酸氢铵，使之转化为碳酸锰，再加热焙烧得到氧化锰，最后使氧化锰氧化成 MnO_2 即得。该化学产物中 MnO_2 的含量可超过90%，主要成分是 $γ\text{-}MnO_2$。这种材料的特点在于颗粒细腻、比表面积较大，具备优良的吸附性能，并且相较于电解 MnO_2 而言成本更为低廉。

电解 MnO_2 是用 $MnSO_4$ 作原料，经过电解使之阳极氧化而制得的 MnO_2，它属于 $γ\text{-}MnO_2$，活性高，放电性能好，但价格较贵。电解时阴极采用碳电极，阳极采用钛合金极板，电解液温度为90～95℃，电流密度为8～10 mA/cm^2，$MnSO_4$ 的浓度为130～150 g/L，pH 为 3.8～4.0。电解 MnO_2 的杂质含量低，MnO_2 的含量大于90%，含水量为3%～4%。一般电解锰粉颗粒大小为10～20 μm，超微粒电解锰粉的颗粒平均粒度可在3～5 μm。其比表面积是一般电解锰粉的1.6倍，放电容量可比一般电解锰粉提高30%。

3) 锌材料

锌电极主要分为锌筒、锌片以及锌合金粉等形式。其中，锌筒适用于中性锌-锰电池；锌片则被广泛应用于叠层锌-锰电池；而锌合金粉则是碱性锌-锰电池中的重要组成部分。至于锌粉的生产工艺，则涵盖了喷雾法、化学置换法及电解法等多种技术路径。尽管目前化学置换法和电解法还未达到工业生产水平，但喷雾法已经实现了大规模的工业化应用。

无汞锌粉中的主要杂质包括铁、镍、铜、砷、锑、钼等元素，这些杂质会增加锌粉的气体析出量，并可能导致电池出现"爬碱"现象。其中，铜等金属还容易导致电池短路，而砷和锑对于部分放电后电池的气体析出影响尤为显著，因此需要严格控制这些杂质的浓度。此外，随着公众环境保护意识的不断增强，那些可能对环境造成损害的锌粉成分(如铅和镉)的应用受到了更严格的限制。在无汞锌粉中添加的合金元素主要包括铟、铋、铝以及钙。铟以其较高的氢超电势著称，能够有效减缓锌的自放电过程，并改善锌表面的亲和性，从而降低表面接触电阻；同样地，铋也有助于减慢锌的自放电速度；至于铝与钙，则主要用于优化锌的表面特性。通过合理搭配铟、铋、铝及钙，可以进一步提升电池的放电容量。尽管铟在无汞锌粉配方中扮演着不可或缺的角色，但鉴于近年来其市场价格持续上涨，人们已经采取了一系列措施来减少铟的使用量，例如，通过控制原材料锌锭内的杂质水平以及改进合金制造工艺等方法，成功实现了低铟含量锌粉的生产。

锌粉的形态对于无汞碱锰电池的性能具有重要影响，主要体现在其活性与接触特性上。球形锌粉由于较小的比表面积及较低的气体析出率而曾被广泛使用；然而，这种类型的锌粉因颗粒间的接触界面有限且缺乏黏连性，导致制成的锌膏电阻较高、内阻较大，并且抗振性能不佳，因此已逐渐被淘汰。当前市场上主流的是无规则形状的锌粉产品，如枝状、扁圆形或泪滴形等。这些无规则形状的锌粉拥有较大的比表面积以及较高的松装密度，有助于提升电池容量。此外，通过混合不同尺寸和形状的颗粒，可以有效增加锌粉内部的接触界面，促进颗粒间的相互连接和支持，从而改善了电池的整体结构稳定性及抗振能力；同时，减小了电池的内部电阻，降低了锌电极的极化现象，进而提高了整体的电化学反应活性。

锌粉的松装密度对于电池容量有着直接的影响。具体来说，当松装密度增加时，在相同的有限空间内能够容纳更多的锌粉，从而提高了负极的容量。松装密度受到多种因素的影响，包括锌本身的性质、颗粒形状、粒度分布以及合金成分等。当前，无汞锌粉的松装密度可以达到 2.7~3.2 g/cm³。值得注意的是，由于电池种类及应用场合的不同，对于无汞锌粉的具体粒度需求也有所差异。例如，在设计用于中低电流放电条件下的大型号电池时，倾向于使用较粗的锌粉，其中 30~100 目的比例不低于 70%，而大于 200 目的部分则控制在 10%以下。相反地，小型电池因其负极室直径较小，填充膏体较为困难，因此更适合采用细粒度锌粉，特别是小于 60 目的颗粒占比不应超过 5%。此外，针对数码产品这样需要快速大电流放电的应用场景，则要求所使用的无汞锌粉具备较高活性且粒径更小，理想情况下 30~100 目的部分不超过总量的 60%，而 100~200 目的部分至少占到 30%。

3. 电解质

在中性锌-锰电池体系里，电解质主要由氯化铵(NH_4Cl)和氯化锌($ZnCl_2$)构成。其中，氯化铵的功能在于提供氢离子(H^+)，有助于降低二氧化锰(MnO_2)的放电超电势，并增强整个系统的导电性能。然而，该化合物存在一个显著缺陷：其冰点较高，这会负面影响电池在低温条件下的工作表现；此外，氯化铵溶液还容易沿着锌筒表面向上蔓延，从而引起电池泄漏问题。氯化锌则通过与正极反应产物氨气(NH_3)结合形成配合物 $Zn(NH_3)_4Cl_2$ 间接参与到正极化学过程中。除此之外，它还能有效降低体系内的冰点，展现出良好的吸湿特性以维持电解液中的水分含量，并且能够促进淀粉的糊化过程，进而阻止氯化铵沿锌筒爬升的现象。至于碱性电池，则普遍采用浓度介于 35%~40%的氢氧化钾(KOH)作为电解质。

4. 隔膜

糊式锌-锰电池的隔膜是电糊，锌型、铵型纸板电池的隔膜是浆层纸，碱性锌-锰电池的隔膜是复合膜。电糊的成分包括电解质(NH_4Cl 和 $ZnCl_2$)、稠化剂(面粉和淀粉)、缓蚀剂(OP 乳化剂等)。一般每升电解液中加入面粉和淀粉 300~360 g，面粉与淀粉的质量比为 1∶1~1∶4。为提高电糊强度和电池的抗水解能力，加入约 0.5%(质量分数)的硫酸铬。制造浆层纸的工序有浆料配制、涂覆和烘干。本书采用了聚乙烯醇(PVA)、甲基纤维素(MC)、羧甲基纤维素(CMC)及改性淀粉等多种材料，将其与适量水分混合制备成浆料。随后，通过喷涂、刮涂或滚涂等方法将该浆料均匀地覆盖于电缆纸或牛皮纸之上，并在特定温度条件下进行干燥处理。复合膜结构由两部分构成：主隔膜与辅助隔膜。其中，主隔膜承担着隔离和抗氧化的关键功能，通常选用聚乙烯辐射接枝丙烯酸膜、聚乙烯辐射接枝甲基丙烯酸膜以及聚四氟乙烯辐射接枝丙烯酸膜等材料作为其主要成分。辅助隔膜起吸收电解液和留存液体作用，一般采用尼龙毡、维尼纶无纺布、过氯乙烯无纺布等。使用复合膜时，主隔膜面向 MnO_2，辅助隔膜面向锌负极。

5. 锌-锰电池的性能

锌-锰电池的开路电压受多种因素的影响，任何能够改变正负极稳定电位的因素都会对开路电压产生影响。根据所选用材料的不同，锌-锰电池的开路电压通常介于 1.5~1.8 V。在实际工作过程中，由于极化现象的存在，其工作电压总是低于开路电压；并且随着放电过程中二氧化锰电极的电势逐渐下降，电池的工作电压也不断下降。当放电电流增大时，电池两电极上的极化也相应增大，电池工作电压更低。工作电压降低的程度取决于两电极的动力学性能以及电解液的导电能力。一般而言，Zn 负极的动力学性能好于 MnO_2 正极，而 MnO_2 正极的动力学性能主要受放电产物 MnOOH 转移速度的限制。由于碱锰电池采用了电解 MnO_2、致密的正极锰环结构、锌粉多孔电极结构及 KOH 溶液(具有良好的导电能力)，碱锰电池的重负荷(较大电流)放电能力远远好于中性电池，重负荷(较大电流)放电时工作电压下降速度较慢。

电池的实际容量主要与两方面因素有关：一是活性物质的填充量；二是活性物质的利用率。活性物质的量越多，电池放出的容量就越高；活性物质的利用率越高，容量也越高。因此，提高电池的容量通常从这两方面着手。以碱锰电池为例，21 世纪初碱锰电池的容量大幅度提高就是这两方面措施共同作用的结果。在正极方面，镀镍钢壳的厚度从 0.30 mm 降低到 0.25 mm，LR6 型碱锰电池正极环的体积可从 3.2 cm³ 增加到 3.3 cm³，使得正极活性物质填充量增加了 3%。目前，还有将钢壳厚度进一步降低到 0.20 mm 的趋势，使用比表面积更大、粒度更小的膨胀石墨，一方面，可以减少石墨用量，增加 MnO_2 的填充量；另一方面，石墨、MnO_2 接触性能的改善也提高了正极利用率。在负极方面，通过提高锌膏中锌的比例、改变凝胶剂的配比、增加锌膏注入量、使用添加剂等措施，负极活性物质的填充量和利用率也获得了提高。

总体而言，锌-锰电池的储存性能要比其他电池系列更好。尽管无汞化后锌的腐蚀趋势更大，但是通过采用锌合金粉、代汞缓蚀剂、高纯度原材料及清洁生产工艺等措施，锌电极的自放电水平仍被限制在含汞时的水平。一般情况下，锌-锰电池在储存 5 年之后，电池容量仍可保持为新电池的 80%~90%。电池的储存性能除要考虑荷电保持能力外，还要考察电池的爬碱、漏液情况。通过密封结构和材料的改进，爬碱、漏液问题也得到了有效的解决。另外，在电池储存过程中，还可能出现慢性内部短路问题，表现形式是开路电压明显低于正常水平。在无汞化后，这一问题比较突出。问题的原因可能是电池中某些有害的金属杂质(主要有 Cu、Fe、Co、Ni 等)通过置换反应使得锌枝晶在隔膜内缓慢生长，最终刺穿隔膜造成正负极短路。这一问题的解决途径有两个方面：一方面是使用高纯度原材料、改进设备和生产工艺避免污染，从而杜绝短路的根源；另一方面是选用接枝膜和无纺布相结合的组合隔膜，并且降低隔膜厚度，增加隔膜卷绕的层数，以提高隔膜的耐枝晶性能。

2.3 锌-氧化汞电池

锌-氧化汞电池以单位体积容量高、电压输出平稳和储存特性好而知名。人们对该体系的了解已有一个多世纪，但是直到第二次世界大战，Samuel Ruben 才针对在热带气候条件下能够储存且具有高的容量-体积比的要求，发展出实用的锌-氧化汞电池。

锌-氧化汞电池已经使用在许多场合，它们具有稳定的电压、长储存寿命或高体积比容量。该电池体系的这些特性在助听器、手表、照相机、某些早期的心脏起搏器和小型电子器具中得到了广泛应用，并显示出特别的优越性。这一电池体系也被用于电压参考源和在电器、电子装置中作为电源，如声呐、应急标志灯、救援收发报机、收音机和救生装置等。然而由于锌-氧化汞电池体系过高的价格，这些应用并没有广泛推广，基本只限于军事和特殊用途。

在过去几年，锌-氧化汞电池的市场已经几乎全部消失，主要原因是汞和镉带来的环境问题，现在几乎没有再生产。它们已经从国际电工委员会(IEC)和美国国家标准学会(ANSI)的标准中除名。在其他应用中，已采用碱性锌-二氧化锰电池、锌-空气电池和锂电池来取代它们，锌-氧化汞电池的主要优缺点如表2-3所示。锌-氧化汞电池通常制成扣式结构，如图2-9所示。正极由质量分数为85%~95%的红色氧化汞和5%~15%的石墨粉组成。负极是含汞约10%(质量分数)的汞齐化锌粉。隔膜采用吸湿性强的耐碱纸板及可透过离子的牛皮纸，防止HgO进入负极区。

表2-3 锌-氧化汞电池的主要优缺点

优点	缺点
具有高的体积比能量，达到450 W·h/L	电池昂贵，广泛应用的都是微型电池
在不利于储存的条件下具有较长的储存寿命	经过长期储存后，电池中的电解质可从密封处渗出，明显地
具有宽的电流输出范围	在密封环上沉积出碳酸盐
具有高的电化学效率，高的抗冲击、加速度和振动性能	质量比容量不是很大
具有平稳的开路电压，为1.35 V	低温性能较差
在各种输出电流下都具有平稳的放电曲线	废弃电池会产生环境问题

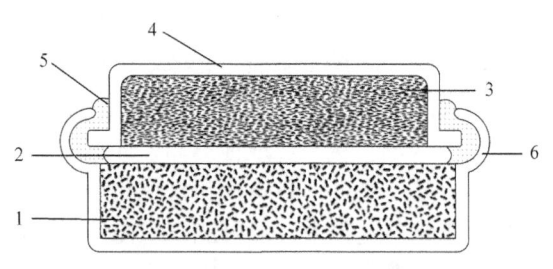

图2-9 扣式锌-氧化汞电池结构示意图
1-正极；2-隔膜；3-负极；4-电池盖；5-绝缘圈；6-钢壳

2.3.1 锌-氧化汞电池的工作原理

锌-氧化汞电池以汞齐化锌粉为负极，以石墨粉和氧化汞为正极，电解液KOH的质量分数为35%~40%，电池电化学表达式为

$$(-)Zn|KOH|HgO(C)(+)$$

总反应的$\Delta G = 259.7$ kJ。25℃时，比热力学值E为1.35 V，这与工业电池的开路电压为1.34~1.36 V的观察值很符合。从基本反应的方程式可以计算出1 g锌提供819 mA·h的容量，1 g氧化汞提供247 mA·h的容量。锌-氧化汞电池的开路电压在1.40~1.55 V。在正极中含有少量二氧化锰的电池用于电压稳定性要求不高的地方。

电池反应式如下。

负极反应： $Zn + 2OH^- \longrightarrow Zn(OH)_2 + 2e$ (2.12)

正极反应： $HgO + H_2O + 2e \longrightarrow Hg + 2OH^-$ (2.13)

电池反应： $Zn + HgO \longrightarrow Hg + ZnO$ (2.14)

正极：氧化汞在碱性电解质中是稳定的，且溶解度极低，它也是一种非导电体，需要石墨作为导电基体。当进行放电时，正极的欧姆内阻下降，石墨可以防止汞滴的大块聚集。已用于防止汞聚集的其他几种添加剂包括使电池电压升高到 1.4~1.55 V 的二氧化锰、低价氧化锰以及与正极产物形成固相汞齐的银粉。石墨含量通常为 3%~10%。二氧化锰含量为 2%~30%。银粉只用于特殊用途的电池，因为考虑到成本，可以达到正极质量的 20%。另外，必须特别注意，应将高纯度材料用于正极。微量杂质溶于电解质易向负极迁移，促使氢气析出。正极中经常保持 5%~10% 过量的氧化汞，可以使电池平衡，并防止放电结束时正极产生氢气。

锌负极：开路时锌电极在碱溶液中直接溶解，将被电解质溶解的氧化锌和电极中的锌的汞齐化减至最低限度，锌电极所用汞的范围通常为 5%~15%(质量分数)，应该特别注意锌中杂质的含量，尽管上面已指出了预防措施，但电极中少量阴极杂质仍可以促进产生氢气的反应。锌负极的制造形式方面有锌膏式、压结式和锌箔式等，必须严格限制用作锌负极的锌中铁、镍、铜杂质的含量。铁含量应小于 0.001%(质量分数)。其中，压结式是由汞齐化锌粉压制而成的；锌箔式是由锌箔和隔膜纸卷成的螺旋式电极。

2.3.2 锌-氧化汞电池的结构和性能

锌-氧化汞电池以三种基本结构生产：扣式、平板式和圆柱形。在每一种结构的电池中，有几种不同的设计。

1. 扣式电池结构

扣式锌-氧化汞电池的结构示于图 2-10。电池盖的内面是铜或铜合金，外面是镍或不锈钢。这个零件也可镀金，但取决于用途。在盖的里面是汞齐化锌粉分散物(凝胶负极)，并用尼龙绝缘垫使盖和外壳绝缘。整个盖/绝缘垫/负极组合件压至含有大部分电解质的吸收体上，其余电解质分散在负极和正极中。吸收体下面是一种防止正极活性物质迁移到负极的可渗透的阻挡层。氧化汞和石墨混合物正极固定在电池壳内，镀镍的支撑环可以防止正极结构在电池放电时崩塌。电池壳为镀镍钢，整个单体电池是将电池壳的顶边卷弯，紧密地压在一起。

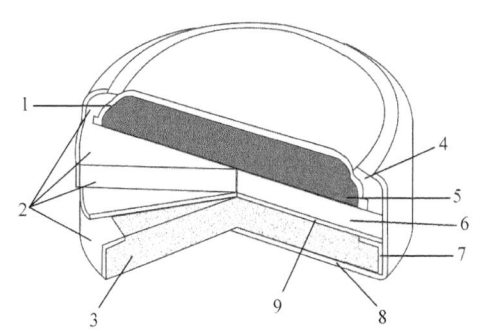

图 2-10 扣式锌-氧化汞电池结构示意图
1-电池盖(负极极柱)；2-电解质；3-正极；4-尼龙绝缘垫；5-负极；6-吸附隔膜；7-套筒；8-电池壳(正极极柱)；9-阻挡层隔膜

2. 平板式电池结构

平板式大型锌-氧化汞电池的结构示于图 2-11。在这种电池中，锌粉被汞齐化并压成

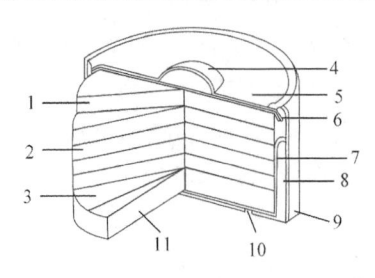

图 2-11　平板式锌-氧化汞电池结构

1-负极；2-吸附层；3-阻挡层；4-内顶盖；5-外顶盖；6-整体成形绝缘垫圈；7-内壳；8-适配管；9-外壳；10-安全孔；11-正极

片，片的孔率足以使电解质浸满。采用双层盖，用完整的模压聚合物作为释放过量气体压力的保护装置和防漏的保持结构。外顶盖为镀镍钢，内顶盖也是镀镍钢，但在里面镀锡。这种电池还采用了两个镀镍钢壳，两个壳体之间有适配管；将装配好的盖和垫圈紧压于内壳，并将外壳顶边卷弯产生密封效果。外壳上有穿透的安全孔。如果在电池内产生气体，可以从内壳和外壳之间逸出，夹带的电解质被适配管中的纸所吸收。

3. 圆柱形电池结构

尺寸较大的圆柱形锌-氧化汞电池由环形压制件组成，如图 2-12 所示。负极片坚固，用氯丁橡胶绝缘嵌片压紧在电池盖上。圆柱形锌-氧化汞电池的一些变化是采用分散性负极，与分散性负极相接触的是焊到内顶盖上的一个铁钉或是从底部绝缘片伸到内顶盖上的弹簧。

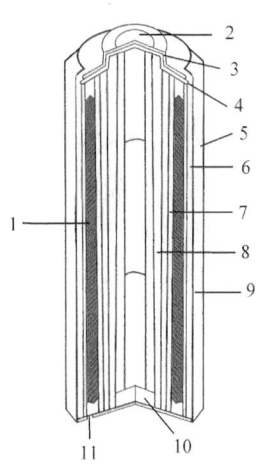

图 2-12　圆柱形锌-氧化汞电池结构

1-正极；2-外顶盖；3-内顶盖；4-绝缘垫圈；5-适配管；6-负极；7-阻挡层；8-吸附层；9-内壳；10-绝缘芯；11-安全孔

锌-氧化汞电池采用的另一设计是卷绕式或胶卷式结构，如图 2-13 所示。负极和吸收片已由卷绕式负极所代替，卷绕式负极由与吸液纸带交错的波纹长锌条组成。纸的边缘在一端伸出而锌条在另一端伸出，这样就提供了表面积大的负极，负极卷置在塑料套内，锌在电池内汞齐化。纸在电解质中膨胀，形成一种紧密的结构，在电池装配阶段，将此结构在锌条与电池盖接触的情况下放入电池。电解质的成分可以调整到适合低温下工作，也可以调整到适合高温下长时间储存，或介于两者之间。经过仔细地调整负极的几何结构，电池性能可达到最佳化。

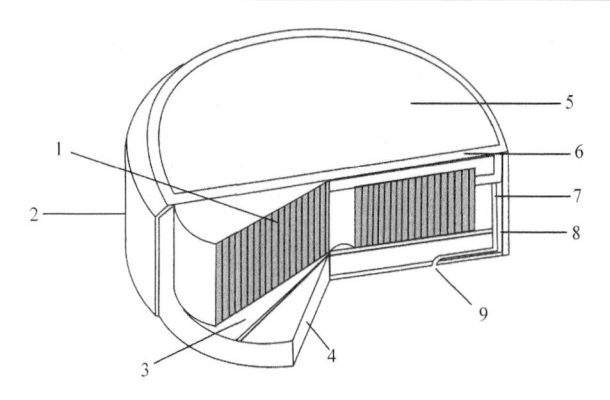

图 2-13 卷绕式负极的锌-氧化汞结构

1-卷绕式负极；2-外壳；3-阻挡层；4-正极；5-外顶盖；6-内顶盖；7-内壳；8-适配管；9-安全孔

锌-氧化汞电池的电动势为 1.35 V。在开路或无负荷情况下，其电压稳定性优良，这类电池已广泛用于参比电极。无负荷(空载)电压与时间和温度的关系是非线性的，相关电压-时间曲线示于图 2-14 中，无负荷电压变化在几年内将保持其初值的 1% 以内。相关电压-温度曲线示于图 2-15 中，温度的稳定性甚至比时间的稳定性更好，在 -20~50℃ 内，总的无负荷电压变化范围在 2.5 mV 左右。

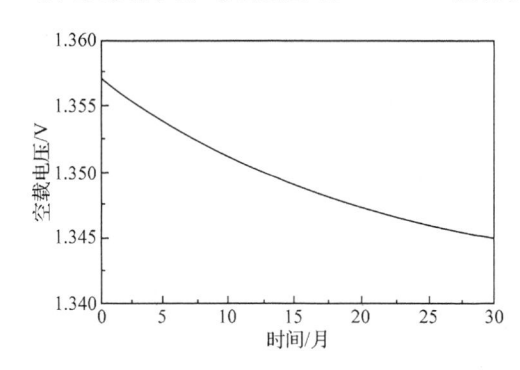

图 2-14 20℃锌-氧化汞电池的空载电压与时间的关系曲线

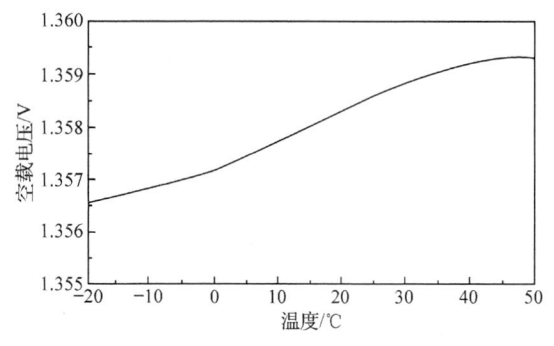

图 2-15 锌-氧化汞电池的空载电压与温度的关系曲线

图 2-16 为压成式粉末负极电池在 20℃ 下的放电曲线。终止电压一般考虑为 0.9 V，但以较大电流放电的电池可以低于这个电压。当小电流放电时，放电曲线非常平坦，且

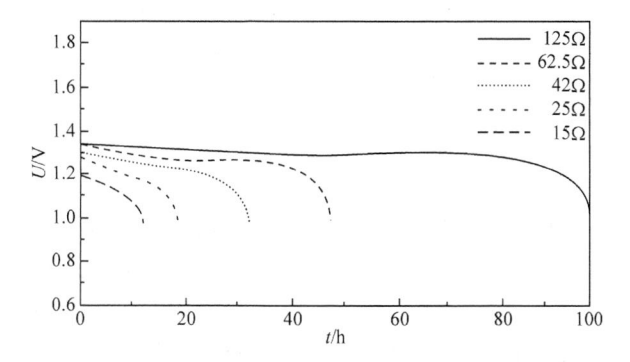

图 2-16 锌-氧化汞电池放电曲线(MR20 型，20℃)

曲线几乎呈"方形"。对于锌-氧化汞电池，无论以连续放电，还是以间歇放电，其容量或寿命均大致相同。在超负荷条件下，经过采用"停放"时间，可以使有效容量得到很大改变，大大延长使用寿命。电池用于以低倍率放电时不会遇到问题，除非在以小电流为基础连续放电时又施加大电流脉冲放电，就必须通过特殊设计来解决遇到的问题。

锌-氧化汞电池最适宜在15～45℃的常温和高温下使用。如果放电时间相对较短，也有可能在高达70℃的温度下放电。锌-氧化汞电池通常不能在低温下较好地工作。在0℃以下，放电效率差，除非以小电流放电。图 2-17 表示在正常放电电流时温度对两种锌-氧化汞电池性能的影响。卷绕式负极或"分散"粉末负极比压成式粉末负极能够更好地适合高倍率和低温下工作。

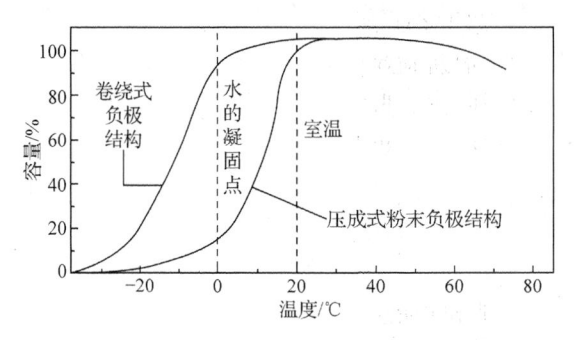

图 2-17 温度对锌-氧化汞电池的影响

2.4 锌-氧化银电池

1883 年，克拉克(Clarke)首次从理论上阐述了一种完整的碱性锌-氧化银电池的概念。四年后即 1887 年，Dun 等成功地开发出了首个实际的锌-氧化银电池模型。直到 1941 年，由法国科学家亨利·安德烈(Henri Andre)教授引领的研究取得了重大突破，他在《锌银蓄电池》一文中详述了自己早期的研究成果，并最终于 1943 年在美国获得了相关专利权。自锌-氧化银电池诞生以来，经过约六十年的发展历程，无论作为一次性使用还是可充电形式的产品使用，这类电池都在商业、航空航天、潜艇乃至核武器等多个领域内展现出了极其广泛的应用前景。它们之所以能够获得如此青睐，主要是因为其拥有极高的可靠性和出色的安全性能，这两点优势是许多其他电化学体系难以匹敌的。

锌-氧化银原电池体系(锌/碱性电解质/氧化银)在体积比能量方面表现卓越，堪称所有电池类型之首。这种特性使得其能够被制造成小巧且薄型的扣式电池，展现出优异的应用效果。单质态锌-氧化银电池放电时电压平稳，无论在高放电率还是低放电率条件下均能保持高度稳定。此外，该类电池还拥有出色的储存性能，在室温条件下存放一年后仍可保留初始容量的 95%以上。同时，它们表现出良好的低温放电能力，在 0℃环境下可以释放出接近标称容量 70%的能量；即使温度降至-20℃，也能达到约 35%的标称容量。鉴于上述优势，锌-氧化银电池广泛应用于各类小型电子设备及家用电器中，如手表、计算器、助听器、血糖监测仪以及照相机等。这些应用场景通常要求电池具备高容量、长使用寿命，并能够在恒定电压下进行放电等。然而，由于银价高昂，采用此类化学组成的大型电池的生产受到了一定限制。锌-氧化银原电池主要以纽扣形式出现,其容量范围为 5~250 mA·h。当前市场上多数相关产品都是基于单价态氧化银(Ag_2O)制备而成的。相对而言,二价态氧化银(AgO)虽然理论上的比容量更高,同尺寸下较单价态版本可多提供大约 40%的电量,但存在电压曲线呈现双平台特征以及在碱性介质中稳定性较差的问题。若采用二价态氧化银,可使相同质量的银获得更长的工作时间,由此显示出其性能价格比高的优势。它们被标志为"Ditronic"或"Ploumbate"电池,并采用重金属元素稳定二价氧化物的反应性。然而 20 世纪 90 年代以来,由于环境要求而出台的强制性要求限制了对这些金属的使用,使这些电池不得不退出市场。锌-氧化银电池的主要优缺点总结在表 2-4 中。

表 2-4 锌-氧化银电池的主要优缺点

优点	缺点
体积比能量高 电压精度高和高放电率能力强 放电曲线平坦,可作为参比电极 低温放电性能优良 抗冲击和抗振动性能良好 储存性能优异	由于成本较高,仅限于扣式电池和其他微型电池

锌-氧化银电池在多个领域内发挥着重要作用。对于需要处理大电流放电情况的高倍率型应用,这类电池特别适合用作导弹运载火箭控制系统、伺服机构及发动机等关键设备的主要电源。此外,在靶机与各类飞机中作为起动或应急电源时也表现出色。中倍率型锌-氧化银电池以其极其稳定的输出电压而闻名,尤其在中低放电速率条件下更为突出,因此被广泛应用于导弹和火箭的遥测系统、外测系统、安全自毁系统以及仪器舱的供电。至于低倍率型锌-氧化银电池,则因其极高的稳定性与可靠性成为对电压平稳度有严格要求的航天器内部电子装置的理想选择;同时,密封式设计还使其能够胜任返回式卫星主电源的角色,满足数日至十数日的任务周期需求。另外,鉴于其性能稳定、体积紧凑、重量轻便且易于操作维护的特点,锌-氧化银原电池也深受影视制作行业的青睐,被各大电影制片厂及广播电视机构普遍将其用于新闻摄影、电视拍摄乃至现场照明等多个方面。

2.4.1 锌-氧化银电池的工作原理

锌-氧化银原电池由三种组分构成:粉末状金属锌负极、由氧化银压制成形的正极和溶有锌酸盐的氢氧化钾或氢氧化钠水溶液电解质。活性组分装配在负极帽和正极壳体内,它们之间有一隔膜分开,并用塑料垫圈密封。

锌-氧化银电池的总电化学反应为

$$Zn + Ag_2O \longrightarrow 2Ag + ZnO \tag{2.15}$$

1. 锌负极

鉴于锌具备较高的半电池电位、较小的极化程度以及较大的极限电流密度(在单个浇铸电极上可达 40 mA/cm)，其常被用作碱性溶液电池中的负极材料。由于锌的电化当量较低，这使得它能够展现出高达 820 mA·h/g 的理想质量比容量。此外，锌因其低极化特性而能实现高达 85%~90%的实际放电效率(即实际容量与理论值之比率)。值得注意的是，控制锌表面钝化对于维持电池性能至关重要，锌在碱性环境中的热力学性质不稳定，易于将水分解为氢气：

$$Zn + H_2O \longrightarrow ZnO + H_2 \qquad (2.16)$$

已知含有铜、铁、锑、砷或锡的锌合金会增加锌的腐蚀速率，而含镉、铝或铅的锌合金则会降低锌的腐蚀速率。如果电池内产生的气体压力足够大，则电池会漏液甚至会破裂。在商品电池制造过程中，高表面积的锌粉与微量汞(3%~6%)结合形成汞齐，能够有效地将腐蚀速率控制在一个可接受的范围内。

锌在负极上的氧化是一个复杂现象，一般比较认可的负极反应如下：

$$Zn + 2OH^- \longrightarrow Zn(OH)_2 + 2e \qquad (2.17)$$

$$Zn + 4OH^- \longrightarrow ZnO_2^{2-} + 2H_2O + 2e \qquad (2.18)$$

电解质胶凝剂如聚丙烯、聚丙烯酸钠或钾、羧甲基纤维素钠或不同种类胶凝剂一般用于与锌粉混合，以改善放电时的电解质易接近性。

2. 氧化银正极

氧化银可以制备成三种价态：一价(Ag_2O)、二价(AgO)和三价(Ag_2O_3)。其中，三价氧化银是非常不稳定的，在电池中未得到应用；二价形式曾经在扣式电池中采用，它一般要与其他金属氧化物混合使用。而一价氧化银在各种条件下最稳定，已在商业上得到最广泛应用。

一价氧化银是一种导电性很差的材料。如果不加导电添加剂，一价氧化银正极会显示出非常高的电池内阻和不可接受的、低的闭路电压(CCV)。为了提高初始 CCV，一价氧化银一般要与 1%~5%的石墨粉混合。然而当正极继续放电时，通过反应产生的银可以帮助维持电池低的内阻和高的闭路电压：

$$Ag_2O + H_2O + 2e \longrightarrow 2Ag + 2OH^- \qquad (2.19)$$

理论上一价氧化银的质量比容量为 231 mA·h/g，体积比容量为 1640 mA·h/L。由于在氧化银里添加石墨会使填充密度和氧化银含量皆降低，所以正极实际容量会下降。与其他价态氧化银相比，一价氧化银在碱性溶液中对分解是稳定的。但当石墨将杂质引入正极时，某些分解成金属银的反应可能发生。其分解速度取决于石墨来源、正极中石墨的含量和电池储存的温度。石墨中杂质含量越高，电池储存温度越高，氧化银分解速度越快。

为了降低银在电池中的用量或改变放电曲线的形状，可以在一价氧化银正极混合物中加入其他正极活性添加剂，通常的添加剂是二氧化锰(MnO_2)。随着二氧化锰含量的增加，电压曲线也发生变化，即由放电过程电压恒定改变为随正极接近耗尽而电压逐渐降低，如图 2-18 所示。这种电压逐渐降低的特征可以作为电池接近寿命终止时氧化银耗尽的标志。

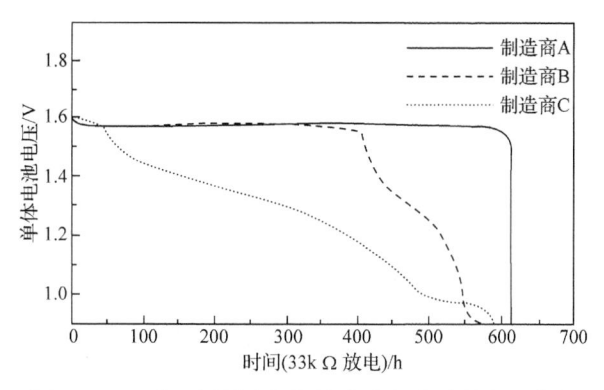

图 2-18 三种不同制造商的锌-氧化银电池的电压曲线

另外一种添加剂镍酸银(AgNiO$_2$)具有多重功能。镍酸银可由在热碱溶液中将一价氧化银与羟基氧化镍反应制得：

$$Ag_2O + 2NiOOH \longrightarrow 2AgNiO_2 + H_2O \tag{2.20}$$

镍酸银具有同石墨一样的优良导电性，并且作为正极活性材料与 MnO$_2$ 类似，质量比容量为 263 mA·h/g，高于 Ag$_2$O，相对于锌具有 1.5 V 的电压。它可以取代石墨并部分取代一价氧化银，以降低电池成本。

虽然二价氧化银比一价氧化银有较高的理论容量(质量比容量为 432 mA·h/g 或体积比容量为 3200 mA·h/L)，但二价形式在扣式电池中的使用受到限制，主要是由于其在碱性溶液中不稳定且呈现两个放电阶段。

二价氧化银在碱性溶液中不稳定，可分解为一价氧化银和氧气：

$$4AgO \longrightarrow 2Ag_2O + O_2 \tag{2.21}$$

这种不稳定性可以通过添加铅或镉的化合物或者金到二价氧化银中来改善。

锌-二价氧化银电池显示出两阶段放电曲线。第一阶段曲线在 1.8 V 处发生，相应于 AgO 到 Ag$_2$O 的还原：

$$2AgO + H_2O + 2e \longrightarrow Ag_2O + 2OH^- \tag{2.22}$$

当放电继续时，电压降低至 1.6 V，相应于 Ag$_2$O 到 Ag 的还原：

$$Ag_2O + H_2O + 2e \longrightarrow 2Ag + 2OH^- \tag{2.23}$$

因此，Zn-AgO 电池的总电化学反应为

$$Zn + AgO \longrightarrow Ag + ZnO \tag{2.24}$$

两阶段放电对许多电子装置的应用是不现实的，这些应用都要求高的电压精度。为了消除两阶段放电，有好几种解决方法。一种先前通常采用的方法表示于图 2-19 中。该方法用轻度还原剂如甲醇处理 AgO 的压制电极片，通过这一处理形成了围绕 AgO 核心的 Ag$_2$O 外层，将这种处理过的电极片装入电池壳体，然后再与更强的还原剂如肼反应，由此在电极片表面形成还原银的薄层。由这种方法制备的正极只有 Ag$_2$O 与正极端接触，Ag$_2$O 层使 AgO 电极的电位升高，此时薄的金属银层降低了电池内阻，尽管 Ag$_2$O 是电阻性的。在使用时只观察到一价氧化银的电压，而电池输出了相比于二价氧化银材料更大

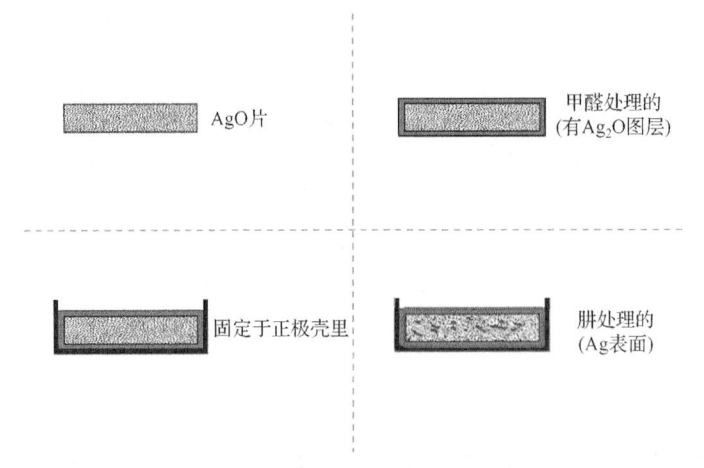

图 2-19 二价氧化银的双重处理方法

的容量。即使仅采用表面处理，电池工作时间也比相同银用量的一价氧化银标准电池延长了 20%~40%。采用这种"双重处理"过程生产的电池称为 Ditronic 电池，图 2-20 显示出 Ditronic 设计为扣式电池带来的益处。当放电电压相同时，材料经过处理的电池比传统一价氧化银电池的容量增加了 30%。而未采用材料处理手段的 AgO 电池出现两阶段放电。

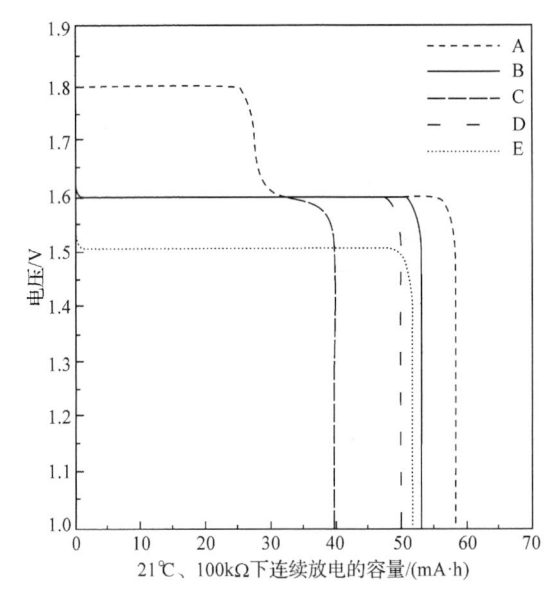

图 2-20 扣式锌-氧化银电池性能比较
A-Zn-AgO；B-双重处理方法；C-Zn-Ag$_2$O；D-Zn-高铅酸银；E-Zn-AgNiO$_2$

2.4.2 锌-氧化银电池的结构和性能

1. 锌-氧化银电池的典型结构

典型锌-氧化银扣式电池的剖面如图 2-21 所示。锌-氧化银扣式电池通常设计为负极限制型，正极容量一般比负极容量多出 5%~10%。如果电池是正极限制型的，锌-镍或锌-

铁电对可能在负极上形成，正极上就可能产生氢气。

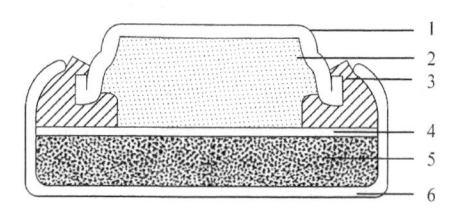

图 2-21　典型锌-氧化银扣式电池的剖面图
1-电池上杯壳；2-负极；3-绝缘垫圈；4-阻挡层；5-正极；6-电池底杯壳

锌-氧化银电池的正极材料通常由一价氧化银(Ag_2O)和 1%～5%的石墨混合组成，石墨用于提高导电性。Ag_2O 中也可以含有二氧化锰(MnO_2)作为正极填充剂。正极物质中有时也采用一定比例的二价氧化银和一价氧化银的混合物，其中含有铅酸银($Ag_5Pb_2O_6$)或金属银，以降低 AgO 正极的电压和电池内阻，但是这种材料在商品电池中已不再使用。此外，还可以向混合物中加入少量聚四氟乙烯(Teflon™)作为胶黏剂，它能使压片变得容易。

负极是一种高表面积、汞齐化的凝胶状金属锌粉，它置于顶盖的有效体积内，该顶盖用于电池负极的外部端子。顶盖由三层金属组成的片材冲压成形得到，其外表面是镍覆于钢上形成的保护层，与锌直接接触的内表面是高纯铜或锡。正极片直接压到正极壳体内。该壳体由镀镍钢带成形而得，它也作为电池正极的端子。为了将正负极隔开，采用一片玻璃纸或接枝聚乙烯膜隔离层圆片放置在压实的正极上。整个体系都被氢氧化钾或氢氧化钠电解质润湿。用密封绝缘垫圈使电池实现密封，防止电解质泄漏，并实现电池盖与电池壳体间的绝缘。绝缘垫圈可用一些弹性适宜的耐腐蚀材料，如尼龙制成。密封性也可以通过采用密封剂涂覆在绝缘垫圈上而得到改善，可以采用的密封剂有聚酰胺(polyamide)或沥青(bitumen)，它们能防止电解质从密封表面泄漏。

2. 放电性能

锌-氧化银电池的显著特点就是放电电压平稳。由图 2-22 所示的不同放电倍率下的放

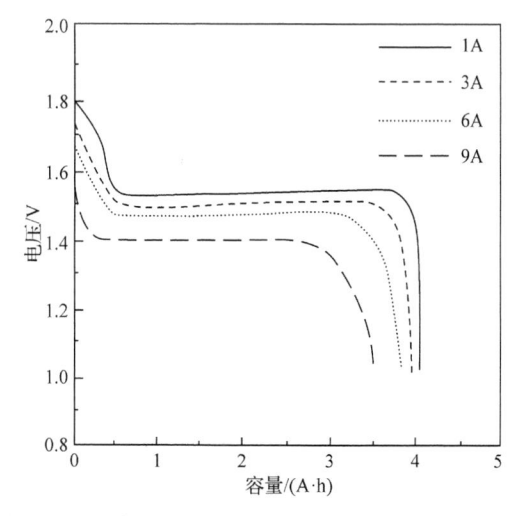

图 2-22　锌-氧化银电池在不同放电倍率下的放电性能

电曲线可以看出，放电倍率对其放电平稳性影响不大，在大电流放电时，仍能输出大部分能量，且工作电压无明显变化。另外，在高倍率放电时，电压的高坪阶段基本消失。

温度对锌-氧化银电池的放电性能有很大影响。由图 2-23 可以看出，随温度降低，电池内阻增加，放电电压降低，同时放电时间缩短。在低温下放电时，高坪阶段电压不明显，甚至消失。在低温下以中高倍率放电时，因为要克服电池内阻而消耗能量，所以电池开始放电时，工作电压较低，随放电的进行，电池内部发热，工作电压又逐渐升高，趋于正常。放电温度过高，则电池寿命缩短，甚至不能正常工作。锌-氧化银蓄电池的理论比容量大。正负极活性物质的利用率也较高，在 5～10 小时率下放电，它的正极活性物质利用率达 70%～75%，负极活性物质利用率达 80%～85%，这是因为正极极化很小，且放电过程中生成了导电性良好的 Ag，负极则采用了粉状多孔锌电极，不易钝化。另外，锌-氧化银电池电解液用量少，导电骨架与外壳等零件的质量在整个电池中所占的比例较少，电池装配紧凑，体积小，重量轻，它的比能量比较高。这样，对于某些要求电池体积小、质量轻的特殊场合，锌-氧化银电池具有十分重要的意义。锌-氧化银电池也具有较高的比功率，它在大电流放电时仍然具有较大的比能量。

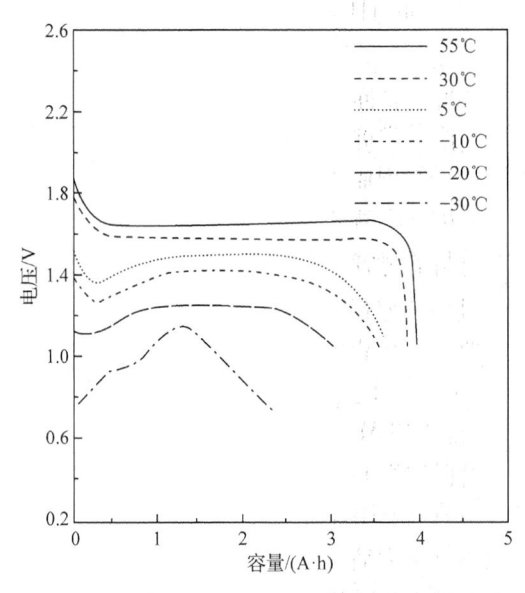

图 2-23 锌-氧化银电池在不同温度下的放电性能

锌-氧化银电池正极和负极上都会发生自放电。锌电极上的自放电速率明显高于氧化银电极，由于电池结构和制造技术的不同，自放电速率也不一样。一次扣式电池在常温下存放一年时间，容量仍应保持锌-氧化银电池容量的 95%，二次电池在 20℃下储存 3 个月容量下降大约 15%。与锌电极相比，氧化银电极的自放电速率在常温下非常缓慢，但是它的溶解产物对隔膜的寿命影响较大，所以在延长电池寿命方面，应采取相应的措施。

思 考 题

1. 什么是一次电池？并简要描述一次电池的工作原理。
2. 简要描述锌-锰电池、锌-氧化汞电池、锌-氧化银电池的基本反应原理。
3. 简要描述锌-锰电池、锌-氧化汞电池、锌-氧化银电池的基本特性和优缺点。
4. 锌-氧化汞电池具有哪些电池结构？
5. 简要描述二价氧化银电池在使用过程中的问题以及解决办法。

第3章 铅酸蓄电池技术

铅酸电池,也称为铅酸蓄电池、酸性蓄电池,其电极材料选用铅及其氧化物,而电解质则为硫酸溶液。铅酸蓄电池的构造包括正负极板、隔板、电解液、塑料槽、连接组件以及极柱等部分。依据电解液含量的不同,可分为富液式与贫液式两大类;根据有无注酸孔结构,分为开口式和阀控式;此外,根据实际应用场景的不同,铅酸电池又可具体划分为用于起动、助力车驱动、备用电源支持、能量存储、船舶电力供应、铁路机车动力提供、矿灯照明及作为其他动力源等多个种类。

铅酸蓄电池于1859年由普兰特(Plante)发明,他以两条卷式铅条作为电极,以亚麻布作为隔膜组装出第一个可充电的铅酸蓄电池。但早期的铅酸蓄电池存在生产效率慢、工作期间易失水、需要频繁维护、早期容量损失、极板制造过程中反应机制不明确等诸多问题,影响了铅酸蓄电池的实际使用,经过一个多世纪的发展和研究,铅酸蓄电池的性能得到显著提高,并得到了广泛的应用。

3.1 铅酸蓄电池的构造和工作原理

3.1.1 铅酸蓄电池的构造

单体铅酸蓄电池的基本构成包括正极板、负极板、硫酸、隔板以及槽与盖子。正极和负极均浸泡于特定浓度的硫酸溶液之中,而两者之间则通过一种隔板材料相分离,这种材料必须具备良好的电绝缘性能(如橡胶、玻璃纤维或塑料制品),同时还要能够抵抗氧化反应及硫酸侵蚀,并且拥有适当的孔径大小和孔隙比例以确保化学反应的有效进行。此外,电池壳体也需选用耐酸性强、适应温度范围广且机械强度高的绝缘材质制造(通常采用硬质橡胶或合成树脂)。根据实际应用需求的不同,可以将多个这样的单体电池通过串联或并联的方式组合起来使用。

阀控密封铅酸蓄电池(valve-regulated lead-acid battery, VRLA)的问世显著改善了电池的失水及维护难题。图 3-1 为 VRLA 的基本构造示意图。其正负极板由涂覆有铅膏的板栅组成,并通过隔膜相互隔离;随后,这些极板被焊接至对应的汇流排上,再经由极柱实现与外部电路的连接。为了防止电解液泄漏,整个装置被封装在一个封闭的外壳内。当内部气体压力达到预定的安全阈值时,安全阀会自动开启以释放多余的压力,从而有效预防由过压引起的电池膨胀或爆炸事故。虽然卷绕型、管式以及水平放置型等不同结构设计的铅酸电池与 VRLA 在具体构造方面

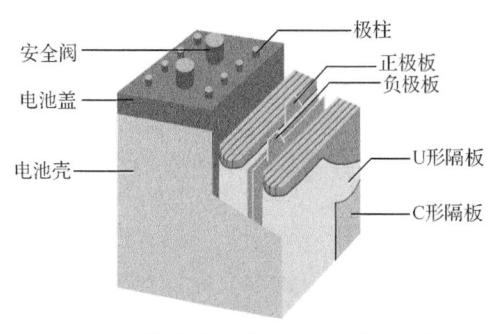

图 3-1 阀控密封铅酸蓄电池的结构示意图

有所区别，但在电化学反应机制上则保持了一致性。

3.1.2 铅酸蓄电池的工作原理

铅酸蓄电池的电化学表达式为

$$(-)Pb|H_2SO_4|PbO_2(+) \tag{3.1}$$

1882 年，Gladstone 与 Tribe 阐明了电池工作时正负极上发生的化学过程，并提出了"双硫酸盐化理论"，该理论至今仍被广泛采纳。基于这一理论框架，铅酸蓄电池中的电极反应和电池反应如下。

负极反应：$\quad Pb + HSO_4^- \underset{充电}{\overset{放电}{\rightleftharpoons}} PbSO_4 + H^+ + 2e \tag{3.2}$

正极反应：$\quad PbO_2 + 3H^+ + HSO_4^- + 2e \underset{充电}{\overset{放电}{\rightleftharpoons}} PbSO_4 + 2H_2O \tag{3.3}$

电池反应：$\quad Pb + PbO_2 + 2H^+ + 2HSO_4^- \underset{充电}{\overset{放电}{\rightleftharpoons}} 2PbSO_4 + 2H_2O \tag{3.4}$

正是因为放电时在铅酸蓄电池正、负极上都有硫酸铅生成，所以该理论称为"双硫酸盐化理论"。由式(3.4)可以看出，在放电过程中消耗硫酸生成水，电解液中硫酸浓度降低；而在充电过程中恰恰相反，水与硫酸铅反应重新生成硫酸，硫酸浓度升高。电解液中硫酸在充放电过程中的浓度变化也使得铅酸蓄电池的荷电状态可以通过比重计方便地进行预测。

$$H_2SO_4 \rightleftharpoons H^+ + HSO_4^-, \quad k_1 \approx 1000 \tag{3.5}$$

$$HSO_4^- \rightleftharpoons H^+ + SO_4^{2-}, \quad k_2 \approx 0.01 \tag{3.6}$$

需要说明的是，目前铅酸蓄电池采用的硫酸密度范围为 1.02～1.30 g/cm³。由于 H_2SO_4 的一级解离常数(k_1)与二级解离常数(k_2)相差甚大，参与电池反应的主要是 HSO_4^- 而非 SO_4^{2-}。铅酸蓄电池充放电原理如图 3-2 所示。

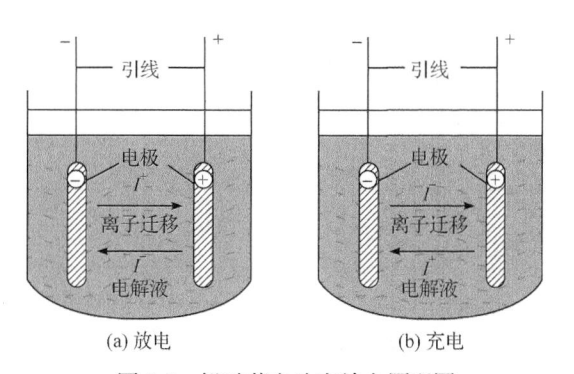

图 3-2 铅酸蓄电池充放电原理图

1. 铅酸蓄电池的电动势

以氢电极平衡电势为参照，$Pb|PbSO_4$ 电极的平衡电势较低，为负值，而 $PbO_2|PbSO_4$

电极的平衡电势较高，为正值。正是铅酸蓄电池这种两极间存在的电位差异，赋予了基于水性电解质工作的铅酸电池极高的电动势，使其在同类电化学储能装置中脱颖而出。铅酸蓄电池的电动势是铅酸蓄电池在平衡状态下，正极电极电势与负极电极电势的差值。电动势可用热力学公式计算，也可以用电极电势来计算。

首先，可以利用热力学公式直接由电池反应计算铅酸蓄电池的电动势。吉布斯自由能变描述了可以转变成电能的最大能量，通过吉布斯自由能可以由以下关系式得到电动势：

$$E = -\frac{\Delta G}{nF} \tag{3.7}$$

式中，E 为单体电池电动势(V)；ΔG 为吉布斯自由能变；n 为反应交换电子数；F 为法拉第常数，$F = 96485$ C/mol。这是所有反应都处于平衡态时的电压。对于特定的电池反应，可以应用 Nernst 方程计算电池电动势：

$$E = E^{\theta} - \frac{RT}{nF}\ln\frac{a_{pr}}{a_{re}} \tag{3.8}$$

式中，E^{θ} 为标准电动势(V)；R 为摩尔气体常数，$R = 8.31$ J/(K·mol)；T 为热力学温度(K)；a_{pr} 为电池反应产物的活度；a_{re} 为电池反应作用物的活度。铅酸蓄电池的总反应方程式为式(3.4)，此时 $n = 2$，将离子活度代入式(3.8)所示的方程中，可以计算得到

$$E = E^{\theta} + \frac{RT}{F}\ln\frac{a(HSO_4^-)a(H^+)}{a(H_2O)} \tag{3.9}$$

其中，Pb、PbO_2 和 $PbSO_4$ 为纯固体，活度为1。要计算 E 就必须先得到 E^{θ} 的数值，一般可以通过正、负极的标准电极电势差或通过电池反应的标准吉布斯自由能变计算得到。由式(3.9)可知，铅酸蓄电池的电动势 E 随 HSO_4^- 活度的增加而增大。表 3-1 列举了不同硫酸溶液密度的铅酸蓄电池电动势的实测值。在实际应用中，铅酸蓄电池的电动势常用式(3.10)近似计算：

$$E = d + 0.84 \tag{3.10}$$

式中，E 为单体电池的电动势(V)；d 为电解液的密度(g/cm³)。用近似计算代替上述计算过程符合性较好，可满足生产和实际使用中的需要。

表 3-1　铅酸蓄电池的热力学数据

硫酸的密度/(g/cm³)	硫酸的质量分数/%	电池电动势/V	$\left(\frac{\partial E}{\partial T}\right)_P$ /(mV/℃)
1.02	3.05	1.855	−0.06
1.05	7.44	1.905	0.11
1.10	14.72	1.962	0.30
1.15	21.38	2.005	0.33
1.20	27.68	2.050	0.30
1.25	33.80	2.098	0.24
1.30	39.70	2.134	0.18

铅酸蓄电池电动势的温度系数$\left(\frac{\partial E}{\partial T}\right)_P$对于理解电池性能至关重要。首先，这一系数揭示了电动势如何随温度变化而变动，从而为计算不同温度条件下电动势的具体数值提供了理论依据；其次，在理论层面，它还能够辅助于某些热力学函数的估算以及电池与外界环境之间热量交换情况的研究。值得注意的是，电池反应过程中熵的变化量(ΔS)与上述温度系数之间存在如下关系：

$$nF\left(\frac{\partial E}{\partial T}\right)_P = \Delta S \tag{3.11}$$

式(3.11)可用于计算电池反应的熵变，也可利用该公式根据ΔS计算电动势的温度系数。

2. 影响铅酸蓄电池容量的因素

铅酸蓄电池的放电电流密度对容量及活性物质利用率影响很大，如图 3-3 所示。在活性物质总量不变的条件下，电池容量随放电电流增大而降低，因此，在谈电池容量时，必须指明放电的电流大小。

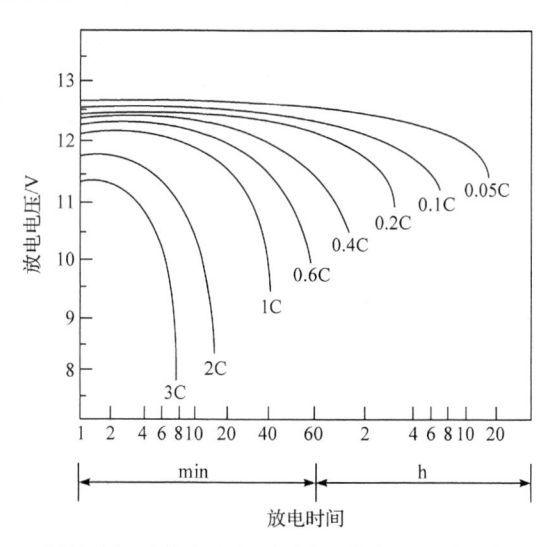

图 3-3 阀控式铅酸蓄电池在不同放电倍率下的放电曲线(25℃)

温度对蓄电池的容量影响较大。由于电解液性能的变化，蓄电池的容量及活性物质利用率随温度增加而增加。随着温度下降，电解液的黏度逐渐增加，从而增加了离子迁移过程中的阻力，降低了它们的扩散效率。硫酸分布不均导致活性物质的部分区域未能得到有效利用，进而造成了电池容量的减少。特别是在 0℃以下，硫酸黏度的提升尤为明显。此外，当环境温度进一步降低时，硫酸浓度对其黏度的影响变得更加显著，同时液体状态存在的温度区间也相应变窄，如图 3-4 所示。另一个原因是，随着温度的下降，电解质的电阻上升，这直接导致了电池内部总电阻的增大以及工作电压降的加剧，最终同样会反映为电池可用容量的减小。

放电终止电压对电池的容量及使用寿命具有重要影响。为避免过度放电而导致极板损伤，并确保不同电池之间具备可比性，相关标准中明确规定了在各种放电速率和温度

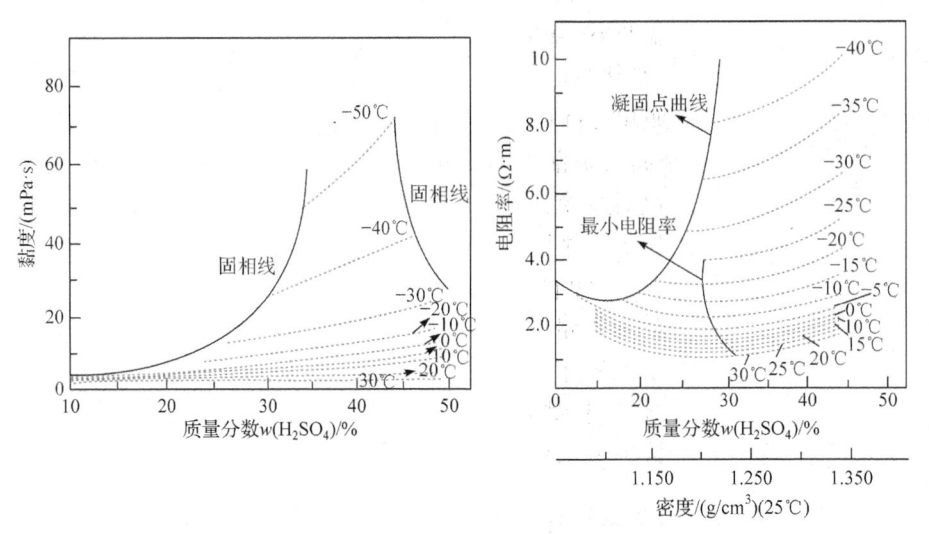

图 3-4 硫酸黏度、硫酸水溶液电阻率与温度的关系

条件下放电时应达到的终止电压值。从图 3-5 所示的铅酸蓄电池充放电过程中电压的变化趋势可以看出，当电池放电至点 G 之后，尽管电压出现显著下降，但此时若继续放电，所能获得的有效容量却非常有限，并且会对电池的整体寿命造成负面影响。因此，合理设置一个恰当的放电截止电压(或称为放电终止电压)是十分必要的。值得注意的是，随着放电速率的不同，相应的终止电压也会有所调整：在高电流放电情况下，即便终止电压较低，但由于生成的 $PbSO_4$ 相对较少，故不会对极板构成明显损害，此时通常会选择较低的终止电压；而在低电流放电条件下，$PbSO_4$ 沉积量显著增加，特别是在负极板上由 Pb 向 $PbSO_4$ 转化以及正极板上 PbO_2 转变为 $PbSO_4$ 的过程中，活性物质的膨胀会产生一定的应力，这可能会导致极板变形或活性材料脱落，从而缩短电池的使用寿命，在这种情况下，需要设置较高的终止电压来加以保护。

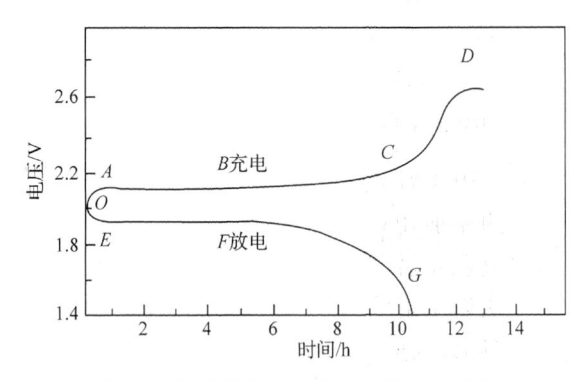

图 3-5 铅酸蓄电池充放电时的电压变化

一般放电终止电压还与极板种类和电池构造相关。对于固定型蓄电池而言，其内部含有较多的电解液，在放电过程中电解液密度的变化相对较小。即使活性物质大量转化为 $PbSO_4$，电池电压也不会出现显著下降。基于这一特性，应设定较高的放电终止电压以适应整体的系统需求，从而避免过放导致过多 $PbSO_4$ 生成而损害极板的情况发生。相比之下，汽车起动用蓄电池具有较高浓度但较小体积的电解液，在放电期间电解液浓度

会经历较大波动。这意味着即便活性物质转变为 $PbSO_4$ 的数量不多,也能引起明显的电压下降。因此,在这类电池中采用较低的放电终止电压,不仅能够有效释放更多电量,也可防止对极板造成不必要的损伤。

铅酸蓄电池的设计参数对其活性物质的利用效率及整体容量有着显著影响。设计因素包括但不限于极板类型的选择(如涂膏式或管式)、板栅的具体构造、极板尺寸及厚度、电解液浓度以及隔板材料与厚度等。

3.2 铅酸蓄电池的关键材料和技术

3.2.1 铅酸蓄电池板栅

电能与化学能相互转化的反应发生在电导体|溶液之间的界面上。在这个界面处,电子从金属转移到吸附在金属表面上的离子上,或者金属被氧化形成离子并转移到溶液中。这些电化学反应是化学电源的基础。铅酸蓄电池的电极具有较大的表面积,因此可以实现高容量。它们通过多孔活性物质参与电化学反应来实现这一点。铅酸蓄电池的电极包括以下组成部分。①板栅:在电池充电过程中,板栅将外部电能传导至整个极板。在电池放电过程中,板栅收集整个电极产生的电流,并将其输送给外部用电设备。②多孔活性物质:它是具有电化学活性的材料,在材料表面发生电化学反应,多孔活性物质决定了电极(电池)容量。③板栅|活性物质的界面。

板栅在铅酸蓄电池中主要有活性物质载体、活性物质导电体以及腐蚀产物保护板栅并降低与活性物质之间的界面阻抗三方面的作用。首先,板栅支撑活性物质,是活性物质的载体。充电状态的正极为 PbO_2,负极为海绵状 Pb,放电后两极均转化为 $PbSO_4$,反应物与产物间存在密度差和摩尔体积差。在电池处于放电状态时,其摩尔体积显著增大,这不仅会导致多孔材料内部孔隙率的下降,还会引起活性物质总体积的扩张。相反地,在充电过程中,活性物质的体积则会收缩。如果活性物质在不同区域内的体积变化存在不均衡现象,则有可能引发极板变形以及活性物质从基体上脱落的问题。不过,通过板栅和栅格提供的机械支撑作用,可以在一定程度上抑制活性物质的膨胀及潜在的脱落风险。

其次,板栅是活性物质的导电体,活性物质储存的电量通过板栅流出和流入。单靠正、负极活性物质的导电能力,不足以完成电池充放电时的电流传导和汇集。此外,由于正、负极活性物质的导电能力差距大,正极板栅在电传导方面占有更加重要的地位。

最后,板栅的腐蚀产物要保护板栅,减少腐蚀,并要降低与活性物质之间的界面阻抗。板栅与活性物质之间的界面阻抗会对蓄电池的性能产生负面影响,因此,需要减少板栅材料的腐蚀,降低界面阻抗。

因此,在选择铅酸蓄电池的板栅材料,特别是正极板栅材料时,应当考虑以下关键特性:①需具备优秀的电子导电性能;②拥有足够的硬度与强度,以承受制造过程中所遇到的各种外力,并且在充放电期间活性物质体积变化的情况下能够保持形状稳定;③需有良好的抗腐蚀能力,不仅能够抵抗硫酸的侵蚀作用,而且在电池充电时能承受较高的阳极氧化电位;④能与活性物质之间形成良好黏合,同时保证较低的接触电阻;⑤从加工角度来看,需要有出色的铸造性能,即流动性和填充性;⑥应具有优良的可焊性；⑦考虑到经济因素，应具有较低的成本。以上对于板栅设计的要求有时会相互抵触，无法兼备，需要根据铅酸蓄电池的类型、功能和使用场景来进行取舍。目前，板栅材料主要包括铅基合金和非铅基材料，常用的铅基合金有铅锑(Pb-Sb)、铅钙(Pb-Ca)、铅锡(Pb-Sn)等合金，可用于正、负板栅；非铅基材料有塑料镀铅、铜镀铅等，主要用于负板栅。

板栅是栅状结构，重力浇铸板栅由边框、筋条(横筋条、竖筋条、斜筋条、加强筋、辅助筋)、极耳、板角(有的不需要)组成；拉网板栅由上下边框、网状筋条、极耳组成。冲孔板栅有上下边框和左右边框，孔是靠模具冲孔成形的。板栅中间的空隙用于填涂活性物质。板栅的结构如图 3-6 所示。从板栅对铅酸蓄电池寿命的影响因素考虑，理论上板栅筋条越粗，蓄电池的寿命越长。然而，板栅的腐蚀受到活性物质、腐蚀层覆盖，蓄电池使用工况，板栅制造方式，板栅合金的成分等多种因素的共同影响，腐蚀是板栅设计所要考虑的重要因素之一。

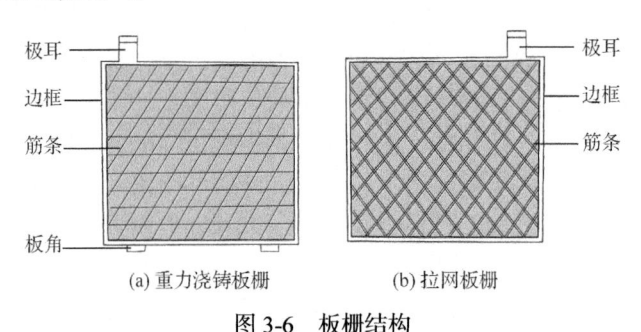

(a) 重力浇铸板栅　　(b) 拉网板栅

图 3-6　板栅结构

铅酸蓄电池板栅合金主要为铅基合金。

1. 铅锑合金

铅锑合金(Pb-Sb 合金)具备优异的力学性能，包括高强度、良好的延展性和韧性以及出色的抗蠕变特性。此外，它还具有较低的熔点和较小的体积收缩率，这使得该材料不仅流动性好，易于成形，而且浇铸性能优越。与纯铅相比，如图 3-7 所示，Pb-Sb 合金表现出更小的热膨胀系数，这意味着在电池经历充电和放电循环时，其结构更加稳定，不易变形。同时，这种合金制成的板栅能够与活性物质形成牢固的结合，并且表面电阻较低，这些特点均有利于蓄电池的深充放能力和循环寿命。但是在充电时，正极板栅中的锑溶解在电解液中，转移到负极，沉积在活性物质表面，使析氢过电位降低，因此锑的存在降低了水的分解电压，加剧了水的分解和存放时蓄电池的自放电，不能达到免维护要求。当合金的锑含量≥3%时，水分解和自放电较为明显，用该合金生产的蓄电池必须定期(如两个月)进行一次补充充电和补水。合金的锑含量≤1.5%时，充电时水分解明显降低，可以降低蓄电池的维护频率。但是低锑二元合金的强度和铸造性能较差，一般要加入少量的砷、硒、锡、铜、硫等元素，作为增强剂或结晶细化剂以改善合金的性能。Pb-Sb 合金耐腐性能较差，随正板栅含锑量的增加，其腐蚀速度加快，会缩短循环寿命。

2. 铅钙合金

铅钙合金(Pb-Ca 合金)属于一种通过沉淀硬化机制来增强其性能的材料。具体来说，

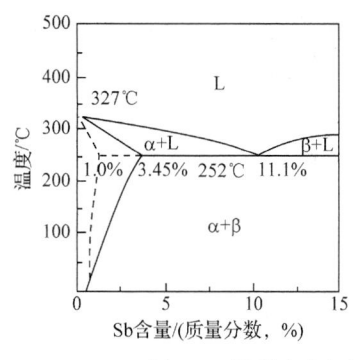

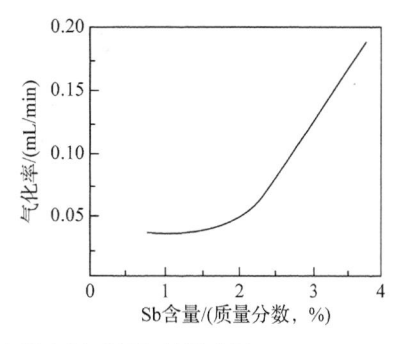

图 3-7 铅锑合金相图和锑含量对析气的影响图

在铅基体内部,会形成 Pb₃Ca 这种金属间化合物,并以沉淀的形式分布于整个结构之中,构建起一个强化网络,从而赋予该合金一定的机械强度。钙含量对该合金强度的影响较大,太低的钙含量会降低板栅的力学性能,而过量的钙也会导致在使用中板栅的快速增长。浇铸条件也会影响晶粒结构及最终的腐蚀程度。Pb-Ca 合金的硬化非常快,一天便可达到 80%的极限强度,7 天内就可以完全硬化。在充电时,Pb-Ca 合金的析氢过电位比铅锑合金提高了 200~250 mV,因此相对于铅锑合金而言,不易发生水的分解,减少了自放电,因此 Pb-Ca 合金成为制造免维护铅酸蓄电池的主要材料,这也是它替代铅锑合金的原因之一。此外,Pb-Ca 合金的耐腐蚀性较好,板栅有较长的寿命。

然而,Pb-Ca 合金电池在充放电循环时,充电接受能力下降,出现再充电困难,引起寿命初期容量损失,容量迅速下降,称为早期容量损失,早期研究者称为"无锑现象"。研究认为该现象是由于板栅与活性物质界面之间形成了阻挡层。现在这个问题已通过添加 Sn 元素等得到了很好的解决。另外,Pb-Ca 合金的抗蠕变性能差,随着充放电循环进行,正板栅长大。特别是对于循环用大型极板,这种现象比较突出。除此之外,在熔炼及铸造过程中,钙容易被氧化烧损,影响合金的成分与性能的稳定,氧化渣还降低了合金的可焊性。最后,新铸出的 Pb-Ca 合金板栅较软,加工存在难度。

3.2.2 铅酸蓄电池正极材料

铅酸蓄电池的电极活性物质必须具有特定的结构,以保证达到额定容量和充放电循环次数。正极和负极的活性物质结构包括固体电化学活性物质和孔体系。固体电化学活性物质进一步细分为承担板栅与各个部位的活性物质之间电流传导功能的骨架结构,以及参与化学能转化为电能并决定电极(电池)容量的能量结构。孔体系又根据孔径及对应的不同功能分为供离子与水分子快速移动的大孔(传输孔,大于 0.1 μm),以及为电化学反应贡献大比表面积,从而提高活性物质利用率的微孔(反应孔,小于 0.1 μm)。

充放电循环后活性物质结构的复原程度决定了电化学电池的循环寿命。骨架结构无法复原会导致电化学电池失效。有两类反应可能导致骨架结构受损,它们是:①循环期间活性物质体积膨胀,引起骨架分支变细,导致对应的活性物质部位电阻变大,该部位的成流反应减少,或者如果一个分支或者更多分支与整个骨架分离,则相对应的活性物质完全不能参与成流反应。电池容量显著下降,电池寿命终止。②循环期间活性物质体积收缩,引起传输孔收缩,导致放电形成的 Pb²⁺ 离子进入活性物质孔中,使孔内溶液带正电。传输孔收缩之后变得狭小，不允许带负电荷的硫酸离子进入其中，带正电荷的 Pb^{2+} 离子无法被电中和。这样，活性物质孔内的水发生离解。水离解形成的 H^+ 离子具有高移动能力，它从孔中迁出移到外部溶液中。水离解形成的 OH^- 离子则保留在活性物质孔内生成 $Pb(OH)_2$。这些反应的速率相对较慢，导致极板不能释放出全部能量，从而缩短了电池的循环寿命。

电化学电极的上述结构成形于电池正极板(电极)的不同工艺过程期间。设计专门的工艺过程参数以形成具有特定结构组成和孔系统的活性物质是至关重要的。活性物质的每种结构都应该具备足够的电化学活性，能够在电池长期循环使用期间维持其功能。

铅酸蓄电池正极的活性材料主要为 PbO_2，以铅膏的形式涂覆于板栅上，化成后形成 PbO_2 正极。

1. PbO_2 的物理化学性质

PbO_2 是种多晶型化合物，在铅酸蓄电池的正极中主要为斜方晶系 α-PbO_2(铌铁矿型)和正方晶系 β-PbO_2(金红石型)，并在不同条件下形成和转变。α-PbO_2、β-PbO_2 的物理化学性能不尽相同，α-PbO_2 的密度比 β-PbO_2 略高。α-PbO_2、β-PbO_2 的晶体结构如图 3-8 所示，α-PbO_2 晶粒间联结紧密，机械强度较好；β-PbO_2 晶粒间结合较疏松，强度也较差。α-PbO_2 的晶粒尺寸较大，晶粒表面光滑；而 β-PbO_2 的晶粒细小。因此在质量相同的情况下，β-PbO_2 结晶要比 α-PbO_2 具有更大的真实表面积。二氧化铅的制备技术主要包括化学法与电化学法两大类。然而，实验结果显示，通过化学法所获得的二氧化铅表现出较低的电化学活性，因此不适于应用在蓄电池中或作为研究中的活性材料。在不同的 pH 条件下，可以得到不同晶型的二氧化铅：α-PbO_2 通常形成于碱性或中性环境中，而 β-PbO_2 则更倾向于在酸性条件下生成。进一步的研究表明，在正极铅膏配方中增加硫酸(H_2SO_4)的比例有助于提升电池的初始容量。一个典型的例子是干荷电正极，为了确保良好的初始性能，其铅膏中的 H_2SO_4 浓度往往高于常规正极铅膏中的相应值。提高正极铅膏内 H_2SO_4 的含量之所以能够促进初始容量的增长，一方面是因为它增加了铅膏中 $PbSO_4$ 的总量，进而提高了最终产物 β-PbO_2 的比例；另一方面则是因为随着 H_2SO_4 含量的上升，转化后的电极板孔隙度增大，使得放电过程中硫酸更容易渗透至活性物质内部，从而增强了二氧化铅的利用率。

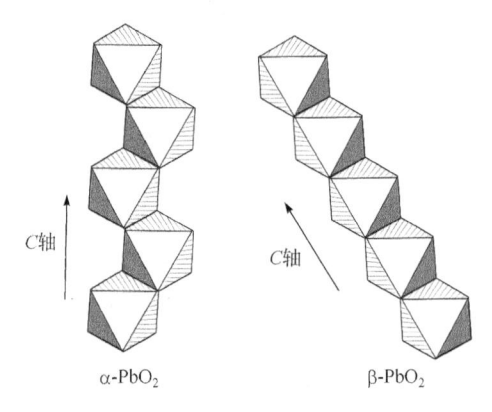

图 3-8　α-PbO_2 和 β-PbO_2 的八面体堆积

1992 年，D. Pavlov 提出了一种关于正极活性物质的新见解，指出其本质上是一个能够传导质子与电子的凝胶-晶体复合体系，而非单纯由 PbO_2 晶体制成。根据这一理论，构成正极活性物质基本单元的是 PbO_2 颗粒，而非单一的 PbO_2 晶体。这些颗粒是由 α-PbO_2、β-PbO_2 两种形式的晶体以及一种水合状态下的 PbO_2-$PbO(OH)_2$(即凝胶)共同组成的。众多 PbO_2 颗粒相互连接形成了一个具有微孔结构的集合体和具有大孔结构的聚集体骨骼。电化学反应主要发生在拥有微孔结构的区域；而在大孔结构区域则是离子传输及 $PbSO_4$ 生成的主要场所。

凝胶区具有质子-电子导电功能，因为高价态的二氧化铅可形成聚合物链：

$$\begin{array}{ccccccccc} & O & & O & & O & & O & \\ & \diagup\diagdown & & \diagup\diagdown & & \diagup\diagdown & & \diagup\diagdown & \\ Pb & & Pb & & Pb & & Pb & & Pb \\ & \diagdown\diagup & & \diagdown\diagup & & \diagdown\diagup & & \diagdown\diagup & \\ & O & & O & & O & & O & \end{array}$$

水化的聚合物链构成凝胶：

这种水化的 PbO_2 由酸及其盐类与水紧密结合而成，展现出较高的稳定性。它与溶液之间处于动态平衡状态，能够实现与溶液中离子的有效交换，并具有良好的离子(质子)传导性能。在凝胶区域内，电子可通过聚合物链跨越较低的能量障碍，从一个铅离子跃迁至另一个铅离子。这种独特的凝胶结构赋予了材料一定的电子导电特性。晶体区域通过聚合物链相互连接，但单个聚合物链长度有限，不足以直接连接任意两个晶体区。平行排列的聚合物链间距或其密度对于凝胶体系内的电子传导至关重要。导电性能受凝胶密度及外部离子的影响显著：当这些离子促使水合聚合物链间距增大时，导电性能会降低；反之，若使聚合物链更加紧密，则有助于促进电子传输。晶体区如同分散的小岛，在每个"岛"内部，电子可以自由迁移。而水合聚合物链则充当桥梁角色，将这些"岛"连接起来，从而使得电子能够在不同晶体区之间有效转移。

凝胶区和晶体区的共存决定了正极活性物质的活性。其活性受到多种因素的影响，包括凝胶区与晶体区的比例、正极活性材料的密度、晶体区内平行水合聚合物链的数量及其相互连接程度、添加剂的种类及用量，还有充电方法的选择。当正极活性物质完全由 PbO_2 晶体构成时，尽管电子传导性能优异，但质子传导效率低下，导致放电过程仅限于晶体表面发生。在此过程中产生的 $PbSO_4$ 会减弱 PbO_2 晶体间的结合力，从而降低整体容量。

当正极活性材料完全由凝胶构成时，其质子传导性能优异。然而，电子传导性能则依赖于该凝胶的密度。电化学过程主要发生在具有较高密度的区域；一旦这些区域的密度下降到某个阈值以下，它们将不再参与放电过程，导致整个电极释放出的电量减少。只有当凝胶相与晶体相之间达到理想的比率，并且两者都展现出最优的电子和质子传导特性时，正极材料才能实现最大化的放电容量。

2. 正极的充放电性能

1) α-PbO₂ 和 β-PbO₂ 的放电性能

α-PbO₂ 和 β-PbO₂ 的电化学活性的差别可以用各自的放电性能来表征。对于相同数量的 PbO₂，β 型较 α 型具有较高的放电容量。在不同的电流密度下放电时，β-PbO₂ 释放的容量为 α-PbO₂ 的 1.5～3 倍。将单位质量的 α-PbO₂ 和 β-PbO₂ 所能放出的实际容量称为比容量(A·min/g)，对比不同电流密度、电解液密度以及温度下二者的比容量(图 3-9)，β-PbO₂ 的比容量均高于 α-PbO₂，即 β-PbO₂ 具有较高的利用率。

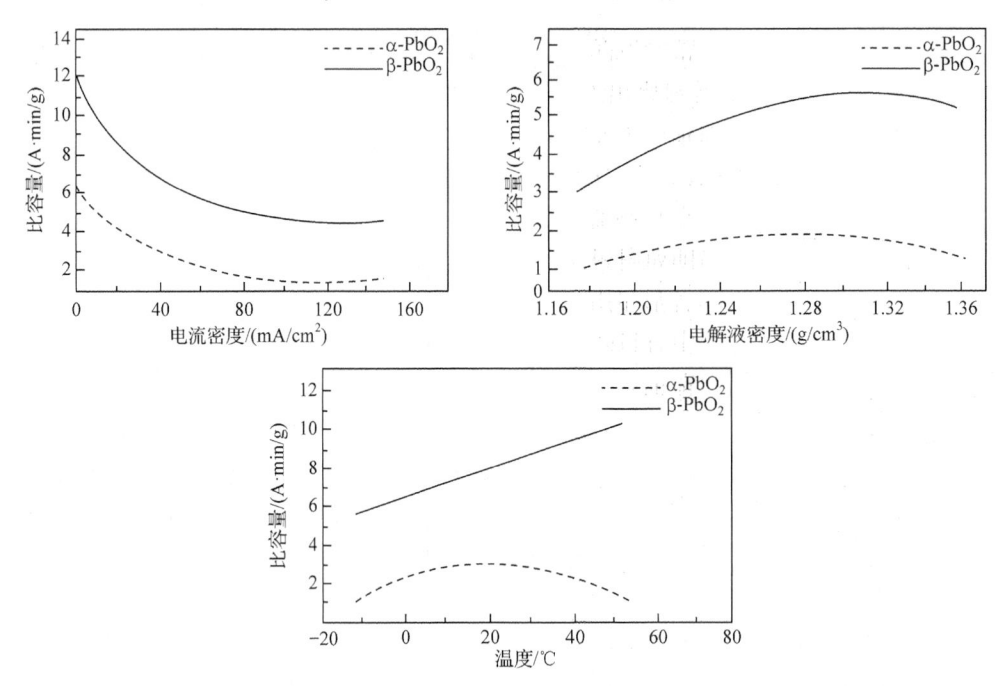

图 3-9 不同电流密度、电解液密度以及温度条件下 α-PbO₂、β-PbO₂ 的比容量对比图

2) 充电过程及析氧反应

充电时硫酸铅氧化形成二氧化铅。但这个过程在尚未达到硫酸铅耗尽时，就开始有氧析出的副反应发生，从而电流不能 100%地被利用。一般充电电量为放电电量的 120%～140%。在酸性介质中析氧反应为水分子放电：

$$2H_2O \longrightarrow O_2 + 4H^+ + 4e \tag{3.12}$$

充电时，在 PbO₂ 电极上的析氧速度与氧在该电极上的超电势有关。有许多因素影响析氧超电势，主要的影响因素为电极材料、温度、溶液组成、H₂SO₄ 浓度和电流密度等。目前已经确认，O₂ 在 α-PbO₂ 和 β-PbO₂ 上析出的超电势不同。如图 3-10 所示，在 β-PbO₂ 上 O₂ 析出的 Tafel 斜率为 0.14 V，在 α-PbO₂ 上 O₂ 析出的 Tafel 斜率为 0.07 V。O₂ 在 β-PbO₂ 上具有较高的析出超电势。

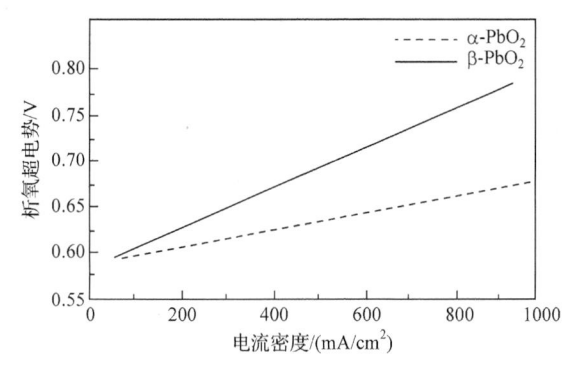

图 3-10 在 α-PbO$_2$ 和 β-PbO$_2$ 上 O$_2$ 析出的极化曲线

随着温度的增加，氧析出超电势降低，温度每增加 10℃，析氧超电势降低 30~33 mV。同时温度也会影响 PbSO$_4$ 的溶解速率，在低温下溶解速率较低，难以维持饱和浓度。此外，在低温时，PbSO$_4$ 的溶解度也降低，这时 PbO$_2$ 的充电接受能力下降，也会导致 O$_2$ 较早地析出。所以在选择充电时的环境温度和电流密度时要综合考虑充电接受能力和析氧超电势，力争获得较高的电流效率。

在二氧化铅电极上氧析出的机理依赖于电极上硫酸根离子的吸附规律。那么随着 H$_2$SO$_4$ 浓度的增加，SO$_4^{2-}$ 的吸附应导致析氧超电势的下降，而实际上硫酸浓度增加时，析氧超电势略有上升，这可能出于两个原因：首先是硫酸浓度增加时，二氧化铅中 β-PbO$_2$ 含量增加，β-PbO$_2$ 上析氧超电势比 α-PbO$_2$ 上高；其次是随硫酸浓度的变化，溶液的 pH 变化。而 pH 减小时(即硫酸浓度高)氧析出超电势增加。

铅酸蓄电池电解液中的各种离子也影响着析氧超电势。在 H$_2$SO$_4$ 电解液中，存在 As^{5+}、Ag$^+$、Co^{2+} 等离子时可导致析氧超电势的降低。在铅酸蓄电池中，无论析氢超电势的降低，还是析氧超电势的降低，均会导致电池自放电的增加以及水分解的加速，都是应该极力避免的。

3) 二氧化铅电极自放电

铅酸蓄电池充足电后在开路放置期内会出现电池容量降低的现象，也就是自放电现象。这主要是由以下反应导致的。首先是 PbO$_2$ 与 H$_2$SO$_4$ 作用自发分解，生成 PbSO$_4$ 和水，并释放氧气。该反应速度受析氧过程控制，因此二氧化铅正极自放电的速度受氧析出超电势的影响。除此之外，构成铅酸蓄电池的构件中会形成局部电池，引起自放电。例如，PbO$_2$ 与板栅合金接触，在电解液环境下构成局部电池，发生自放电；对于充电终了和放电终了的正极，由于电极反应与扩散速率差异，硫酸浓度分布不均匀，构成浓差电池，有氧气析出等。温度和 H$_2$SO$_4$ 浓度也会影响自放电速度，自放电速度随着温度升高而加快。正极自放电量与温度和储存天数的关系如图 3-11 所示。

4) 正极的钝化

通常，正极的电化学极化不大，浓差极化略高一些，但有时也会出现钝化现象，使正极电势明显降低，严重时可达 1V，致使电池不能工作。常遇到的钝化有热钝化、储存钝化和浮充钝化。热钝化指在生产干荷电正极板时，在干燥过程中，若温度过高、时间过久，会导致正极的钝化。这一现象可能源于正极板在化成过程中发生的氧化作用，其间铅膏内的 PbO、PbSO$_4$、PbO·PbSO$_4$、3PbO·PbSO$_4$·H$_2$O、4PbO·PbSO$_4$·H$_2$O 逐渐

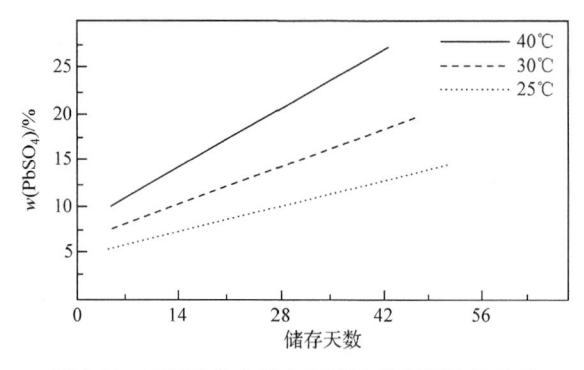

图 3-11 正极自放电量与温度和储存天数的关系

转变为活性物质 PbO₂。与此同时，随着铅膏的氧化过程，板栅合金表面会形成一层薄薄的 PbO₂ 腐蚀层。若干燥条件过于严苛，即温度较高且持续时间较长，则在板栅合金与这层腐蚀膜之间可能发生如下的固态反应：

$$Pb + PbO_2 \longrightarrow 2PbO(或 PbO_n) \tag{3.13}$$

形成非化学计量的氧化物，$1 < n < 1.5$，它们通常表现出较高的电阻特性，这会导致放电过程中电位的降低。通过调控化成处理后的干燥条件，如温度与持续时间，可以有效地管理这一热钝化现象。干荷电正极板在长期储存后，由于板栅合金与腐蚀膜之间的固态反应及存储期间的自放电现象，会出现钝化情况。当铅酸电池处于浮充状态时，正极长时间处于阳极氧化条件下，这使得板栅合金同样经历着阳极氧化过程，并在其表面生成了腐蚀层。此腐蚀层由两部分组成：接近活性材料的一侧为外层，而靠近金属基底的一侧则定义为内层。由于外层 PbO₂ 的存在阻碍了硫酸向内层渗透，同时也限制了在外层 PbO₂ 上产生的氧气到达内层的机会，因此，在金属腐蚀层与板栅合金接触面，即腐蚀层内部区域，可能会形成 t-PbO(四方晶型)。这种类型的腐蚀产物具有较高的电阻特性，从而导致浮充钝化。

正极板的钝化是可逆的，可以通过注酸后在开路状态下长时间浸泡、注酸后充电或循环等方式去钝化。

3. 正极活性物质的活性与失效

铅酸蓄电池的性能，尤其是其容量与使用寿命，很大程度上受到正极材料二氧化铅特性的制约。这种活性物质的有效利用率偏低，并且随着充放电循环次数的增加而逐渐下降。对于决定正极活性物质活性的主要物理和化学参数、正极活性物质失效的形式和机理，曾有大量而广泛的研究，提出了不少论点和提高二氧化铅性能的建议及措施。

β-PbO₂ 的活性物质利用率较高，可达 70%～95%，相比之下，α-PbO₂ 的活性物质利用率则较低，仅为 16%。鉴于 α-PbO₂ 具备较好的力学性能及较大的颗粒尺寸，它能够形成一个多晶网络作为活性物质的基础结构；而 β-PbO₂ 具备更小的粒径与更大的比表面积，可以提供更高的比容量，因此成为电极主要的容量来源。基于此，存在一个关于 α-PbO₂/β-PbO₂ 质量比的理想值，在该比例为 0.8 时，可获得最佳的深度放电性能。从而提出了 α-PbO₂ 和 β-PbO₂ 两种变体之间的模型转换理论，指出这两种形式的铅氧化物的比例会随着充放电循环次数的增加而发生变化，即 α-PbO₂ 逐渐转变为 β-PbO₂。这是因为

β-PbO$_2$是在酸性较强的环境中由PbSO$_4$氧化生成的，这与蓄电池充电过程中的条件相吻合。当电池处于放电状态时，α-PbO$_2$会转化为PbSO$_4$；而在充电过程中，PbSO$_4$又会被氧化成β-PbO$_2$。这种转变初期可能会导致电池容量有所提升，但随着β-PbO$_2$比例的不断增加，活性材料间的结合力将逐渐减弱。特别是在充电期间受到氧气释放的影响，正极活性物质的整体密度降低，最终导致材料软化并脱落，从而缩短了电池的使用寿命。

α-PbO$_2$在循环初期迅速转化为β-PbO$_2$，α-PbO$_2$含量降低，而且这种转化是不可逆的。然而α-PbO$_2$多晶体紧密的宏观结构在转化为多晶体β-PbO$_2$时，仍然保留，但总体活性物质出现大量细孔，表面积增加，容量相应增加，该过程发生在大约50个循环之内。反之，β-PbO$_2$的宏观结构在循环中完全改变，最初的聚集破坏，成为很细小的颗粒而脱落，导致电极失效。目前，仍普遍接受两种晶型的理论。

根据D. Pavlov的观点，正极活性物质PbO$_2$颗粒要实现最优的放电性能，其内部的凝胶区与晶体区需达到理想的配比状态，从而确保电子和质子传导效率最高。该活性物质的密度影响着凝胶区内水合聚合物链之间的距离及平行排列的数量。随着密度下降，电子在不同聚合物链之间或"岛"状结构间的迁移所需克服的能量障碍会增大。若连接晶体区的平行水合聚合物链数量减少，则会导致凝胶区电阻上升，进而降低整体容量。

总之，关于正极活性物质，过去单纯将它视为晶体，存在局限，前人提出的各种模型也常局限于某一方面。D. Pavlov把PbO$_2$的水化和板栅腐蚀产物也考虑进去，提出的具有质子-电子传输的凝胶-晶体正极活性物质模型，使有关正极活性的理论更具有概括性和普遍性，也更全面。

4. 铅酸蓄电池的早期容量损失

早期容量损失(premature capacity loss，PCL)效应是指随着铅钙合金板栅的采用，电池的深度放电循环寿命大幅下降到20~25个循环，这是由在板栅/正极活性物质界面发生的反应(PCL-1效应)，以及在正极活性物质内部发生的反应(PCL-2效应)造成的。

界面中的容量限制现象可以由几个关键因素解释。在电池充电及过度充电的过程中，正极板表面会释放氧气，这些氧气穿透了板栅上的腐蚀层，并将板栅表面转化为具有极高电阻特性的PbO。随后，PbO进一步氧化形成PbO$_n$(其中1 < n < 2)，直至最终成为PbO$_2$。如果PbO生成的速度超过了它被氧化成PbO$_2$的速度，则会在板栅表面上积累一层较厚且高阻抗的PbO层，这会导致放电过程中极板高度极化，从而造成容量下降。研究发现，在板栅合金中添加锡和锑能够促进PbO向PbO$_2$转化的过程，有助于抑制PCL-1效应发生。至于PCL-2效应带来的容量损失，则与正极活性材料内PbO$_2$颗粒间连接区域(狭区)的导电性受损有关(基于Kugelhaufen理论)。通过在合金中引入锡和锑元素，可以增强这些颗粒间的电气联系。因此，为了有效避免上述两类PCL效应带来的容量损失问题，在设计用于深度循环的铅钙合金正极板栅时，应当至少添加超过1.2%比例的锡成分。

5. 正极活性物质添加剂

铅酸蓄电池的能量密度与功率密度受限于多个因素，其中一个关键因素是铅及其化合物本身的高密度。此外，正极活性物质的利用率较低也是一个重要因素。事实上，电池的整体使用寿命很大程度上由正极性能决定。因此，对于正极材料的研究及改进显得尤为重要。近年来，在通过添加特定成分以增强正极活性物质的利用率和延长其循环寿命方面取得了显著进展。根据功能不同，这些添加剂可以分为两大类：一类旨在提升正极活性物质的利用率；另一类则注重于改善正极材料的循环稳定性。

3.2.3 铅酸蓄电池负极材料

1. 铅电极的充放电机理

1) 溶解沉淀和固相反应机理

铅酸蓄电池负极放电和充电的活性物质状态变化机理如下：

$$Pb + HSO_4^- \underset{充电}{\overset{放电}{\rightleftharpoons}} PbSO_4 + 2e + H^+ \tag{3.14}$$

当前，对于该反应机理的认识已趋于一致，确认了溶解沉淀与固相反应并存的现象。根据溶解沉淀理论，在放电过程中，当铅在硫酸溶液中作为阳极被氧化且电位低于某一阈值时，会转化为 Pb^{2+} 或可溶性质点 Pb(Ⅱ)。它们通过扩散作用离开电极表面后，随即遇到 HSO_4^- 离子，当环境条件满足 $PbSO_4$ 的溶度积常数时，便会在扩散层内部形成 $PbSO_4$ 沉淀。此外，当放电导致电极电位正向移动至特定水平，超出固体成核所需的过电位时，会发生固相反应，硫酸根离子直接与铅表面相互作用生成固态 $PbSO_4$。

在充电过程中，$PbSO_4$ 需先溶解成 Pb^{2+} 和 SO_4^{2-} 离子，随后 Pb^{2+} 通过外部电路获取电子，在阴极处被还原。铅电极放电过程是有后续反应(指 $PbSO_4$ 的沉淀)的电极过程；而充电则伴随着前置步骤(即 $PbSO_4$ 的溶解)。从铅电极反应中体现的溶解-沉淀机制表明，$PbSO_4$ 的这两种状态转换对于整个电化学过程至关重要。

根据固相反应机理，SO_4^{2-} 直接碰撞固体铅电极表面形成 $PbSO_4$。而 $PbSO_4$ 的导电性很差，反应要继续进行，SO_4^{2-} 跨越反应产物 $PbSO_4$，需要很大的电压降，即使 $PbSO_4$ 层只有 $10\sim100$ nm，也需要 1 V 的电压降才能跨越，无法解释铅电极利用率可达 60%~70%的事实。

2) 负极的钝化

当铅酸蓄电池在低温环境下以高倍率放电时，其负极往往会经历不同程度的钝化现象。这种钝化表现为负极电位显著正向移动，导致化学反应速度大幅减缓。这一过程主要是由于硫酸铅($PbSO_4$)沉积层阻碍了电解质与活性物质之间的接触，形成了盐层钝化效应。每当发生钝化情况时，随着电极电流总量的增加，在电极表面形成的 $PbSO_4$ 沉积层也会相应加厚，该沉积层通常称作钝化层。钝化层越厚，意味着钝化时需通过的电量越多。

铅钝化的类型与钝化层硫酸铅晶体的空隙有关。钝化层空隙小，只能容纳 H^+、OH^- 自由扩散到铅表面，此时硫酸铅内层的铅表面附近的电解液呈碱性，生成碱式硫酸铅的稳定钝化层，放电停止后钝化层仍能保持，该钝化为稳定钝化。但当钝化层空隙较大，对通过离子不具备筛选作用时，尽管硫酸铅晶体间仍有碱式硫酸铅生成，但停止阳极极化时，碱式硫酸铅会重新溶解，钝化消失，若重新进行阳极过程，仍可放出电量，这种钝化称为不稳定钝化。

由此可见，铅电极表面 $PbSO_4$ 层的致密程度决定了其钝化水平。而其致密程度直接受到硫酸溶液中 $PbSO_4$ 过饱和状态的影响。具体而言，当过饱和度增加时，生成的 $PbSO_4$ 晶体颗粒变得更加细小，从而形成更为致密的覆盖层。因此，$PbSO_4$ 在硫酸中的过饱和度是衡量钝化现象的一个关键参数。此外,放电过程中电流密度、硫酸浓度以及环境温度等因素均会影响 PbSO$_4$ 的过饱和度,进而对铅电极的钝化产生影响。

3) 充电过程

铅酸蓄电池负极放电后的物质为 PbSO$_4$,充电时进行还原反应。该还原反应的平衡电势为–0.359~–0.353 V(相对标准氢电极),说明 PbSO$_4$ 的还原比 H$^+$ 困难,似乎在水溶液中就不可能进行还原,阴极反应中只有氢析出。但是由于 PbSO$_4$ 还原为 Pb 的超电势很小,而氢在铅上析出的超电势很大,因此氢不易析出,铅酸蓄电池的负极可以进行充电,并且在充电的初、中期具有很高的充电效率,一直进行到 90%的 PbSO$_4$ 恢复为活性物质海绵状铅之后,才开始有氢析出。

在电解液或负极活性物质上存在杂质时,特别是有氢超电势低的杂质时,会使氢提前析出,充电效率下降,负极的充电电势变正,整个电池的充电电压降低,水大量分解。如果正极板栅合金为铅锑合金或含有锑,则在充电过程中进行阳极氧化时,五价锑的[Sb$_3$O$_9$]$^{3-}$络离子进入电解液,其中一部分 Sb(V)穿过或绕过隔板达到负极,在负极充电期间,Sb(V)还原为 Sb(Ⅲ),并进一步还原为金属锑。析氢超电势作为评价负极性能的关键指标之一,直接影响着负极自放电的程度、电池接受充电的能力以及充电效率。氢在锑上析出的超电势很低,由于锑从正极板栅的转移是渐进的,所以锑逐渐积累在负极活性物质上,负极上的析氢量和析氢速度,随电池使用期限的延长和正极板栅合金中锑含量的增加而增加。在稀硫酸中,纯铅、锑和铜上析氢的 Tafel 曲线如图 3-12 所示。

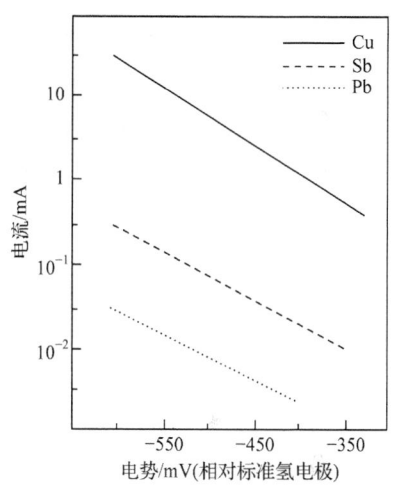

图 3-12 氢析出的 Tafel 曲线图(在稀 H$_2$SO$_4$ 中)

4) 铅负极的自放电

蓄电池在开路条件下,铅的自发溶解会导致蓄电池容量下降。这种溶解过程通常伴随着溶液中氢离子(H$^+$)被还原的现象,即

$$Pb + H_2SO_4 \Longrightarrow PbSO_4 + H_2\uparrow \tag{3.15}$$

该反应的速度受到硫酸浓度、储存条件下的温度、杂质含量以及膨胀剂种类的影响。此外,溶解在硫酸中的氧气能够促进铅的自溶过程,从而引发相关共轭反应,即

$$Pb + \frac{1}{2}O_2 + H_2SO_4 \Longrightarrow PbSO_4 + H_2O \tag{3.16}$$

此反应过程受到氧气扩散速率的制约。在电池中,主要遵循的是式(3.15)所示的过程。当制造干荷电极板时,若在化成步骤之后对负极板进行清洗和干燥的过程中缺乏有效的抗氧化保护措施,则由于薄液膜环境下大气中的氧气供应充足,会按照式(3.16)所描述的化学反应进行。

杂质的存在显著影响了氢气的析出过程。氢在铅上析出的超电势很高,而铅在 4~5 mol/L 的硫酸中是高度可逆的体系,它的交换电流密度很大。这意味着,在铅溶解与氢气析出这一对共轭反应过程中,铅自身的溶解速率几乎完全由氢气析出的超电势所决定。当某些杂质附着于铅电极表面时,它们会与铅形成微小的电池结构。在这个局部短路的体系内,铅持续溶解,而氢则倾向于在那些具有较低超电势的杂质表面上释放,从而加快了自放电的过程。无论为了降低这种自放电现象还是为了实现蓄电池更少维护的需求,都应提高氢析出的超电势,并且要尽可能避免那些能够促进氢气快速生成的杂质的存在。

2. 铅负极的不可逆硫酸盐化

极板出现的硫酸盐化现象,通常也称作不可逆性硫酸铅化,主要由使用或维护过程中的不当操作所导致。在特定条件下,负极材料会形成一种结构致密且体积较大的硫酸铅晶体,这种形式与电池正常放电时产生的可溶性硫酸铅不同,其几乎无法溶解。因此,在充电阶段,这部分物质很难甚至不可能重新转化为活性物质,即海绵状铅,从而显著减少了电池的容量。

在长时间处于充电不足或放电状态的情况下,铅酸蓄电池的负极因累积了大量硫酸铅,并受到硫酸浓度及环境温度变化的影响,部分硫酸铅晶体会通过周围较小晶体的溶解过程逐渐增大,最终形成较大的 $PbSO_4$ 结晶体,导致不可逆的硫酸盐化现象。

表面活性剂的吸附可能是导致负极硫酸盐化的一个因素。当这些物质附着于放电状态下的 $PbSO_4$ 上时,它们会阻碍 $PbSO_4$ 晶体的正常溶解过程;同样地,在带电状态下,如果表面活性剂覆盖了铅(Pb)表面,则可能抑制进一步的铅沉积作用,从而促进了负极区域内硫酸盐积累现象的发生。相比之下,由于正极具有较高的电位条件,足以促使这些表面活性剂发生氧化反应而被清除掉,因此正极上不存在硫酸盐化。

避免负极出现不可逆硫酸盐化现象的最简单的方法在于确保及时进行充电并防止过度放电。蓄电池一旦经历了这种化学变化,若能尽早采取补救措施,则仍有可能恢复其性能。通常的恢复方法是调整电解液至较低浓度(或直接使用水替代硫酸(H_2SO_4)),采用远低于常规水平的电流强度来进行充电,随后再执行放电过程,接着再次充电……通过循环这一系列操作多次,达到恢复电池容量的目的。

在低倍率放电条件下,Pb^{2+} 从每个铅晶体上的溶解速度较慢,因此,极板内部 HSO_4^- 的消耗也较慢,本体溶液中的 HSO_4^- 来得及扩散到极板内部。新生成的 $PbSO_4$ 趋向于在已沉积的 $PbSO_4$ 晶体上优先沉积,即晶体的生长速度大于成核速度。结果,在负极板的表面和内部沉淀的 $PbSO_4$ 持续生长成大小不等的分散晶体,如图3-13(a)所示。负极板在低倍率放电时的活性物质利用率高,且放电后硫酸密度较低。在低浓度硫酸中,有利于 $PbSO_4$ 的溶解沉积过程,因此再充电能顺利完成。

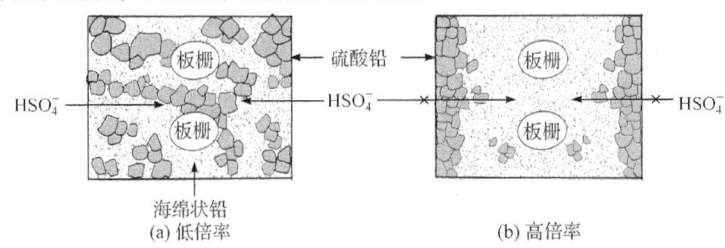

图3-13 不同倍率放电条件下负极硫酸铅的分布示意

而在高倍率放电时,反应进行较快,HSO_4^- 的扩散速度赶不上其消耗速度,极板内部浓差极化严重，PbSO₄ 主要在电极表面生成，极板内部的放电反应会很快减慢或停止，并且在铅晶母体周围的 Pb^{2+} 过饱和度过大，使得其成核速度大于生长速度，因此在负极板表面形成微小且致密的 PbSO₄ 层，如图 3-13(b)所示，也阻碍了 HSO_4^- 扩散到极板内部。

高倍率放电后的负极板再充电比较困难。因为高倍率放电不能深入到极板内部，活性物质的利用率较低，放电后的硫酸浓度仍然处于较高水平，降低了 PbSO₄ 的溶解度，影响了下一步充电过程的电化学反应，即使在过充电量达 10%的条件下，仍然不能将表面的 PbSO₄ 全部转化为海绵状 Pb。因此，长期处于高倍率部分荷电状态的负极板很容易发生 PbSO₄ 积累。

3.3 铅酸蓄电池的制造工艺

3.3.1 板栅制造工艺

1. 重力铸板工艺

重力铸板机的结构如图 3-14 所示，各厂商生产的重力铸板机有所差异，但结构大同小异。重力铸板机是靠重力的作用，将铅液从模具的浇口自上而下流满模腔成形，形成板栅。设备简单，操纵方便，设备投入成本较低，更换品种容易，适合多品种生产，是常用的板栅制造工艺之一。重力铸板机根据能制造板栅尺寸的大小，分为起动用蓄电池铸板机(也称普通铸板机，铸片的尺寸一般是两单片起动用蓄电池板栅的大小)和工业铸板机。

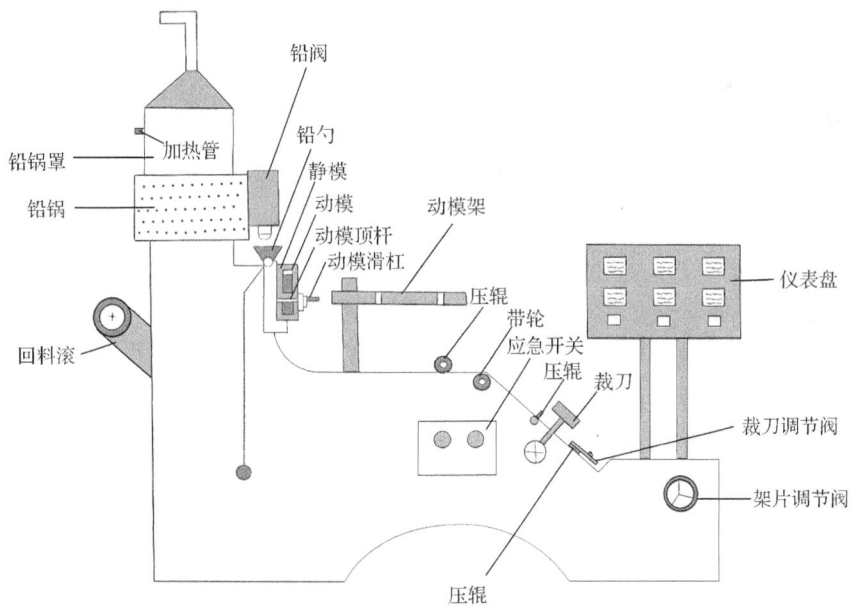

图 3-14 重力铸板机结构图

2. 连续板栅制造技术

连续板栅制造技术始于 20 世纪七八十年代，主要分为四类：①连铸连轧扩展网(roll and expand)技术；②连续铸网辊压成形(concast and conroll)技术；③连铸连轧冲压网(roll and punch)技术；④连续铸带扩展网(cast and expand)、连续铸带冲压网(cast and punch)。国内主要使用连铸连轧扩展网技术工艺和连铸连轧冲压网技术工艺。

连铸连轧技术利用专用装置连续生产铅带，接着通过一系列切割与拉伸(模具)设备将其加工成具有特定网格结构的连续网栅。随后，这些网栅会经历连续涂覆等后续工序。连铸连轧扩展网板栅(简称拉网线)制造系统由一系列设备组成，主要包括图 3-15(a)所示的铅带成形生产线，以及图 3-15(b)所示的拉网涂板生产线。通过此工艺，板栅的厚度可控制在 0.6~1.5 mm，相比于重力浇铸方式，可节约铅合金约 20%，节约能源 40%以上，同时能够减少板栅生产所产生的铅烟、铅尘与铅渣，更为清洁。尽管在性能方面，扩展网板栅可能略逊于冲压网板栅，但前者具有更佳的能源效率。因此，一种可行方案是将冲压网板栅用于正极材料，而负极则采用扩展网板栅。此外，连铸连轧技术应用于扩展网板栅制造过程中表现出较高的生产效率，并且能够有效减少人力资源需求，这使得该方法特别适用于那些产品种类较少但需大量生产的工业化场景。在起动用蓄电池的生产方式上，拉网或冲压网的连续生产方式是鼓励的生产方式，重力浇铸方式是被逐渐淘汰的生产方式。但重力浇铸方式仍可在其他类型的电池上正常应用。

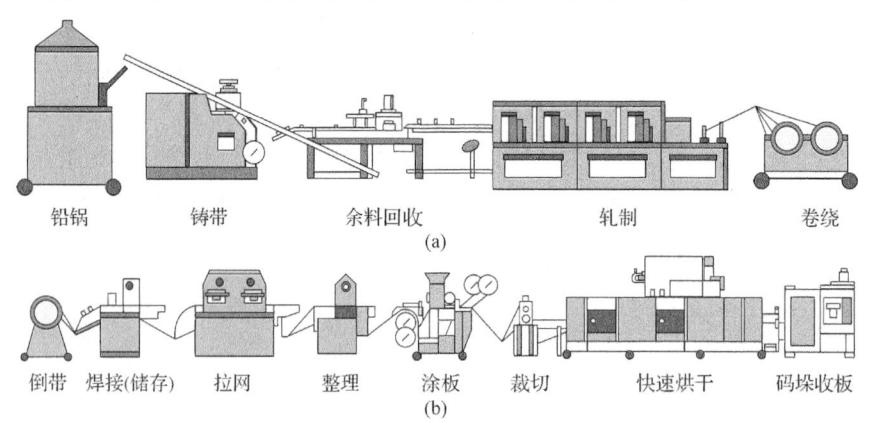

图 3-15　连铸连轧扩展网板栅工艺流程图

连铸连轧冲压网技术是一种利用铸带机与轧制机连续作业来生产铅带的方法。随后，这些铅带经过冲压机处理，形成具有完整边框的连续网状板栅结构。由于该过程采用了多次连轧工艺，所以所得到的产品拥有细密且高密度的金属晶粒组织。相较于传统浇铸方式制成的板栅，这种新型板栅展现出更优的机械强度及抗腐蚀能力，从而允许使用较薄规格(0.6 mm 厚)的板栅替代常规产品，此类冲压而成的板栅适用于正负极板的制造。该工艺因为可以生产带边框的板栅，并且可以连续生产，最有可能替代阀控式蓄电池板栅和汽车电池板栅的浇铸生产，使阀控式蓄电池的极板实现连续化生产。冲压网生产线具有生产效率高、板栅一致性好、合金组织致密、耐腐蚀性强、工人劳动强度低、铅烟/铅尘少等优势，适宜连续板栅的大批量生产。冲压网生产线如图 3-16 所示。但冲压网板栅也有不足，与拉网板栅比较，其生产中的回料为 70%~85%，增加了再次使用时的能源消耗。

3.3.2　铅粉制备

铅粉制备是电极活性物质制备的第一步，而且是很重要的一步，其质量的好坏对电池的性能有重大影响。目前制造铅粉主要有两种方法：一种是球磨法；另一种是气相氧化法。

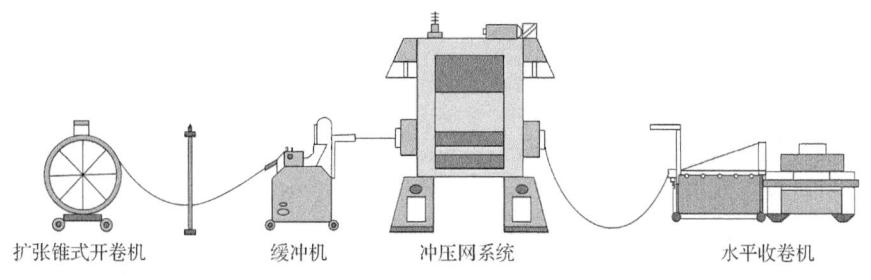

图 3-16 冲压网生产线流程图

球磨法采用的设备是岛津式铅粉机,它实际是一个滚筒式球磨机。球磨法生产过程大致如下:将铅块或铅球投入球磨机中,由于摩擦和生成氧化铅时放热,筒内温度升高,为氧化铅的生成提供了条件。只要合理地控制铅量、鼓风量并在一定的湿度下就能生产出铅粉。

气相氧化法所用的设备是巴顿式铅粉机。它是将温度高达 450℃的铅液和空气导入有高速旋转叶轮的气相氧化室,使铅液和空气充分接触,从而生成大部分是氧化铅的铅粉。随后将铅粉吹入旋风沉降器,以便降温并沉降较粗的铅粉。最后在布袋过滤器中分离出细粉。

生产中主要通过铅粉的氧化度、视密度、吸水率等参数来衡量和控制铅粉的质量。氧化度是指铅粉中含氧化铅的质量分数。颗粒越细,铅粉的氧化度越高。由于氧化度是影响极板孔率的一个因素,在其他条件不变的情况下,氧化度增加将使电池的初始容量增加。一般将氧化度控制在 65%~80%。视密度即铅粉自然堆积起来的表观密度,单位用 g/cm^3 表示。视密度是表征铅粉颗粒组成、粗细和氧化度的综合指标。一般生产中控制在 1.65~2.10 g/cm^3。铅粉的吸水率表示一定质量的铅粉吸水量的大小,通常用百分率表示,它表示在合膏过程中铅粉吸水能力的大小,与铅粉的氧化度和颗粒大小有关。

3.3.3 合膏

合膏(也称和膏)是将铅粉、净化水、稀硫酸和添加剂,按一定的工艺要求,在合膏机中合制成符合技术要求和涂填要求的铅膏的过程。合膏过程是铅酸蓄电池制造过程中关键的和重要的环节。合膏过程不是简单的物理过程,也存在复杂的化学过程。合膏过程形成的结构对蓄电池的性能和寿命都有重要的影响。合膏过程中添加的水、酸、添加剂部分参与了化学反应,最后的产物比较复杂,一般有氧化铅(PbO)、硫酸铅($PbSO_4$)、碱式硫酸铅($PbO \cdot PbSO_4$)、三碱式硫酸铅($3PbO \cdot PbSO_4 \cdot H_2O$, 3BS)、铅(Pb)、四碱式硫酸铅($4PbO \cdot PbSO_4 \cdot H_2O$, 4BS)等。由于合膏过程中正负铅膏的添加剂不同,所以铅膏的成分有一定的不同。

合膏过程中将发生以下化学反应。

铅粉加水后:
$$PbO + H_2O \longrightarrow Pb(OH)_2 \tag{3.17}$$

加酸时:
$$Pb(OH)_2 + H_2SO_4 \longrightarrow PbSO_4 + 2H_2O \tag{3.18}$$

加酸后进行反应:
$$PbSO_4 + PbO \longrightarrow PbO \cdot PbSO_4 \tag{3.19}$$

合膏温度低于 65℃时,反应为
$$PbO \cdot PbSO_4 + 2PbO + H_2O \longrightarrow 3PbO \cdot PbSO_4 \cdot H_2O \tag{3.20}$$

合膏温度高于 75℃时,反应为
$$PbO \cdot PbSO_4 + 3PbO + H_2O \longrightarrow 4PbO \cdot PbSO_4 \cdot H_2O \tag{3.21}$$

合膏过程持续进行氧化反应：

$$\frac{1}{2}O_2 + Pb \longrightarrow PbO \tag{3.22}$$

目前的合膏方式有普通合膏、真空合膏、连续合膏等。普通合膏机是使用量最多的合膏设备，该设备投资低、容易维修、使用方便。合膏时间为 45～55 min。真空合膏是在合制铅膏时，与外界隔离，利用负压控制温度，并将冷凝水全部回到铅膏中的合膏方式。真空合膏工艺过程的特点主要有：①由于缸体转动，合膏混合过程中无死角；②冷却不用抽风降温，配方的一致性得到了很好的保证，配方组分保留在混合物中；③工艺过程独立于外界环境条件，因此受外界温度的影响较小；④通过压力控制温度不会产生局部过热，合膏过程温度均匀，不会造成过大晶体生成；⑤硫酸被高速分散，提高了加酸速度，铅膏制备时间缩短；⑥只有少量空气被抽出，基本封闭运行，减少了环保设施费用；⑦设备的购买费用和维修费用较高。合膏时间为 13.4～22.8 min。连续合膏的特点是铅粉和添加剂通过料斗进入合膏机，水和酸同时进入合膏机，在带有螺旋的特殊搅拌齿的搅拌下，完成合膏作业。从进料到出膏的时间很短、连续生产、封闭运行。从加铅粉到出铅膏的时间为 35 s，每小时合膏用铅粉为 500～5000 kg。

3.3.4 生极板制备

对于涂膏式极板，生极板的制造工艺包括涂板、淋酸(浸酸)、压板、表面快速干燥、固化。

涂板就是将合制好的铅膏涂到板栅上形成生极板的过程。涂板是由涂板机完成的，涂板机分为多种，用于重力浇铸板栅的涂板机有双面涂板机、单面涂板机；用于拉网板栅的涂板机一般为转滚式涂板机。

经涂板机涂出来的生极板，紧接着要经过淋水辊压和淋酸辊压的过程。极板经过辊轮(即压板)的目的是增加极板铅膏的密度，淋水是为了保证极板的铅膏不沾到辊轮缠着的压布上。淋酸的目的有两个：一是在极板的表面生成一层很薄的硫酸铅，硫酸铅没有黏性，在经过快速干燥后，生极板收板和上架固化时，不容易粘板；二是由于硫酸铅的形成，表面比较致密，可很好地保持极板内的水分，使极板得到很好的固化。淋水量和淋酸量需要严格控制，最大限度地控制水量和用酸量可以减少水和酸的回用量，同时减轻环保处理的压力，减少消耗。拉网生产过程中，因为上下面贴了涂板纸，生极板不需要淋酸。

表面快速干燥是将极板用链条输送进入快速干燥机，在较高温度和循环风的作用下，将表面的水分带走，使收板时极板表面不产生粘连的过程。快速干燥的关键是表面干燥，而内部不能失掉水分。表面干燥最容易出现的问题是温度太高，导致极板表面干燥得太快，造成极板开裂，并使极板内部水分较少，存在固化不良的质量隐患。

蓄电池极板固化是蓄电池极板生产中的重要工艺过程。它的作用主要有：将铅膏中的铅氧化成氧化铅；形成活性物质的稳定结构(形成一定的晶型结构)；促使板栅氧化并与活性物质黏合形成良好的界面结构等。固化的方式一般分为常温高湿固化、高温高湿固化、高低温交错高湿固化等。

3.3.5 极板化成

化成过程是指通过电化学手段将生极板中的材料转变为具有电活性的化合物。具体而言，在正极板上，碱式硫酸铅、$PbSO_4$、PbO 及少量的 Pb 等成分经历阳极氧化作用后转化为二氧化铅(PbO₂);而在负极板上,相同或类似的物质则通过阴极还原作用转变成海绵状金属铅。这一过程不仅促进了在正负极板上形成高活性的铅膏作为电池充电状态下的有效物质,而且优化了这些活性物质的微观结构,增强了晶体间的连接性,从而确保了极板拥有良好的导电性能和较长的充放电循环寿命。

铅酸蓄电池的制造过程中存在两种不同的化成技术。一种称为极板化成或外化成,此过程涉及将未处理的电极板置于特定容器中进行充电处理。完成这一阶段后,通过一系列后续工序得到干荷电状态下的电极板,这些电极板随后可被组装成为"干荷电电池"。需要时,只需按照指定要求向电池内添加电解质即可立即投入使用。另一种是电池化成,也称内化成,这种方法直接使用未经处理的电极板组装成电池单元,在加入电解液之后再对整个装置实施充电化成步骤,最终形成能够即刻使用的"湿荷电电池"。

极板化成与电池化成均具有各自的优点和不足。对于极板化成而言,其优势在于过程直观,使得最终产出的极板能够被细致地筛选和检验,从而确保了产品的一致性;然而,这一方法需要较大的设备投入,并且会占用较多的空间资源,往往成为蓄电池生产的瓶颈工序。相比之下,电池化成过程中由于淋酸后的极板表面形成了一层紧密的PbSO₄结晶或覆盖有保护纸,在后续操作如分割、刷耳及组装时,所产生的铅尘污染程度明显低于直接处理极板的情况。此外,此工艺还减少了酸雾排放量以及含酸废水产生量,无须配置大型化成设施。不过,它对极板制造及后续电池装配阶段的技术质量控制提出了更高的标准。因化成过程是生极板的组成物质向正、负极板活性物质的电化学转变过程,如果出现转变不彻底、一致性差等问题,尤其是一些隐藏在电池内部不易发现的问题,便会影响电池的各方面性能,从而影响电池的使用。因环保需要及国家和行业政策要求,电池化成是蓄电池生产优先选用的化成方式。

3.3.6 电池装配

铅酸蓄电池的装配工艺流程为配组极板群、焊极群、装槽(紧装配)、穿壁焊接、热封盖、焊端子、灌注封口胶。

极板群的配组过程是:将负极板与正极板间隔排列,每两片电极间配有隔板,组成极板群,通常极板群的边板是负极板。通过钎焊将同名电极连接在一起并配有极柱。

隔板是电池的主要组成部分之一,其主要作用是防止正、负极短路,但又要尽量不影响电解液的自由扩散和离子的电迁移,也就是说隔板对电解质离子运动的阻力要小,还要有良好的化学稳定性与机械强度。20世纪60年代以前,普遍使用木隔板和纸纤维隔板,现在已较少采用;后来较普遍使用的是微孔橡胶隔板、PVC隔板,阀控密封铅酸蓄电池则使用吸附式复合玻璃棉隔板(AGM)。

电池的装配要兼顾极板的紧装配、足够的酸量及工艺的可操作性。

3.4 铅酸蓄电池的资源回收

铅酸蓄电池产业长期面临环境污染问题。伴随着这一行业的持续发展,有关铅污染事件的报道频繁出现,使得该行业备受关注。含铅废弃物主要包括废旧电池及其部件、铅材料加工过程中的边角料、富含铅成分的污泥以及除尘过程中收集到的铅渣等。尽管铅酸蓄电池生产被归类为高污染风险领域之一，但其污染防治技术已经相对完善，因此环境污染基本上是可以得到有效控制的。

铅酸蓄电池生产的主要原材料铅属于第一类污染物，对人体和环境的危害较大，所以生产过程也存在较高的铅污染风险；作为铅酸蓄电池电解质的硫酸则具有腐蚀性，对人体、环境和车间设备具有较大的危害，所以生产过程也存在酸污染的风险。

铅酸蓄电池制造流程中涉及铅、酸的工序很多，其污染物的形式主要有铅烟、铅尘、含铅废水、酸雾、含酸废水以及各类含铅固体废物等，其中，铸板、铸带、铅零件、制粒、焊接装配等工序产生铅烟；制粉、合膏、涂板、固化、分板、装配等铅作业工序产生铅尘；合膏、涂板、固化、极板化成、电池灌酸、电池化成、电池清洗、设备及地面清洗等工序产生含铅/含酸废水；在生产过程中还将产生浮渣、污泥、废极板、废电池、废塑料等固体污染物。为了有效控制铅酸蓄电池生产过程中的污染物对车间作业环境及车间外环境的污染，必须关注生产工艺过程中产生污染物的具体部位、污染物的种类和数量。因为各企业生产的蓄电池类型和所选用的生产设备不同，所以各铅酸蓄电池厂家所选用的工艺流程也各不相同，以使用拉网板栅电池化成的蓄电池生产工艺为例，其工艺流程及产污节点如图3-17所示。

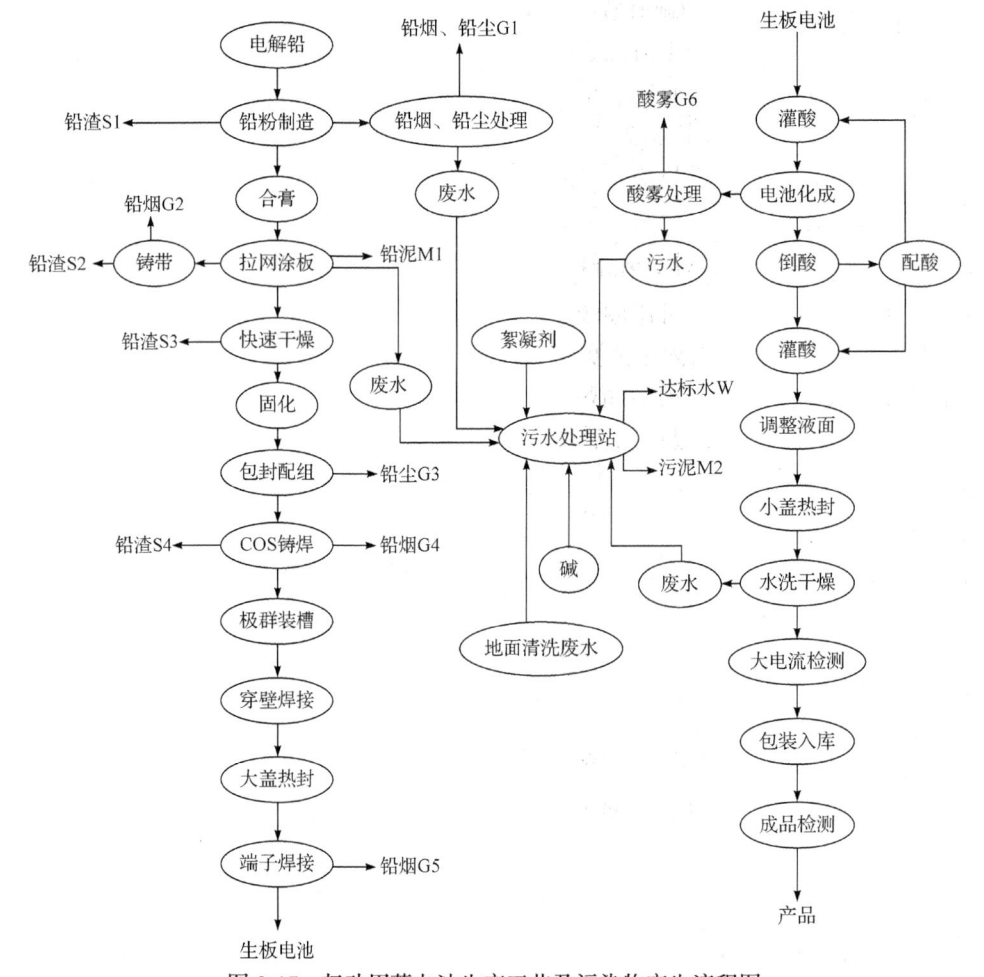

图 3-17 起动用蓄电池生产工艺及污染物产生流程图

除了生产过程，废旧铅酸蓄电池在回收处理阶段同样会产生大量的环境污染。鉴于其具有较高的再利用价值，一般都会进入回收环节。采用破碎分选-熔炼-火法精炼的再生铅生产工艺，能够实现废旧铅酸蓄电池的回收及资源化，其流程如图 3-18 所示。再生铅生产工艺流程包括备料、破碎分选、富氧侧吹、熔池熔炼、炉熔炼、粗铅精炼、精炼等工序。

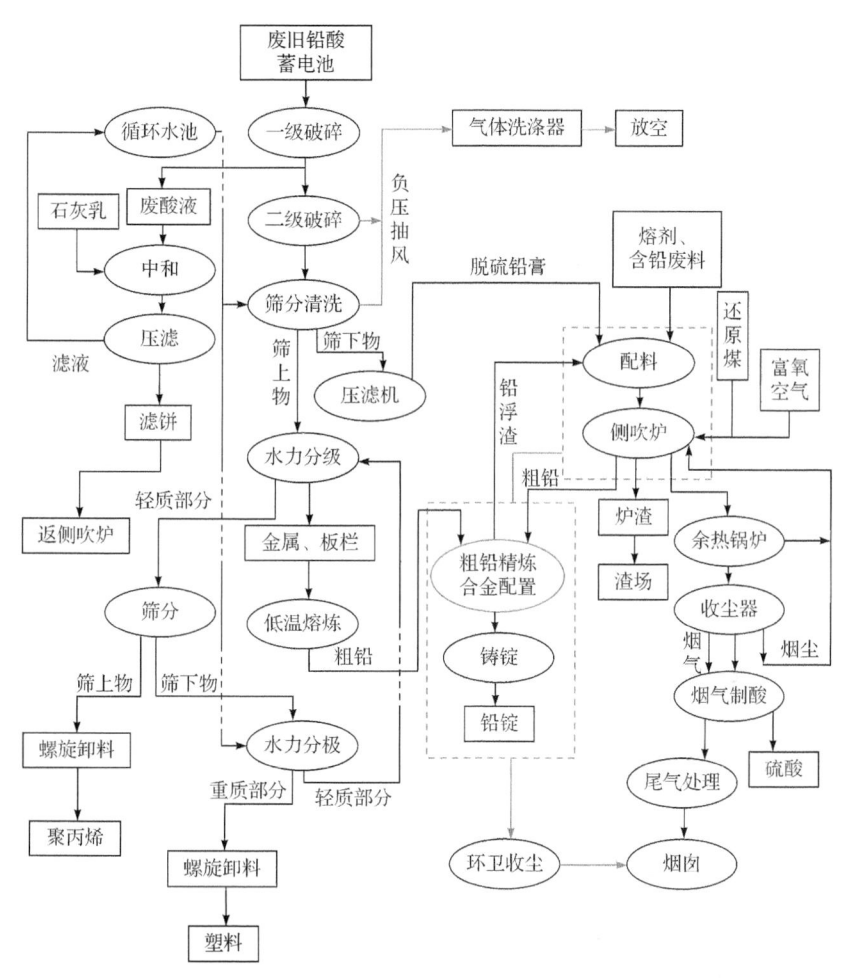

图 3-18 破碎分选-熔炼-火法精炼再生铅生产工艺流程图

思 考 题

1. 请简述铅酸蓄电池的基础结构以及阀控密封铅酸蓄电池的结构。
2. 相对于其他化学电源，铅酸蓄电池有什么优势？
3. 请简述铅酸蓄电池的"双硫酸盐化理论"。
4. 铅酸蓄电池容量的影响因素有哪些？
5. 什么是早期容量损失？如何避免早期容量损失？
6. 为什么在高倍率放电条件下更容易造成 $PbSO_4$ 累积？

7. 请简述铅酸蓄电池的制造工艺流程。
8. 铅酸蓄电池生产过程中存在哪些能源、资源的消耗？
9. 如何减轻铅酸蓄电池对环境的危害？

第4章 镍氢电池技术

镍氢(MH-Ni)电池作为镉-镍(Cd-Ni)电池的后继者,代表了高能二次电池技术的一个重要进步。因其具备大容量、高输出功率以及环境友好等显著优点,该类型电池已成为当前可充电电池领域研究和开发的热点之一。相较于传统的镉-镍电池,镍氢电池不仅在能量密度上实现了超过50%的增长,还彻底摒弃了有毒金属镉的使用,支持更快速地完成充电过程;此外,其标准工作电压同样为1.2 V,这使得两种类型的电池在某些应用场景下可以互换使用。值得注意的是,镍氢电池展现出更高的能量、功率密度,最大能量密度可达95 W·h/kg,而专为高功率需求设计的产品则能够提供高达900 W/kg的功率密度。此外,这类电池还拥有出色的循环寿命,预计可进行超过一千次的充放电循环,并且能够在−40~55℃的宽温域下正常工作,即使是在极端气温条件下,其容量衰减也非常有限。

镍氢电池绿色环保,储氢合金材料技术的进步显著推动了其发展,这一趋势不仅加速了对镉-镍电池替代品的研发步伐,也标志着镍氢电池迎来了一个前所未有的发展机遇期。从技术演进的角度来看,镍氢电池的发展历程可以分为三个主要阶段:首先是自20世纪60年代末到70年代末的基础探索期;其次是70年代末至80年代末的应用研究阶段;最后是从1984年起,包括荷兰、日本和美国在内的多个国家开始集中力量进行储氢合金电极的研究与开发工作。截至目前,国产镍氢电池在性能上已经能够与国际领先水平相媲美。

吴锋院士是中国镍氢电池研究和产业化的主要开拓者之一。20世纪90年代初,日本、美国等国家已拥有储氢合金的多项专利,几乎覆盖了元素周期表上的所有元素,镍氢电池也已进入规模化生产,而面临国外的专利垄断,我国在材料和电池产品方面存在巨大挑战。为了使中国镍氢电池产业迅速赶上世界水平,经过多年的探索,吴锋院士带领团队从国外专利没有涉及的锂元素入手,解决了高温熔炼工艺中锂容易挥发的难题,发明了含锂储氢合金,取得了我国镍氢电池开拓国际市场的通行证。在"八五"和"九五"期间,作为"863"计划重大项目"镍氢电池生产关键技术及成果转化"和"镍氢电池产业化开发"的负责人,他受国家科学技术委员会委派,主持创建了我国第一个"863"镍氢电池中试基地和第一条镍氢电池自动化生产示范线,自主研发生产出多规格镍氢电池产品和系列高功率动力电池组,突破了原有的设计局限,设计出新的电极结构和极耳连接方式,将镍氢电池的功率密度提高了5倍以上,成功应用于多种混合动力汽车。吴锋院士带领团队攻克了镍氢电池产业化的一系列关键技术难题,是多项发明专利的第一发明人,并主持制定了多项相关标准,实现了产业化关键技术的集成,加速了我国镍氢电池产业化的进程。

4.1 镍氢电池的构造、工作原理和性能

4.1.1 镍氢电池的构造

密封MH-Ni电池的主要组件包括正极板(氢氧化镍板)、负极板(储氢合金板)、隔板、

电解液、密封垫片、绝缘盖板、金属外壳、塑料套管、正极盖、负极筒等。目前 MH-Ni 电池产品主要有圆柱形、方形和扣式 3 类。其结构如图 4-1 和图 4-2 所示。

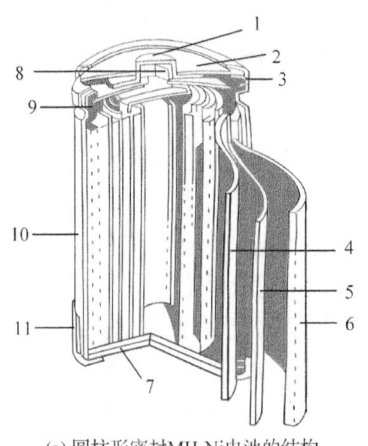

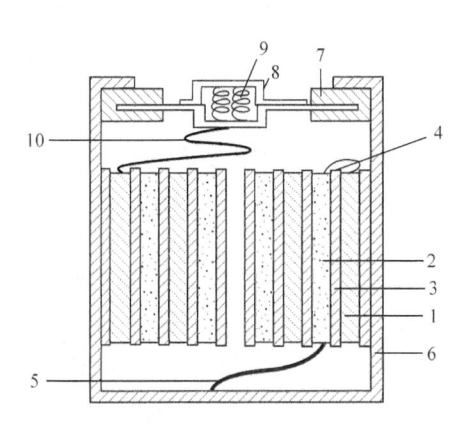

(a) 圆柱形密封MH-Ni电池的结构　　(b) 圆柱形密封MH-Ni电池断面图

图 4-1　圆柱形密封 MH-Ni 电池

(a) 1-正极；2-绝缘盖板；3-密封垫片；4-正极板；5-隔板；6-负极板；7-负极；8-安全排气孔；9-金属密封垫片；10-金属外壳；11-塑料套管

(b) 1-Ni(OH)₂正极；2-MH 负极；3-隔膜；4-1、2、3 卷绕的电极组；5-负极极耳；6-外壳；7-密封圈；8-正极帽兼放气阀；9-弹簧；10-正极极耳

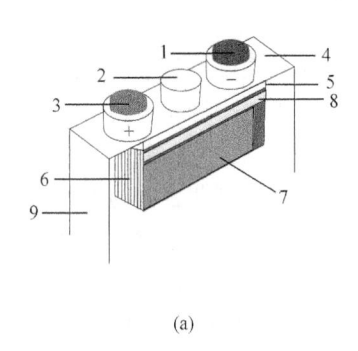

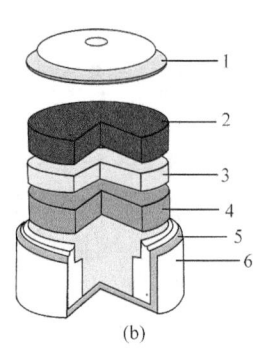

图 4-2　方形 MH-Ni 电池结构图与扣式 MH-Ni 电池结构图

(a) 1-负极柱；2-安全阀；3-正极柱；4-上盖；5-密封圈；6-正极片；7-负极片；8-隔膜；9-壳体

(b) 1-负极帽；2-负极片；3-隔膜；4-正极片；5-密封圈；6-正极壳

如图 4-1(a)所示，圆柱形密封 MH-Ni 电池的构造包括正极板、负极板、隔板以及安全排气孔等组件。其中，正极板主要由 Ni(OH)₂ 构成，而负极则使用了储氢合金材料。在电池过度充电的情况下，内部产生的气体将导致金属外壳受到的压力逐渐增大。一旦此压力超出预定的安全阈值，位于顶部的安全排气孔便会自动开启，从而有效防止了因气压过高而导致的潜在爆炸风险。

4.1.2　镍氢电池的工作原理

镍氢电池属于碱性电池的一种，其负极材料由储氢合金构成，用作活性成分；而正极则使用了氢氧化镍(简称镍电极)。该类型电池的电解质溶液是氢氧化钾水溶液。其电化学反应式可以被表述为

$$(-)M/MH|KOH(6\ mol/L)|Ni(OH)_2/NiOOH(+)$$

在此表达式中，M 表示储氢合金；而 MH 则指代金属氢化物。该电池的工作机制详见图 4-3。

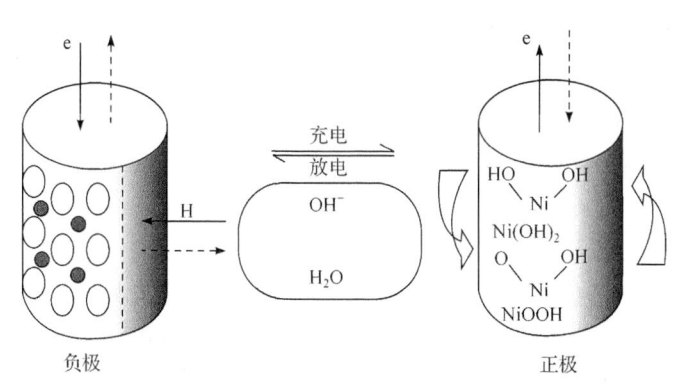

图 4-3　MH-Ni 电池电化学过程示意图

1. 电极反应

1) 正常充放电反应

在正常的充电与放电过程中，MH-Ni 电池内部正极和负极所发生的电化学变化及其整体的能量转换机制可表示如下。

正极反应：

$$Ni(OH)_2 + OH^- \xrightleftharpoons[\text{放电}]{\text{充电}} NiOOH + H_2O + e \tag{4.1}$$

$$\varphi^0 = +0.49\ V$$

负极反应：

$$M + xH_2O + xe \xrightleftharpoons[\text{放电}]{\text{充电}} MH_x + xOH^- \tag{4.2}$$

$$\varphi^0 = -0.829\ V$$

电池总反应：

$$xNi(OH)_2 + M \xrightleftharpoons[\text{放电}]{\text{充电}} MH_x + xNiOOH \tag{4.3}$$

$$\varphi^0 = 1.319\ V$$

根据式(4.1)~式(4.3)，可以观察到，在 MH-Ni 电池的充放电过程中，正负极发生的电化学反应遵循的是固相转变机制。这意味着在整个反应周期内，并不存在任何形式的可溶性金属离子作为中间状态出现，同时电解液成分既不会被消耗，也不会产生新的物质。基于这一特性，MH-Ni 电池能够实现完全密封且无须额外维护。其工作原理可以概括为氢原子或质子在两个电极之间来回移动的过程，其中放电阶段实质上是充电阶段逆向进行的表现。

2) 过充放电反应

MH-Ni 电池在进行过充放电时，正负极反应可表示如下。

正极反应：

过充电(析出氧气)：　　$4OH^- \longrightarrow 2H_2O + O_2 \uparrow + 4e$　　(4.4)

过放电(析出氢气)：　　$2H_2O + 2e \longrightarrow H_2 \uparrow + 2OH^-$　　(4.5)

负极反应：

过充电(消耗氧气)：　　$2H_2O + O_2 + 4e \longrightarrow 4OH^-$　　(4.6)

过放电(消耗氢气)：　　$H_2 + 2OH^- \longrightarrow 2H_2O + 2e$　　(4.7)

通过上述分析可知，储氢合金在过度充电及放电条件下发挥催化作用，能够有效清除正极上产生的氧气和氢气，从而赋予 MH-Ni 电池良好的抗过充放电性能。为了促进氧的复合反应，在设计上采取了让负极面容量略大于正极的策略，具体而言，正负极面容量比设定为 1∶1.2～1∶1.4。在此条件下，电池在充电后期或发生过充时，正极释放出的氧气能够透过隔膜到达负极表面，生成氢氧根离子(OH^-)，进而融入电解液中，有效地缓解甚至避免了电池内部压力异常带来的风险；反之，在过放电状态下，正极析出的氢气同样可以通过隔膜迁移到负极并被储氢合金材料快速吸收。

2. 电极反应过程

1) 充电反应过程

在 MH-Ni 电池充电过程中，正极材料 $Ni(OH)_2$ 转变为 $NiOOH$。与此同时，在储氢合金负极上，水分子分解产生氢原子，这些氢原子首先以吸附态(记作 MH_{ad})形式存在于电极表面，随后向合金内部迁移并被吸收，形成稳定的氢化物(表示为 MH_{ab})。值得注意的是，氢气在合金材料中的扩散速率相对较低，其扩散系数通常介于 10^{-8}～10^{-7} cm/s，这意味着扩散过程成为整个充电阶段的关键限制因素。这个过程可以表示如下。

$$M + H_2O + e \longrightarrow MH_{ad} + OH^- \quad (4.8)$$

$$MH_{ad} \longrightarrow \alpha\text{-}MH_{ab} \quad (4.9)$$

$$\alpha\text{-}MH_{ab} \longrightarrow \beta\text{-}MH \quad (4.10)$$

$$MH_{ab} + MH_{ad} \longrightarrow 2M + H_2 \quad (4.11)$$

$$MH_{ad} + H_2O + e \longrightarrow M + H_2 + OH^- \quad (4.12)$$

在过充电条件下，正极材料中的 $Ni(OH)_2$ 全部转变为 $NiOOH$。此时，OH^- 失去电子生成氧气(O_2)。随后，O_2 向负极迁移，在储氢合金的催化作用下重新获得电子而再次转化为 OH^-；或与负极产生的氢气反应生成水，并释放出热量，从而导致电池温度上升及内部压力下降。在负极处，当储氢合金无法继续吸氢时，水分子会分解产生氢气(H_2)，接着 H_2 在储氢合金的作用下与来自正极的氧气结合形成水。

2) 放电反应过程

在 MH-Ni 电池放电过程中，$NiOOH$ 接受电子转化为 $Ni(OH)_2$。与此同时，在金属氢化物(MH)处，氢原子迁移到材料表面形成吸附态，随后通过电化学反应与水共同生成储氢合金。这一系列变化中，氢原子迁移步骤是决定负极放电效率的关键。当电池出现过放电情况时，正极处可还原的 NiOOH 被完全消耗殆尽(镍氢电池通常设计为负极容量过剩)，此时镍电极上会发生水分解产生氢气的现象。

正极(镍电极)：

$$2H_2O + 2e \longrightarrow H_2 + 2OH^- \tag{4.13}$$

负极(储氢合金电极)：

$$H_2 + 2OH^- \longrightarrow 2H_2O + 2e \tag{4.14}$$

在此过程中，氢气首先在镍电极表面生成，随后被储氢合金吸收。这一转变导致电池的电压变为"负"值，具体表现为镍电极相对于氢电极具有更低的电位。因此，这种现象也称为反极。

3. 过充电时内部气体与物质的循环

MH-Ni 电池过度充电时，电池内部发生的气体复合反应有助于维持其内部压力的稳定。具体来说，在过充时，正极材料会发生氧气释放反应(式(4.4))，所生成的氧气能够透过多孔隔膜迁移至负极。鉴于设计时已确保负极拥有足够的容量冗余，因此在整个充电周期内，并不会出现因氢气无法被完全吸收而导致的氢气逸出现象。相反地，抵达负极表面的氧气会与金属氢化物发生氧化还原反应：

$$4MH + O_2 \longrightarrow 4M + 2H_2O \tag{4.15}$$

镍是上述反应的良好催化剂。MH-Ni 电池被活化后，储氢合金表层的镍含量会显著增加。在电池处于过度充电状态时，金属镍表面吸附的氢原子数量增加，这有利于抑制氧气释放反应。因此，即使是在过充条件下，电池也不会因为氧气的析出而导致内部压力上升。此外，尽管正极产生了氧气，但通过氧气的生成与消耗机制，电池内部物质总量得以维持平衡。

4.1.3 镍氢电池的性能

镍氢电池因其高能量密度、无记忆效应、优异的耐过充放电能力以及环境友好性等特点而被称为绿色电池。这类电池的主要特性涵盖物理性能与电性能两大方面，其中，电性能包括充放电特性、温度特性、内压、自放电特性、循环寿命等。

1. 充放电特性

镍氢电池与镉-镍电池在充电过程中的对比见图 4-4，镍氢电池的充电曲线与镉-镍电池相似，但充电后期镍氢电池的充电电压比镉-镍电池低。不同温度下，镍氢电池的充电曲线如图 4-5 所示；在 20℃恒温条件下，不同充电速率下镍氢电池的充电曲线如图 4-6 所示。

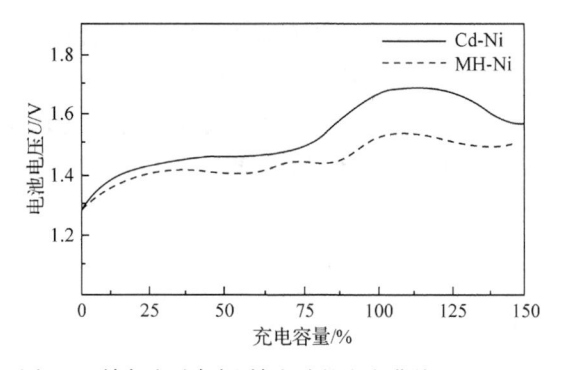

图 4-4 镍氢电池与镉-镍电池的充电曲线(1C，20℃)

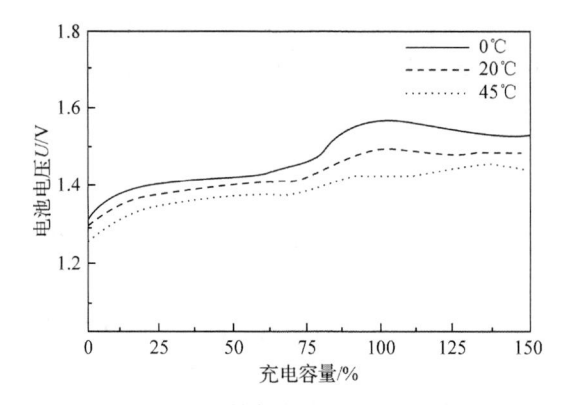

图 4-5 充电温度对镍氢电池充电电压的影响(0.3C)

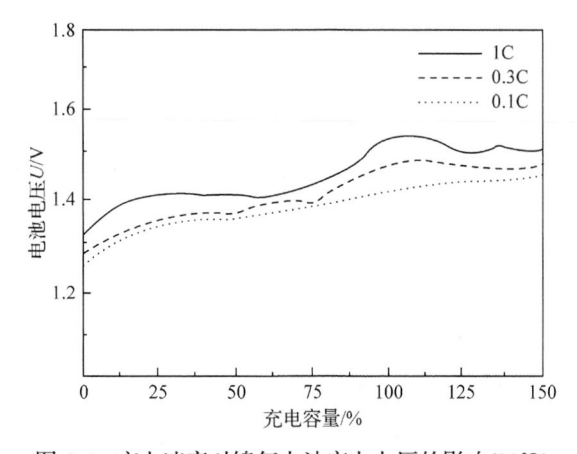

图 4-6 充电速率对镍氢电池充电电压的影响(20℃)

2. 温度特性

图 4-5 展示了镍氢电池在不同环境温度条件下电压与充电容量之间的关系。观察到，在所有测试的环境温度下，当充电容量达到标称容量的 75%时，由于阳极释放氧气的影响，电池电压开始上升；而当充电容量完全达到标称值时，即满充状态下，电池电压也达到了峰值。随后，随着电池内部因持续充电产生的热量增加，其电压反而有所下降。这一现象的发生主要是因为电池电压随温度升高而呈现负相关趋势。此外，考虑到充电效率受温度影响较大，在较高温度环境下进行充电操作会导致电池的实际可用放电容量

减少。

在相同放电倍率条件下，镍氢电池性能受环境温度的影响如图 4-7 所示。尽管放电倍率保持不变，但不同环境温度下的放电电压呈现差异，见图 4-7(a)。随着放电倍率的增加，温度对于放电容量的作用变得更为突出，特别是在较低温度下操作时，放电容量有更加显著的下降趋势，见图 4-7(b)。

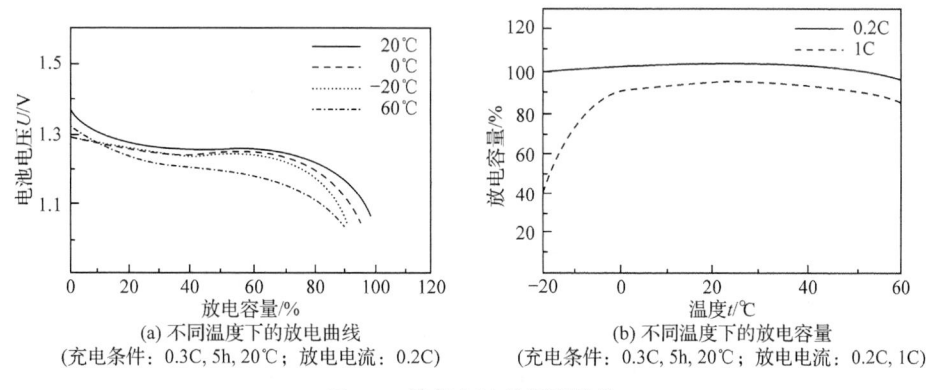

(a) 不同温度下的放电曲线
(充电条件：0.3C, 5h, 20℃；放电电流：0.2C)

(b) 不同温度下的放电容量
(充电条件：0.3C, 5h, 20℃；放电电流：0.2C, 1C)

图 4-7 镍氢电池的温度特性

3. 内压

镍氢电池的输出电压与镉-镍电池相仿，然而其放电容量却能达到后者的约两倍。电池在放电过程中的具体表现(包括容量和电压)会受到多种因素的影响，如放电倍率及周围环境温度等。

在标准室温(20℃)条件下，镍氢电池于不同放电速率下(即 3C、1C 及 0.2C)的电压随其放电容量变化的关系如图 4-8 所示。此外，该类型电池还表现出优良的低温放电性能；当外界温度降至-20℃时，其放电特性详见图 4-9。值得注意的是，在采用较低放电倍率(0.2C)的情况下，镍氢电池能够释放的容量接近其标称容量的 100%；即使是在较大电流密度(1C)放电的情形下，其实测可释放容量依旧可以维持在其理论最大值的 90%以上。

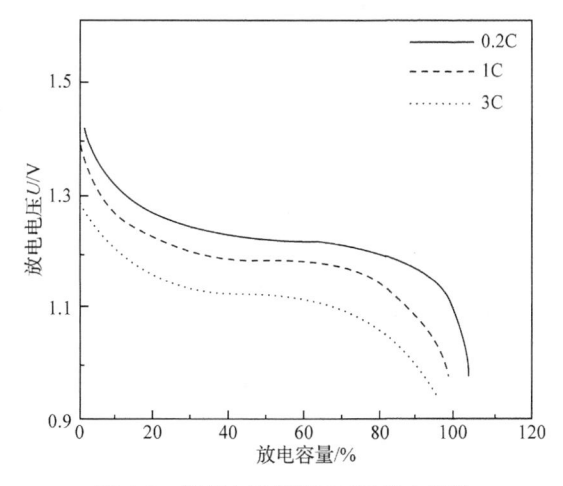

图 4-8 镍氢电池常温(20℃)放电特性

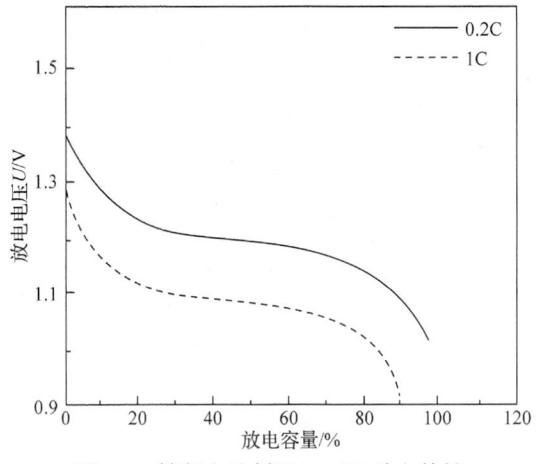

图 4-9　镍氢电池低温(-20℃)放电特性

4. 自放电特性

相较于镉-镍电池,镍氢电池表现出更高的自放电率。影响这一现象的因素众多,而储氢合金的具体构成、操作环境的温度以及电池组装的技术水平被认为是其中最为关键的几个方面。

储氢合金的析氢平台压力与氢气从合金中逸出的速度成正比,即平台压力越高,氢气释放越快,导致自放电现象更加显著。通常情况下,为保证性能,储氢合金的析氢平台压力应控制在 0.1~10 MPa。此外,温度升高会加剧镍氢电池的自放电效应。如果隔膜材料选用不当或电池装配工艺不合理,随着充放电循环次数的增长,可能会出现合金粉末脱落或枝晶形成等问题,这些问题不仅能够加速自放电过程,还可能引发短路风险。

镍氢电池因自放电而导致的容量下降是可以恢复的,对于那些被长时间存放的镍氢电池而言,通过实施 3~5 次的小电流充放电循环,能够有效地使其存储能力回到正常水平。图 4-10 展示了这种类型电池特有的自放电特性。

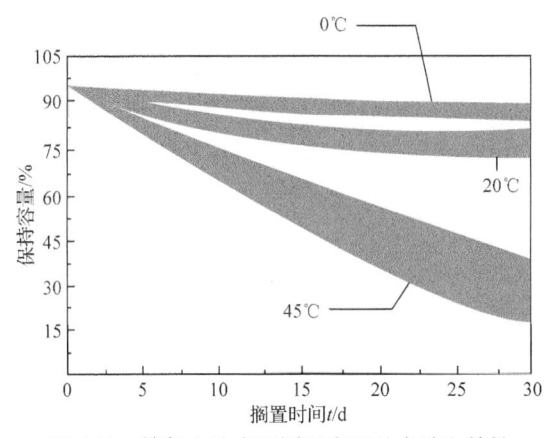

图 4-10　镍氢电池在不同温度下的自放电特性

5. 循环寿命

图 4-11 展示了镍氢电池的放电容量与循环次数的关系。由图可知,随着循环次数的

增加，镍氢电池的放电容量逐渐降低。这是由于在正极产生的氧气会与负极材料中的稀土元素(Re)发生反应，形成稀土氢氧化物。这种转化过程造成了活性物质的量减少，进而导致电池容量的下降。对于密封镍氢电池而言，其容量下降过程经历了如下几个步骤。

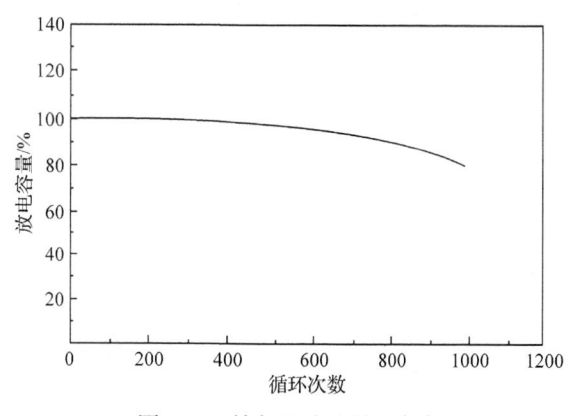

图 4-11 镍氢电池的循环寿命
充电：0.25C，3.2h；放电：1C，1.0V；温度：20℃

(1) 电池过充时，从正极析出的氧气并非全部与吸收在负极合金中的氢气发生复合反应。一部分氧气会与合金粉末表面的稀土元素(Re)发生反应，生成稀土氢氧化物，即 $Re(OH)_3$。

$$Re + 3OH^- - 3e \longrightarrow Re(OH)_3 \tag{4.16}$$

随着充放电循环次数的增加，储氢合金表面上 $Re(OH)_3$ 层的厚度不断增大，这导致了其储氢能力的下降。因此，更多的氢以气态形式存在于电池内部，从而使得电池内部氢气的分压逐渐增大。

(2) 当电池内部压力超出密封通气口所能承受的最大压力时，就会导致氢气的泄漏，并引起电解液损失。随着电解液的减少，电池内部阻抗会增加，进而导致电池容量的下降。

4.2 镍氢电池的关键材料和技术

4.2.1 储氢合金的分类和性质

储氢合金的性能对于 MH-Ni 电池的整体表现至关重要。多种金属及其合金能够可逆地大量吸收氢气，并形成相应的金属氢化物相态。氢气的储存方式直接影响了它的应用效果，表 4-1 中列出了不同的氢气储存方法及其特点。

表 4-1 氢气的储存方法及其特点

储氢分类方法			性能和特点描述
物理储氢	容器储氢	高压储氢	氢气体积可以缩小至 2%；优点是操作方便和能耗低；缺点是需要高压容器和存在安全隐患

续表

储氢分类方法			性能和特点描述
物理储氢	容器储氢	液化储氢	氢气体积可以缩小至1/800以内；仅从质量和体积上考虑，液化储氢是一种极为理想的储存方式；缺点是氢液化能耗大(约占液化氢能的30%)，对储罐的绝热要求极高和需要维持低温
化学储氢	储氢材料储氢	吸附材料储氢	吸附材料包括分子筛、碳素材料(一般活性炭、高比表面活性炭、石墨片、碳纤维和碳纳米管等)和其他新型吸附剂。其中，活性炭是较理想的储氢材料。碳纳米管的储氢密度为0.01%~61%(质量)，但当储氢密度小于1%(质量)时，碳纳米管并不适合作为储氢材料来使用。其他吸附材料包括有机液态材料、玻璃微球和无机物等
		离子型氢化物储氢	离子型氢化物是较早的储氢材料，最早的应用是直接用作还原剂；离子型氢化物包括碱金属与氢直接反应生成的离子型氢化物和$LiAlH_4$、$NaBH_4$等的络合物等。如用Ti修饰的$NaAlH_4$的储氢量高达3.1%~3.4%(质量)，其循环性能也较好
		合金储氢	金属或合金储氢是目前比较有前途的储氢方式，可使氢气体积缩小至1/1000以上；优点是储氢量高，运输、储存和使用方便安全；缺点是：①储氢密度不高，无法满足像燃料电池电动车储氢密度为62 kg/cm³或6.5%(质量)的要求；②金属氢化物在室温下具有较高的热力学稳定性，虽然储氢量高，但在室温下析氢速度太慢

为了适应多种性能需求，研究者在二元合金的基础上进一步开发出了三元、四元乃至更多成分的合金体系。然而，在这些不同的合金组合中，A与B两种类型的元素始终不可或缺。其中，A类元素是指那些能够形成相对稳定的氢化物且属于放热性质的金属，如钛(Ti)、锆(Zr)、镧(La)等以及混合稀土金属。而B类元素则代表了不易与氢反应的吸热型金属，如镍(Ni)、铁(Fe)等。按照原子比的不同，它们构成AB_5型、AB_2型、AB型、A_2B型四种类型。值得注意的是，存在一些特殊情况，即由两种均属放热型的金属直接结合而成的化合物，如ZrV_2。从AB_5型到A_2B型，随着A类金属含量的增加，虽然储氢能力有所提升，但同时也伴随着反应速率下降及所需温度升高等问题。表4-2展示了若干种典型的AB型储氢合金及其对应氢化物的主要特性。

表4-2 主要储氢合金及其氢化物的性质

类型	合金	氢化物	储氢量(质量)/%	放氢压(温度)/MPa(℃)	氢化物生成焓/(kJ/molH₂)
AB_5	$LaNi_5$	$LaNi_5H_{6.0}$	1.4	0.4(50)	−30.1
	$LaNi_{4.6}Al_{0.4}$	$LaNi_{4.6}Al_{0.4}H_{5.5}$	1.3	0.2(80)	−38.1
	$MmNi_5$	$MmNi_5H_{6.3}$	1.4	3.4(50)	−26.4
	$MmNi_{4.5}Mn_{0.5}$	$MmNi_{4.5}Mn_{0.5}H_{6.6}$	1.5	0.4(50)	−17.6
	$MmNi_{4.5}Al_{0.5}$	$MmNi_{4.5}Al_{0.5}H_{4.9}$	1.2	0.5(50)	−29.7
AB_2	$Ti_{1.2}Mn_{1.8}$	$Ti_{1.2}Mn_{1.8}H_{2.47}$	1.8	0.7(20)	−28.5
	$TiCr_{1.8}$	$TiCr_{1.8}H_{3.6}$	2.4	0.2~5(−78)	−38.9
	$ZrMn_2$	$ZrMn_2H_{3.6}$	1.7	0.1(210)	−200.8
	ZrV_2	$ZrV_2H_{5.3}$	2.0	—	—
AB	TiFe	$TiFeH_{1.95}$	1.8	1.0(50)	−23.0
	$TiFe_{0.8}Mn_{0.2}$	$TiFe_{0.8}Mn_{0.2}H_{1.95}$	1.9	0.9(80)	−31.8
A_2B	Mg_2Ni	$Mg_2NiH_{4.0}$	3.6	0.1(253)	−64.4

1. AB$_5$型储氢合金(稀土系储氢合金)

在 AB$_5$ 型储氢合金中，LaNi$_5$ 作为稀土系储氢材料的一个经典例子而广为人知。这种材料以较大的储氢能力、易于激活的特性、较低的中毒风险、适中的平衡压力、较小的压力滞后现象以及快速的吸放氢速率等优点著称，因此早在多种技术应用，如热泵系统、电池制造及空调设备开发等方面被视为潜在的理想选择。然而，该材料也存在一个显著不足之处，即在经历多次吸放氢循环之后，其晶胞体积会发生大幅度膨胀(大约为 23.5%)。在 LaNi$_5$ 系合金中，仅能在极其有限的成分区间内形成均匀的金属间化合物；一旦化学配比稍微偏向于富含镧元素方向，则倾向于在基体晶界位置析出富镧相。为了克服这些局限性并满足更广泛的应用需求，科研人员基于 LaNi$_5$ 的基础结构，通过替换 A 位和 B 位上的元素(具体指镧和镍)，成功研发出了包括三元、四元甚至更多组分在内的新型合金体系。图 4-12 展示了目前稀土系储氢合金研究进展的整体概览。

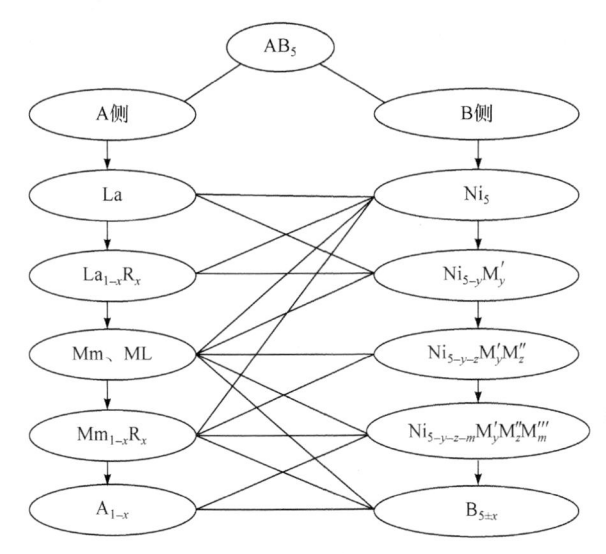

图 4-12 稀土系储氢合金的发展现状

R-Ce、Pr、Nd、Zr、Ti、Ca、Y；Mm-混合稀土金属；ML-富 La 混合稀土金属；M′、M″、M‴-Co、Mn、Al、Fe、Cu、Si、Ta、Nb、W、Mo、B、Zn、Cr、Sn 等

LaNi$_5$ 是一种具备 CaCu$_5$ 型晶格结构的金属间化合物，在常温条件下，仅需几个大气压的氢气就能使其发生氢化反应，从而形成六方晶格结构的 LaNi$_5$H$_6$。这一氢化过程可以通过以下化学方程式来表示：

$$\text{LaNi}_5 + 3\text{H}_2 \rightleftharpoons \text{LaNi}_5\text{H}_6 \tag{4.17}$$

LaNi$_5$ 在吸收氢气后形成 LaNi$_5$H$_6$，其储氢量大约为 1.4%(按质量计)。在 25℃条件下，该化合物的分解压力(即放氢平衡压力)约为 0.2 MPa，同时伴随有 −30.1 kJ/molH$_2$ 的分解热，这表明它非常适合在室温环境下操作。

当 LaNi$_5$ 用作电池负极材料，并与 Ni(OH)$_2$ 电极组成电池时，在充电过程中，负极上的氢会与 LaNi$_5$ 结合生成氢化物 LaNi$_5$H$_6$。这种电池在正常工作状态下，于常温下所需的压力范围是 $2.53\times10^5 \sim 6.08\times10^5$ Pa。理论上讲，LaNi$_5$ 能够提供的最大电化学容量可达 372 mA·h/g，但随着充放电循环次数的增加，LaNi$_5$ 电极的实际容量会出现明显下降，从而导致了此类电池的使用寿命相对较短的问题。为了改善 LaNi$_5$ 的储氢及电化学性能，国际上许多研究者提出了多种改进方案，主要包括：采用其他元素部分替代镧或镍元素；采用富含铈或镧的混合稀土金属代替单一镧元素；调整化学计量比以形成 AB$_{5\pm x}$ 型结构；改进制备工艺；对合金表面进行特殊处理等措施。

2. AB$_2$ 型储氢合金(Ti、Zr 系 Laves 相合金)

AB$_2$ 型 Laves 相储氢合金主要分为锆基和钛基两大类。早在研究初期，二元锆基 Laves 相储氢合金 ZrM$_2$(M 代表 V、Cr、Mn、Fe、Co、Mo 等元素)的储氢性能就引起了广泛关注。研究表明，ZrV$_2$、ZrCr$_2$ 与 ZrMn$_2$ 能够大量吸收氢气并形成相应的氢化物，如 ZrV$_2$H$_{5.3}$、ZrCr$_2$H$_{4.0}$ 及 ZrMn$_2$H$_{3.6}$。这些二元合金不仅储氢量大，而且容易活化，具有良好的动力学性能；然而，在碱性溶液中的电化学性能极差。随后，研究人员开发了 Ti 基二元合金 TiMn$_2$ 与 TiMn$_{1.5}$。尽管 TiMn$_2$ 氢化物展现出较高的分解压力，但其在碱液中的电化学性能同样不佳，并且在室温条件下几乎不吸氢。鉴于此，研究人员尝试通过用其他元素替代 A(Ti 或 Zr)或 B(Mn)，从而在 TiMn$_2$ 与 ZrMn$_2$ 的基础上发展出一系列 AB$_2$ 型储氢合金，图 4-13 为 AB$_2$ 型 Laves 相合金的研究发展状况。

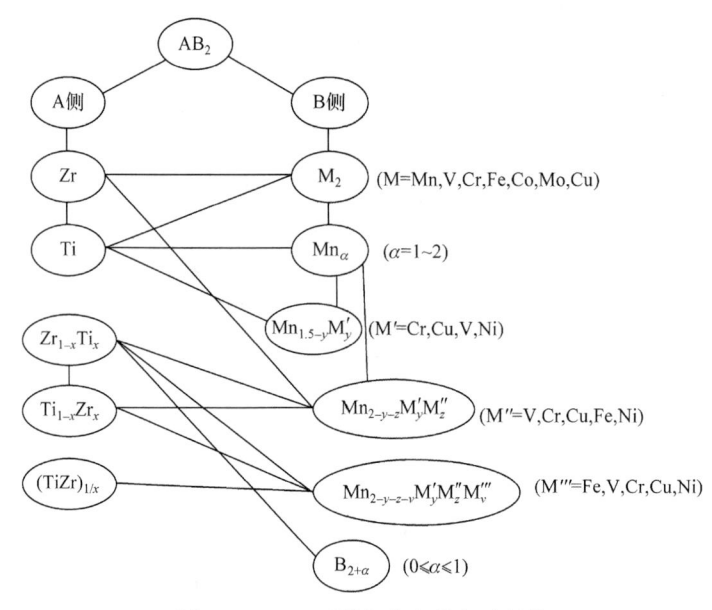

图 4-13 AB$_2$ 型储氢合金的发展现状

3. AB 型储氢合金(钛系合金)

TiFe 合金是 AB 型储氢合金的典型代表，在被活化后能够于常温条件下可逆地吸收和释放大量氢气，理论值达到 1.86%(质量分数)，在室温时的放氢平衡压力为 0.3 MPa，接近实际工业应用的需求，并且成本低廉、原材料充足，在工业领域具有一定的竞争优势。然而，其存在的不足之处也较为明显。首先，活化过程较为困难，通常需要在高温高压下(如 450℃，5 MPa)才能完成；其次，该类合金对杂质气体十分敏感，容易受到污染而降低性能；最后，该材料在经历多次吸放氢循环之后，性能会出现明显下降。为了克服上述问题并开发出更为理想的储氢材料，研究人员尝试以 TiFe 为基础，通过引入其他元素替代部分 Fe 来制备一系列新型合金。目前，开发出了易被活化、滞后现象小，而且在-30～200℃范围内储氢特性好的合金，包括 TiFe$_{0.8}$Mn$_{0.18}$Al$_{0.02}$Zr$_{0.05}$、TiFe$_{0.8}$Ni$_{0.15}$V$_{0.05}$、TiMn$_{0.5}$Co$_{0.5}$、TiFe$_{0.5}$Co$_{0.5}$、TiCo$_{0.75}$Cr$_{0.25}$、TiCo$_{0.75}$Ni$_{0.25}$、Ti$_{1.2}$FeMn$_{0.04}$ 等，其开发现状如图 4-14 所示。

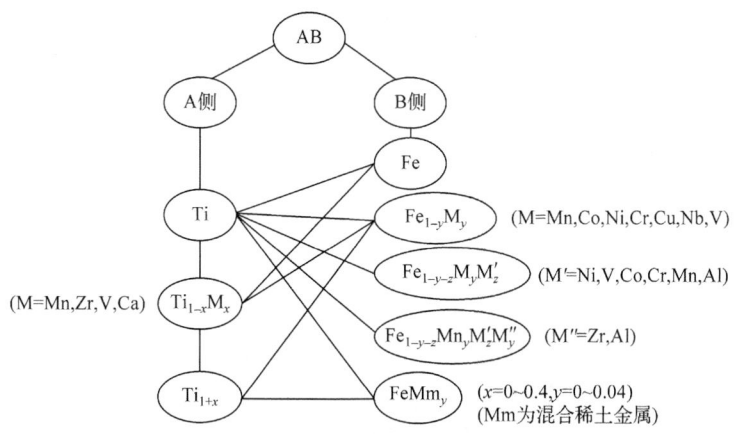

图 4-14 AB 型储氢合金的开发现状

4. A$_2$B 型储氢合金(镁系储氢合金)

镁系储氢合金被认为是具有广阔发展前景的储氢材料之一。金属镁作为储氢材料展现出众多优势：首先，密度小，仅为 1.74 g/cm^3；其次，储氢容量高，MgH$_2$ 的含氢量可达 7.6%(质量分数)；最后，镁资源丰富且成本低廉。这些特性吸引了全球范围内科研人员的关注，纷纷致力于开发新型镁系储氢合金。然而，镁吸收和释放氢气的过程条件较为严苛，需要在温度介于 300～400℃、压力为 2.4～40 MPa 下才能生成 MgH$_2$，在 0.1 MPa 条件下的分解温度为 287℃，并且该反应速率较慢，主要原因是镁表面形成的氧化层阻碍了氢气与镁之间的反应。为了改进镁氢化物的这些缺点，开发出更实用的合金，研究人员已经系统地研究了 Mg-M 系(M 代表 Ni、Cu、Ca、La、Al)等二元体系，并在此基础上进一步发展出了三元及四元合金。同时，在制备工艺改进、表面改性以及合金复合化方面也取得了显著进展。最典型的是 Mg-Ni 系合金，在 Mg-Ni 系基础上替换部分 A、B 侧元素，研究人员成功开发出一系列新型合金，具体研发路径如图 4-15 所示。

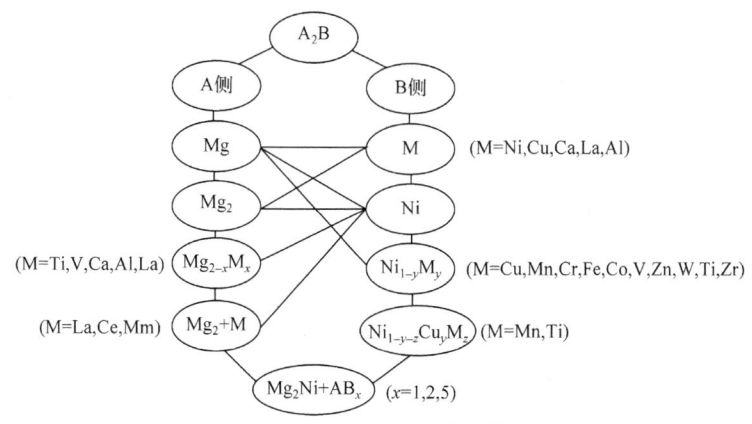

图 4-15 Mg-Ni 系开发系统图

用作电池材料时，Mg₂Ni 的理论比容量达到 999 mA·h/g，这一数值显著高于 LaNi₅(372 mA·h/g)。然而，在实际应用中，Mg₂Ni 面临若干挑战。首先，由 Mg₂Ni 形成的氢化物在常温条件下稳定性较高，导致脱氢困难、放氢过电位增加且释放的氢量较少；其次，当与高浓度强碱性电解液(如 6 mol/L 的 KOH)接触时，合金粉末表面容易形成一层惰性的氧化膜，这层膜阻碍了电解质与合金表层之间的氢交换及后续的氢转移至合金内部的过程。这些因素共同作用使得 Mg₂Ni 的实际电化学性能以及循环使用寿命均不及 LaNi₅。因此，Mg 系储氢合金尚未应用于 MH-Ni 电池。尽管如此，考虑到 Mg-Ni 系储氢合金本身所具备的优良特性，其在未来的发展前景依然十分广阔。

5. V 基固熔体型合金

钒及其固溶体合金(如 V-Ti 及 V-Ti-Cr 等)在吸收氢气的过程中，能够形成 VH 与 VH₂ 两种不同形式的氢化物。VH₂ 的储氢量高达 3.8%(质量分数)，其理论比容量可达 1018 mA·h/g，是 LaNi₅H₆ 的 3 倍。然而，在接近室温的条件下，VH 状态下的平衡氢分压极低($p_{H2} ≈ 10^{-9}$ MPa)，使得从 VH 到纯金属钒的脱氢过程中氢的利用率较低；实际上可利用的由 VH₂ 转变为 VH 所释放出的氢仅约 1.9%(质量分数)，但 V 基固熔体合金的上述可逆储氢量仍明显高于现有的 AB₅ 型和 AB₂ 型储氢合金。

最新研究表明，通过向 V-Ti 合金中引入适量的 Ni 作为催化元素，并精细调控该合金体系的相结构，可以利用在材料内部形成的三维网络状第二相的独特导电性和催化活性，从而赋予以 V-Ti-Ni 为主要组成的 V 基固溶体合金优异的充放电性能。特别地，在所研究的 V₃TiNi$_x$($x = 0$～0.75)合金中，当 Ni 含量为 0.56 时，其最大放电容量达到了 420 mA·h/g，不过也观察到了循环容量快速衰减的现象。为改善这一问题，研究人员尝试对 V₃TiNi₀.₅₆ 合金进行热处理及进一步引进其他元素的方案，结果表明，这些方法有效提升了该类合金的循环稳定性和高倍率放电特性。

6. 新型储氢合金

1) LaNi₃ 及其替代合金

近年来，为了探索高容量、低成本且环境友好的储氢材料，科研人员进行了 AB₃ 型结构合金的研究。这类合金与 AB₅ 和 AB₂ 型密切相关。AB₃ 结构融合了上述两种排列方式的特点：1/3 倾向于 AB₅ 型，而其余 2/3 则更接近于 AB₂ 型，LaNi₃ 在室温下能同氢迅速反应形成 LaNi₃H₅。Kadir 等对 RMg₂Ni₉(其中 R 代表 Ca 元素以及 Y 等稀土元素)体系开展的研究表明，相比于 AB₅ 相，AB₃ 相显示出更强的吸氢性能。这一现象归因于其内部存在类似 AB₂ 相的成分，加之 AB₃ 独特的晶格结构，使得 Mg、Ca、Ti 及一系列稀土元素均能在 A 位点处稳定结合。

2) AB₂C₉ 型合金

Kadir 等研究了 AB₂C₉ 型的 LaMg₂Ni₉ 合金，结果表明，在 303 K、约 3.3 MPa 的氢气压力条件下，该合金展现出较低的吸放氢能力，其储氢量仅达到 0.33%。相比之下，经过改良后的 (La₀.₆₅Ca₀.₃₅)(Mg₁.₃₂Ca₀.₆₈)Ni₉ 材料在吸收氢之后，晶胞体积扩张了约 20%，每个金属原子的最大储氢量可达 1.87%，氢容量超过 AB₂C₉ 的 5.7 倍。

3) La-Mg-Ni 系合金

Kohno 等对 La$_2$MgNi$_9$、La$_5$Mg$_2$Ni$_{23}$ 和 La$_3$MgNi$_{14}$ 新三元体系储氢合金进行了研究，发现这些材料的放电容量达到了 410 mA·h/g，是传统 LaNi$_5$ 系列合金的 1.1 倍。La$_5$Mg$_2$Ni$_{23}$ 系列合金是由 AB$_5$ 与 AB$_2$ 结构层交替堆叠而成的，这种合金能够有效提升负极的充放电容量。

4.2.2 储氢合金的制备

储氢合金的微观结构，如晶粒大小及晶界偏析，会因其组成元素、铸造参数以及热处理过程的不同而有所变化。这些因素对电极材料的粉化、腐蚀、倍率性能、循环稳定性等也有重要影响。合成这类材料的方法多样，包括但不限于感应熔炼技术、机械合金化途径以及还原扩散法等。制备方法不同，合金的性能也会有很大差异。

真空感应炉具备电磁搅拌功能，这有助于合金成分的均匀分布和控制，操作过程也相对简便。由于熔融金属可能会与坩埚材质发生化学反应，微量坩埚元素混入合金当中，因此对坩埚材料的选择有着较高的要求。通常会选择致密型的 Al$_2$O$_3$、MgO 和 ZrO$_2$ 陶瓷坩埚，以保证由坩埚引入的杂质含量低于 0.08%。按照预定的比例准确称量原料后，将其放置于选定的坩埚内，在氩气保护环境或真空条件下进行熔炼，从而制备出所需的合金。

机械合金化过程通常在高能球磨机内进行，通过粉末与磨球以及容器壁之间的相互碰撞和摩擦作用，使粉末经历连续的挤压变形。在此过程中，粉末会经历断裂、冷焊及再挤压变形成中间复合体，同时不同元素互相渗透，从而达到合金化的目的。为了防止细小颗粒因高反应活性表面而氧化，球磨容器内通常填充惰性气体环境。此外，为了避免金属粉末之间及其与磨球和容器壁发生粘连现象，还需添加防粘剂。此方法完全依赖于机械能而非热处理，在远低于材料熔点的情况下促使固相反应生成合金，因此能够在远离平衡状态的条件下合成材料，从而突破了传统相图对合金成分比例的限制。球磨法不仅适用于由于熔点或密度差异较大而难以通过常规熔炼工艺制备的合金，而且适用于制备超细微晶粒结构，特别适合于需要短扩散路径和大比表面积的应用场景，如粉末电极材料的制备。该工艺流程简单，在镁系储氢材料中得到了广泛应用，其性能优于传统方法制备的合金。

还原扩散法是一种将元素的还原过程与它们之间的反应扩散步骤结合在同一操作中，以直接制备金属间化合物的方法。此方法通常使用氧化物作为原料，并借助钙(Ca)或氢化钙(CaH$_2$)作为还原剂来实现。采用这种方法制备出的储氢合金的吸氢速率显著提升，有利于合金粉末的活化。

共沉淀还原技术是在还原扩散法的基础上进一步发展而来的。这一过程通常涉及使用多种金属盐溶液，并添加沉淀剂(如 Na$_2$CO$_3$)来实现共同沉淀，之后通过高温处理将沉淀物转化为氧化物的形式。随后，利用 Ca 或 CaH$_2$ 作为还原剂，制备出储氢合金材料。此方法不仅操作简便、能耗较低，而且所得到的合金具有较大的比表面积和较高的催化活性，易于活化，可用于储氢材料的再生利用。

气体雾化法是通过高压 Ar 气流将合金熔体雾化分散成小液滴，液滴下落的同时凝固成球形合金粉末。气体雾化法可以获得平均粒径为 10~40 μm 的球形合金粉末，这样的合金粉末在电极中的填充密度高，电极容量提高，并且可以消除合金中稀土及 Mn 等元素成分的偏析，电极循环稳定性提高，但是初期活化较困难。

4.2.3 储氢合金的性能衰退和表面处理技术

1. 性能衰退

储氢合金电极的性能在多次循环后会逐渐衰减。一般认为，性能恶化的模式主要有以下两种。

1) 储氢合金的粉化及氧化

储氢材料在经过多次的吸氢、放氢循环后，由于储氢合金的晶格反复膨胀与收缩，引起储氢合金材料破裂成更细的粉末，这种现象称为储氢合金的粉化。虽然细粉的表面积大，有利于氢的吸收，但细粉颗粒间接触不良，使整个材料粉体的导热性、导电性下降，同时在重复的吸放氢过程中，细粉倾向于自动填实或致密化，从而影响了电极的动力学性能，造成电极性能的下降。

储氢材料的氧化主要发生在稀土类材料上。采用含 La 的稀土储氢材料，易于发生 La 的氧化。采用多元吸氢合金，在充放电过程中，氢的吸收与释放使储氢材料的晶格反复膨胀与收缩。由于合金中各组成部分的晶格尺寸不同，所以某些元素在储氢材料表面富集，即出现合金元素的偏析。不仅所偏析的合金元素易被腐蚀，而且使合金材料失去储氢能力，从而使储氢合金电极的循环寿命缩短。合金颗粒由于反复循环而造成破裂，从而又产生了很多新的表面，这些新鲜表面随后又会发生氧化过程，使得氧化过程向合金颗粒的内部延伸，造成电极性能的进一步衰减。

2) 储氢合金电极的自放电

储氢合金电极自放电有两方面的原因：一方面，制作电极的合金选用不当，即使在室温下，氢也会从金属氢化物中释放出来；另一方面，储氢合金中某种金属元素的化学性质在碱液中或氧气氛中不稳定，易被腐蚀。

C. Iwakra 将自放电现象分为可逆自放电和不可逆自放电两类。当环境的压力低于电极材料内金属氢化物的平衡氢压时，会发生可逆自放电现象，此时氢气会从电极中释放出来，并可能与正极活性成分 NiOOH 发生反应生成 $Ni(OH)_2$，从而导致电池容量减少。这种类型的自放电可以通过重新充电来恢复电池性能。不可逆自放电主要由储氢合金材料的化学或电化学方面的原因引起。通常情况下，温度是影响自放电程度的一个重要因素，随着温度上升，自放电速率会加快。为了降低自放电效应，可以采取以下几种措施：一是对储氢合金表面进行改性处理；二是选用能够在宽温域保持其平衡氢压低于电池内部压力的合金材料；三是采用非透气性薄膜，以阻止氢气与正极活性物质之间的反应，在实际应用中可采用半透膜或离子交换膜。

2. 表面处理技术

储氢合金表面的特性对于电极活化、在电解质溶液中的抗腐蚀与抗氧化能力、电催化活性、高电流密度下的充放电性能及循环使用寿命等方面具有显著影响。通过采用适当的表面处理技术来优化合金材料的表面化学环境，能有效提升合金电极的电化学性能。

当前，为了优化储氢合金性能而采取的表面改性方法主要包括表面包覆、酸/碱处理、氟化处理和热处理等。

1) 表面包覆

采用化学镀技术能够在储氢合金粉末表面包覆一层 Cu、Ni、Co、Pd 等金属或合金膜。这种表面处理方式不仅能够有效阻止合金表面氧化，还增强了电极材料的导电性和热传导性能，提高了合金表面的催化能力，改善了快速充、放电性能，有助于氢原子向合金体相扩散，提高了充电效率，降低了电池内压，提高了电池的循环寿命。但是化学镀处理会提高生产成本，且存在废液污染。

2) 酸/碱处理

酸/碱处理方法涉及将储氢合金粉末置于酸性或碱性溶液中，以此去除表面的氧化物以及 Mn、Al 等元素的偏析。这一过程有助于使合金表面形成具有较高催化活性的多孔富镍层，从而增强合金的导电能力，增加电极的放电容量，改善电极的活化性能及倍率放电性能。

3) 氟化处理

经过氟化物(如 HF)溶液处理的储氢合金表面会形成一层厚度为 1~2μm 的氟化物层(LaF_3)。在这层之下，则是一层具有优良电催化活性的富镍层。这种氟化处理方法不仅提升了合金抵抗毒化的能力，还增加了其容量，并且更容易被活化，从而延长了其循环使用寿命。

4) 热处理

在多组分合金经过熔炼铸锭之后，如果冷却速度不足，可能会导致某些成分在合金表面富集，进而影响其吸氢性能。为提升这类材料的吸放氢效率，通常会采取热处理措施，即将合金置于真空或氩气环境下的高温炉中，在特定温度下保温一段时间，以促进合金内部元素更加均匀地分布。研究表明，热处理是优化储氢合金性能的有效手段之一，经过高温处理可以实现以下效果：①缓解合金内部的结构应力；②减少组分偏析，特别是减少 Mn 的偏析，使合金整体组成均一；③降低吸放氢平衡氢压的平台斜率，减少吸放氢的压力滞后，同时使平台压力降低；④提高放电容量；⑤提高抗衰减能力，改善循环寿命等。因此多数合金生产中均会采用热处理工艺。

4.2.4 镍氢电池辅助材料

MH-Ni 电池主要由四大部分组成：正极、负极、隔膜、电解液。实际上电池中还要预留一定的剩余空间。AA 型 MH-Ni 电池的构成材料体积比基本如图 4-16 所示。高性能电池的开发主要从材料的高容量化、薄型化、高密度化以及提高材料的有效利用率着手。MH-Ni 电池中除正极、负极活性材料外，还有电极基体材料、电解液、隔膜、导电剂、黏合剂等辅助材料，这些材料的选用对 MH-Ni 电池的性能有重要影响。

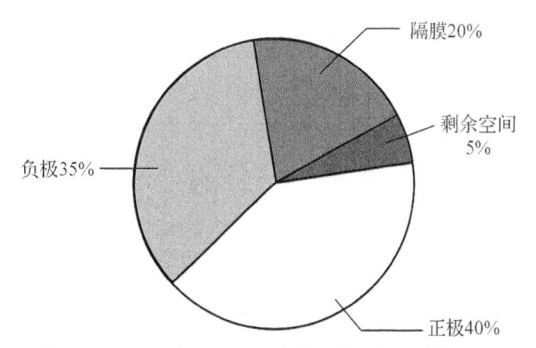

图 4-16 AA 型 MH-Ni 电池的构成材料体积比

1. 电极基体材料

多孔金属基体作为电极支撑及集流体，对电池性能有着显著的影响。它影响了电池的质量与容量，而且是决定电池使用寿命的重要因素之一。

1) 多孔金属基体的类型和特点

(1) 烧结式多孔体。

这类基体具有低阻抗、优异的导电性以及高机械强度等优点，适用于作为高倍率充放电电极的基体材料，可大电流放电，并且展现出广泛的温度适应范围(−40～50℃)，尤其在低温条件下表现良好，同时还具备较长的使用寿命。然而，这类材料的生产工艺相对复杂，对生产条件要求严格，导致设备投资成本较高；此外，由于其较高的金属消耗量，整体制造成本也相应增加。值得注意的是，采用此类基体制成的电极可能存在一定程度上的性能不均一性问题，孔隙率不是特别理想，这限制了其最大容量潜力。

(2) 纤维式多孔体。

此类基体的一个突出特征在于其良好的柔韧性和高弹性，以及优异的循环耐久性。与泡沫式多孔体相比，它是目前拥有最高孔隙率和最大容量的集流体之一。通常情况下，较短纤维能够实现较为均匀地分布，而较长纤维则难以达到同样的均匀度；然而，由长纤维构成的基础板具有较高的导电性能及机械强度。因此，这种类型的基体往往存在大孔隙且孔径分布不均的问题，这在一定程度上限制了活性物质使用效率的进一步提升。此外，制备这类多孔结构的过程一般包括纺丝与制毡两个主要阶段，相较于发泡法制造的多孔材料而言，工艺流程更加复杂。

(3) 发泡式(泡沫式)多孔体。

该类材料具有极高的孔隙率，最高可超过 98%。与纤维式多孔体相似，它能够容纳大量活性物质，因此电极容量较大，能量密度较高。这种材料拥有三维网状结构，其孔隙度、孔径大小及整体结构主要由制备过程中所选用的有机基体决定。相较于烧结式基板，这类材料在比表面积和填充性能方面实现了更为理想的平衡，并且生产工艺相对简单。此外，该电极支持快速充电。然而，在大电流放电性能上，它的表现不如烧结式电极，这主要是因为其基体的比表面积较小而孔径较大，限制了其在高功率应用中的潜力。因其强度较低，循环寿命仍有一定限度。

2) 基体材料的基本性能要求

多孔金属基体的性能在很大程度上取决于孔隙率、孔径分布以及孔结构之间的优化组合。为了满足机械强度、可填充容量、活性物质可利用含量及导电性等多方面的需求，需在确保材料具备足够机械强度与良好导电性的基础上，尽可能提高其孔隙率。理想的多孔金属基体应当拥有均匀分布的孔隙、适宜大小的孔径以及规整结构，并且兼具优异的机械强度和良好的韧性，这样才能使高孔隙率、大容量的基体具有良好的应用前景。

电极基体材料的选择对于电池性能的提升至关重要。因此，开发基体时需致力于实现高孔隙率、大比表面积、良好容量、优异强度及高导电性等多方面特性的综合提升。

2. 电解液

1) 基本概念

依据杂质对电池使用寿命及其性能造成影响的程度，电解液可分为三个级别。①关键类：此类杂质能够显著损害电池的工作状态和性能指标，导致电池性能出现无法恢复的下降。②重要类：这类杂质的存在会导致电池性能或其使用周期有所减弱。③次要类：指那些不会对电池性能特征及寿命产生负面影响的杂质。

灌注电解液为注入新的 MH-Ni 开口蓄电池的电解液；工作电解液为 MH-Ni 开口蓄电池在使用中的电解液，这时的电解液成分因补加水、吸收空气中的二氧化碳且有电池内部成分中的杂质迁入而不同于灌注电解液和更换电解液；更换电解液为当工作电解液中杂质超量时，重新注入 MH-Ni 开口蓄电池的电解液。

2) 电解液配置

电解液应用纯净的水稀释市场上销售的高浓度氢氧化钾溶液或用纯净的水溶解固体氢氧化钾配制而成。若需加添加剂，如氢氧化锂，应按制造要求加入。

电解液配制操作时应注意：①当固体氢氧化钾在水中溶解时操作应格外谨慎，因为在溶解过程中会产生大量的热；②应将固体氢氧化钾加入水中，绝不可以将水加在固体氢氧化钾上，以防止氢氧化钾结块；③用水配制氢氧化钾溶液时，只能用钢制或塑料(最好是聚乙烯)容器，容器应能抵抗氢氧化钾腐蚀，并可以耐 100℃的温度。

3. 隔膜

电池早期性能下降的一个关键因素是隔膜在使用过程中逐渐失去湿润状态。首先，隔膜材料本身的特性发生了变化，例如，其吸收和储存电解液的能力减弱；其次，在电池充放电过程中，电极体积的变化导致隔膜内的电解液被挤压或析出；最后，电极表面活性和气体复合能力差，特别是在过充电条件下，正极产生的氧气不能迅速地被消耗掉，就会导致内部压力上升，当达到特定阈值时，安全阀开启，释放多余气体的同时也造成了电解液的流失。

因此，为了延长电池的循环寿命，可以从以下几个角度入手：首先，开发适用于 MH-Ni 电池的隔膜材料，并对其进行适当的改性；其次，减少正负极材料在充放电过程中的体积变化；最后，对电极表面进行改性处理。

在 MH-Ni 电池领域，当前所采用的隔膜主要是沿用镉-镍电池用隔膜，包括尼龙纤维、聚丙烯纤维及维纶纤维等材料。其中，尼龙材质因其良好的亲水性和较高的吸碱能力而受到青睐，然而其化学稳定性相对较弱；相比之下，聚丙烯隔膜则以优异的化学稳定性和高强度著称，但其疏水特性导致吸碱效率较低，因此实际应用前通常需要经过特定处理，如化学处理、辐射接枝或磺化等工艺。Ovonic 公司通过改进尼龙隔膜的技术手段成功将电池循环寿命提升了三倍。对于经过化学处理后的聚丙烯隔膜而言，它能使电池在 30 天内的荷电保持率从初始的 10%显著增加至 60%，而若采用磺化处理，则该性能指标可进一步提升至 80%。表 4-3 展示了不同类型隔膜对电池性能的具体影响。研究显示，聚丙烯接枝膜不仅具备优良的透气性与保液能力，还拥有较小的内阻和较长的循环使用寿命。综合来看，隔膜的吸碱量、电解液保留能力和透气性是决定 MH-Ni 电池循环寿命的重要因素。

表 4-3　不同类型隔膜对电池性能的影响

隔膜种类	碳化处理聚丙烯膜	三醋酸纤维改性膜	氧化处理聚烯烃膜	聚丙烯接枝膜
透气率/(mL/(cm^2·s))	18~23	21~28	32~43	48~57
保液率/%	158~198	165~221	198~248	246~297
电池内阻/mΩ	2.7~3.1	2.4~2.8	2.2~2.7	1.9~2.3
电池寿命/循环次数	620	660	680	710

1) 尼龙纤维

通常情况下，尼龙纤维电池隔膜的生产会选用尼龙-6(即聚己内酰胺)或尼龙-66(即聚酰胺-66)。这类材料以其卓越的强度著称，在常温且干燥的状态下，其断裂强力范围为 0.422~0.563 牛/特(N/tex)；而对于高性能的聚酰胺纤维而言，这一数值可达到 0.616~0.836 N/tex。此外，尼龙纤维还表现出优异的弹性恢复能力，即使在伸长率为 3%~6% 的情况下，仍能实现几乎完全的形状恢复，即其弹性恢复率接近 100%。

尼龙纤维制成的电池隔膜具有出色的湿润性能和良好的保液性，同时具备较低的比电阻和足够的机械强度，因此在多种应用场景中得到了广泛的应用。然而，在浓碱环境或温度超过 50℃ 的情况下，尼龙纤维内的酰胺基团容易发生水解氧化现象。这种情况下产生的氨气能够在电池内部引发副反应，从而加速了电池自放电的过程。鉴于此，特别是在高温条件下，尼龙纤维作为电池隔膜材料时的使用寿命成为制约镍氢电池整体寿命的一个重要因素。

2) 丙纶纤维

丙纶(聚丙烯)纤维强度高，一般为 0.396~0.704 N/tex，高强度聚丙烯纤维的强度可达 1.114 N/tex。在湿润条件下，这种材料依然能保持原有的机械强度。此外，丙纶纤维还展现出极佳的耐磨性与弹性恢复能力，在伸长率为 3% 的情况下，其弹性恢复率可高达 96%~100%，仅次于尼龙纤维。同时，该种纤维对于酸碱等化学物质具有良好的抵抗性能，优于许多其他合成纤维，并且拥有较低的密度。鉴于生产过程简便、能耗低、环境污染小以及成本低廉等优势，聚丙烯纤维被广泛应用于电池隔膜材料中。

相较于尼龙纤维隔膜，丙纶纤维隔膜展现出更佳的耐碱性和抗氧化性。这一差异主要归因于丙纶纤维具备更加稳定的分子结构，而尼龙纤维中的酰胺基团在遇到强碱溶液及较高温度(超过 50℃)时容易遭受水解与氧化作用的影响。然而，在吸收碱液的能力及速率方面，丙纶纤维隔膜则逊色于尼龙纤维，这主要是因为尼龙纤维含有极性的酰胺基团，而丙纶纤维缺乏此类化学成分。

3) 维纶纤维

维纶(聚乙烯醇缩醛)纤维在酸性条件下不稳定，但在碱性环境中却具有良好的耐受性。由于该材料内部保留了一定比例(约 32%)的羟基结构，因此能够有效地吸收并储存电解液。除了 C、H、O 这三种基础元素，维纶纤维不含有对电池性能有害的其他杂质，能较好地满足电池性能的要求。

相较于尼龙纤维隔膜，维纶纤维隔膜展现出更高的吸碱率，二者在吸碱速率方面表现相近。然而，在耐碱性与抗氧化性能上，维纶纤维隔膜的表现不如尼龙纤维隔膜，特别是在抗氧化能力方面差距明显。其性能基本能满足电池要求，可用于低档镍氢电池。

4. 导电剂

$Ni(OH)_2$ 作为一种 P 型氧化物半导体，其电导率较低，导致在放电过程中形成的 $Ni(OH)_2$ 会在 NiOOH 与集流体间构建起一道绝缘层，进而增加了电极内部的电阻，减少了放电深度，降低了活性材料的有效利用率，并且提高了电极的剩余容量。为了解决这个问题，即提升活性物质利用率的同时减少镍电极的剩余容量，增强活性材料与集流体之间及活性颗粒间的导电性能显得尤为重要。实际应用时，通常在制备阶段向活性成分中掺入导电剂，或者在 $Ni(OH)_2$ 表面沉积一层镍或钴之类的金属薄膜。

各种导电剂对改善镍电极性能的作用效果因使用条件不同而各不相同。这些因素包括：①电极的种类不同；②导电剂及其他添加剂掺入的具体方法不同；③活性物质、导电剂、添加剂的晶型、晶粒尺寸及配比不同；④电解液的组成成分及浓度差异；⑤充放电条件的差别。导电性最好的镍、镍和石墨的混合物以及以一定比例混合的石墨和乙炔黑等，都适合作为氢氧化镍电极的导电剂。

5. 黏合剂

在 MH-Ni 电池中，黏合剂作为正负极材料的关键成分之一，对电池的多项性能指标有着显著影响，这些指标包括但不限于容量、循环寿命、内部电阻以及快速充电过程中产生的内部压力等。本部分将探讨黏合剂的基本定义及其在 MH-Ni 电池应用中的物理与化学特性，并介绍这类电池所使用的黏合剂的研究方法。

1) MH-Ni 电池黏合剂及其作用

黏合剂又称胶黏剂、黏着剂和黏结剂等，一般为高分子聚合物。

关于黏合机理，目前广泛接受的观点是吸附理论。该理论指出，黏合剂与被黏合物之间不仅存在分子层面的相互作用力，还包括原子间的吸引力，因此认为黏合作用是物理作用与化学作用的共同结果。

黏合剂的主要作用是黏结和维持活性物质的理化性质，通过添加适量且性能优异的黏合剂，可以显著提升电池的容量及延长其使用寿命，同时还有助于降低内部电阻。这对提高电池的放电平台电压和大电流放电性能、降低快速充电时的内压和温升进而提高电池的快充能力等均有促进作用。此外，电池失效大都归因于所使用的黏合剂性能不佳。通常情况下，在确保电极黏结强度的前提下，为了达到最佳的电极性能，应尽可能减少黏合剂的用量。

2) MH-Ni 电池黏合剂的选择

为了确保 MH-Ni 电池表现出优异的电化学特性，选择黏合剂时需考虑以下几点关键属性：首先，黏合剂应当在碱性环境中保持稳定状态，并且具备较低的欧姆内阻；其次，该材料需要拥有足够的黏结力与柔韧性，以保证制成电极后不会因浸泡于电解质溶液中而出现膨胀、松散或粉末脱落的现象；再次，黏合剂形成的薄膜应该允许一定程度上的气体透过；此外，理想的黏合剂还应同时兼具适当的亲水性和疏水性；最后，从经济角度出发，其成本也应控制在一个合理的范围内。

黏合剂的特性对电极性能有着显著的影响。通常情况下，亲水性黏合剂能够减小欧姆阻抗，并促进电解液与负极内合金粉末之间的充分接触，从而提高湿润程度，增加有效反应表面积，进而降低充放电时的电流密度。这使得电极在放电过程中表现出较高的平台电压以及良好的大电流放电特性。然而，在强碱性环境下，这类黏合剂容易发生溶胀现象，导致其黏结力减弱；随着充放电循环次数增多，活性材料可能会从电极表面脱落，引起电池容量衰减及循环寿命缩短的问题。相比之下，疏水性黏合剂虽然会削弱电解质对活性物质的湿润效果并造成电解液分布不均，从而减少电化学反应的有效面积并阻碍电解液向电极深处渗透，最终导致极化加剧、放电平台电压下降及大电流放电能力减弱，但它们往往具有较好的耐碱性，在循环使用期间不易因黏附性能退化而导致活性成分流失，同时还能保证充电过程中正极镍上产生的氧气顺畅地穿过疏水层而被负极吸收，有助于缓解快速充电状态下电池内部气压过高的问题。综上所述，为了确保电池具备优良的工作表现，选择或设计兼具适当亲水性与疏水性的黏合剂及其形成的电极结构显得尤为重要。

3) MH-Ni 电池常用的黏合剂及其理化性质

通常情况下，MH-Ni 电池所采用的具体黏合剂种类被视为各制造企业和公司的商业机密。在实际应用中，常用的黏合剂类型包括但不限于聚乙烯醇(PVA)、羧甲基纤维素(CMC)、甲基纤维素(MC)、聚四氟乙烯(PTFE)、有机硅胶(PTV)、全氟共聚物(FEP)、聚乙烯醇缩丁醛(PVB)以及羟丙基甲基纤维素(HPMC)。

(1) 聚乙烯醇(PVA)作为一种亲水性的高分子材料，其氧气透过率较低，不利于电池快速充放电。此外，PVA 在碱性环境下稳定性较差，且黏结性能较弱，在遇到碱液时容易出现溶胀现象，从而导致粉末脱落。尽管早期的 MH-Ni 电池常采用 PVA 作为黏合剂成分之一，但鉴于上述缺点，该材料已被更优的选择所取代。

(2) 羧甲基纤维素(CMC)作为一种亲水性的黏合材料，具备优良的水溶性、分散性能及结合力，并能够有效吸附并保留水分。即便是在低浓度下，CMC 溶液也能展现出较高的黏度。例如，在25℃条件下，当 CMC 的质量分数为1%时，其溶液的黏度可达 0.033 Pa·s。类似于聚乙烯醇(PVA)，CMC 在碱性环境下容易发生膨胀进而导致粉末脱落的现象。因此，在 MH-Ni 电池正极的应用中，通常会将 CMC 与聚四氟乙烯(PTFE)联合使用以优化性能。

(3) 甲基纤维素(MC)作为一种亲水性的黏合剂，在加热至 50℃时即熔化分解。当水溶液被加热到 50~55℃时，能够形成凝胶状态，曾被用作 MH-Ni 电池的正极黏合剂。

(4) 聚四氟乙烯(PTFE)作为一种非极性黏合剂，表现出优异的耐碱性能。然而，这种材料的黏度相对较低。在使用 PTFE 乳液作为黏合剂时，并非依赖于它的黏性特征，而是在大约 300℃条件下的热压处理过程中，PTFE 能够形成三维网络结构，从而有效地防止活性物质脱落。不过，将 PTFE 乳液用作黏合剂也存在一些不足之处：聚四氟乙烯大分子缺乏亲水基团且吸湿能力较弱，这会导致欧姆阻抗增加，并可能阻碍合金粉末与电解质之间的充分接触，进而加剧浓差极化现象；此外，F 原子作为取代基具有很强的极性，这也影响了分子链的柔韧性，不利于电极材料的加工成形及其在高电流充放电过程中的表现。鉴于此，实践中通常会将 PTFE 与其他类型的亲水性黏合剂联合使用以克服这些局限。

(5) 有机硅胶(PTV)作为一种在常温下即可固化的液态橡胶，以其优异的化学介质耐受性、热稳定性能及低温条件下的柔软度而著称。此外，其还具有良好的抗老化特性。该材料最显著的优势在于其柔韧性极佳，能够有效应对电极在充放电循环过程中发生的体积变化，进而有助于延长电极的工作寿命。

(6) 全氟共聚物(FEP)作为一种由四氟乙烯和六氟丙烯构成的聚合物材料，其性能与 PTFE 相类似。然而，这种材料在高倍率放电条件下的表现并不理想。

(7) 聚乙烯醇缩丁醛(PVB)作为一种极性聚合物材料，表现出良好的柔韧性和优异的耐碱性能。由于其不溶于水的特性，通常采用酒精作为溶解介质，在这种条件下所形成的溶液的黏度相对较低。例如，在20℃时，浓度为3.3%的PVB溶液的黏度仅为0.015 Pa·s。尽管利用 PVB 制成的电极展现出了较为理想的综合性质，但是使用乙醇作为溶剂不仅增加了制造成本，而且溶剂挥发问题给安全生产带来了潜在风险。

(8) 羟丙基甲基纤维素(HPMC)作为一种比较理想而且现已被广泛应用的新型电池黏合剂，不仅具备优异的分散性和结合力，还能够有效地吸附并保持水分。在 MH-Ni 电池的应用中，即使是在较低浓度下，HPMC 溶液也表现出很高的黏度。例如，在 25℃时，质量百分比为 1%的 HPMC 溶液的黏度达到 0.068 Pa·s，这意味着只需少量添加即可满足电极强度的需求。由 HPMC 作为黏合剂制成的电极总体性能优异；然而，如同其他亲水性黏合剂一样，它也存在一定的局限性，特别是对碱性环境的耐受能力较弱，因此在需要耐碱性、耐氧化、耐气体冲击能力的环境中，尤其是作电池正极黏合剂时有掉粉现象。

迄今为止，尚未发现能够完全符合 MH-Ni 电池所有需求的理想黏合剂。因此，在实际应用中往往采用复合型黏合剂方案。例如，通过结合亲水性和疏水性两种不同特性的黏合剂，可以使两者的优势互补，以达到最佳的使用效果。

思 考 题

1. 镍氢电池具有什么特性？优点和缺点分别有哪些？
2. 请简要描述镍氢电池的电极过程和工作原理。
3. 请简要介绍镍氢氧化物的主要材料及特点。
4. 请简要介绍金属氢化物的主要材料及特点。
5. 镍氢电池的辅助材料都有哪些？其对电池结构起到怎样的作用？
6. 请列举出几种生活中常见的镍氢电池。
7. 请简述镍氢电池的回收方法。

第 5 章 锂基电池储能技术

20 世纪末,伴随不可再生化石能源(如石油、煤和天然气)的不断消耗与终将耗竭,世界各国政府都在致力于寻求新的可替代能源。科学技术日新月异的发展带动了二次电池的蓬勃发展。随着移动通信技术、笔记本电脑以及其他便携式电子设备的快速进步,现代社会对二次电池的需求促使了其朝着更加紧凑、轻便且使用寿命更长的方向演进。此外,出于对环境友好型社会建设的关注,市场上对不含毒害物质和污染元素(如汞)的电池的需求日益增长,这也促进了新型二次电池的研发工作,用以替代传统的镉-镍电池。与此同时,在全球范围内,为了解决由汽车排放引起的环境污染问题而做出的努力,极大地加速了具有更高能量密度与更长寿命特性的二次电池的发展步伐,并由此推动了电动汽车行业的兴起与发展。

为了满足新形势下能源结构和产业发展的需求,大量新型化学电源迅速诞生并发展起来,锂离子电池顺应时代应运而生,是一种理想的高能量密度二次电池。在所有金属中,锂具有相对原子质量最小(6.94)、密度最小(0.534 g/cm^3, 20℃)、电极电位最低(−3.045 V)、质量比容量较高(3680 mA·h/g)等特点,是高能量密度电池的首选电极材料。

1970 年,埃克森公司的 M. S. Whittingham 制成了首个锂离子电池,他采用二硫化钛和金属锂分别作为电池的正极和负极,在电池充电和放电过程中,金属锂在负极会不断消耗和生成,二硫化钛在正极则会不断进行锂离子的嵌入与脱出,这两个过程在电池的使用寿命内是可以不断可逆进行的,从而形成了一个具有 2 V 电压的二次锂离子电池。1982 年,伊利诺伊理工大学的 R. R. Agarwal 和 J. R. Selman 发现锂离子具有嵌入石墨的特性,此过程快速且可逆。在负极材料不断发展的同时,研究工作者对锂二次电池正极材料的研究也在不断进行。1980 年,钴酸锂(LiCoO$_2$)被发现可以作为锂二次电池的正极材料,锂二次电池的商业化进程开始展现曙光。1983 年, M. Thackeray 与 J. B. Goodenough 等研究人员揭示了尖晶石型 LiMn$_2$O$_4$ 作为锂二次电池正极材料的优越性,其显著特征在于成本低廉且拥有良好的倍率性能。随后,在 1989 年,A. Manthiram 联合 J. B. Goodenough 提出采用聚合阴离子形式的正极以获得更高的工作电压。到了 1991 年,索尼公司推出了世界上第一款商用锂离子电池,该产品基于 LiCoO$_2$ 正极和碳基负极设计而成。这款新型电池迅速在消费电子领域引发了革命性的变化。紧接着,1997 年,Padhi 及 Goodenough 发现了具有橄榄石结构的磷酸盐化合物,如 LiFePO$_4$,相较于传统的 LiCoO$_2$ 等材料而言,LiFePO$_4$ 展现出更好的安全性、热稳定性和抗过充能力,因此成为当今大电流放电应用中,动力锂离子电池首选的正极材料之一。

从锂离子电池提出至今,经历了研发、诞生和发展的过程,正以优异和便利的性能向各个领域不断渗透,从手机、平板电脑等 3C 产品发展到电动汽车等动力能源领域和光伏风电等大规模储能领域,对社会生活产生了较大的影响。可以预见,随着技术的不断创新,未来锂离子电池将对社会产生更深刻的影响。

5.1 锂离子电池的构造和工作原理

锂离子电池是一种采用两种能够可逆地嵌入和脱嵌锂离子的材料分别作为正负极的二次电池。在充电过程中，正极中的锂原子会电离成锂离子及自由电子，随后这些锂离子迁移到负极并与那里的自由电子结合形成锂原子。相反，在放电时，位于负极处的锂原子重新电离为锂离子与自由电子，并在正极位置再次结合成锂原子。因此，在整个充放电循环中，锂始终以离子形式存在而不会出现金属锂形态，这也是此类电池被称为锂离子电池的原因所在。根据外形设计的不同，目前市面上常见的锂离子电池主要有软包、柱状以及纽扣三种类型。锂离子电池的正极材料通常选用富含锂元素的化合物，如 $LiCoO_2$、$LiFePO_4$、$LiNiO_2$ 以及 $LiMn_2O_4$ 等。而锂离子电池的负极材料则多采用石墨作为基础。在电解质方面，一般使用在有机溶剂中溶解了特定锂盐(如 $LiPF_6$、$LiAsF_6$ 和 $LiClO_4$)形成的溶液，这些有机溶剂可以是碳酸乙烯酯(EC)或碳酸二乙酯(DEC)等。当电池处于充放电循环时，锂离子(Li^+)会在正负两极之间来回迁移，这一过程被形象地比喻为"摇椅式电池"，具体示意图如图 5-1 所示。

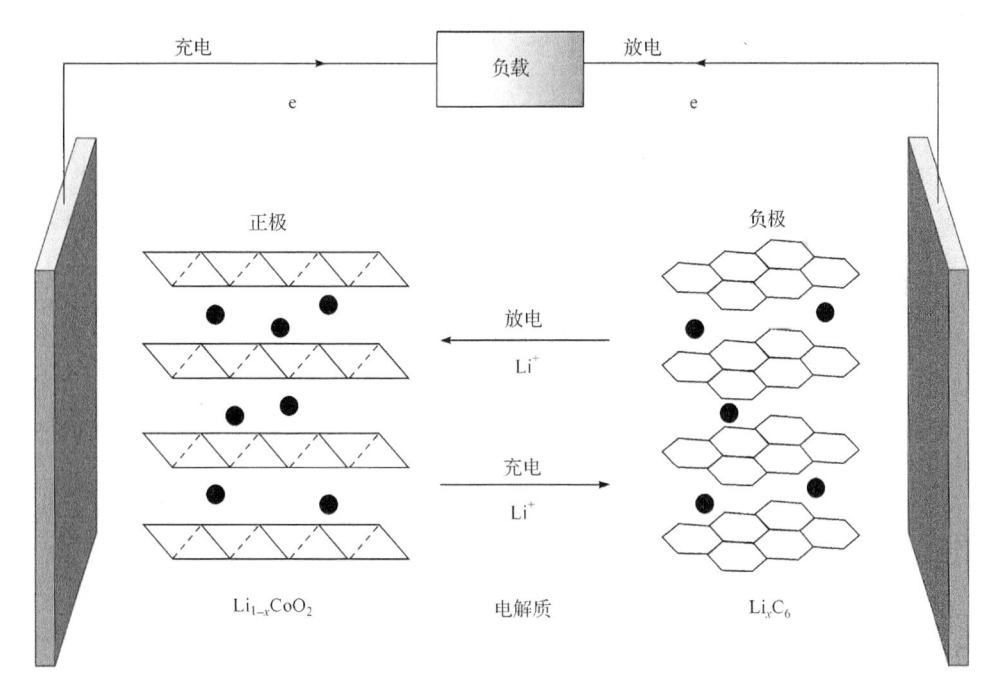

图 5-1 锂离子电池充放电过程示意图

以钴酸锂($LiCoO_2$)为正极、石墨为负极的锂离子电池为例，其电化学表达式为：(−)C | $LiPF_6$(EC+ DEC) | $LiCoO_2$(+)。

正极反应：

$$LiCoO_2 \rightleftharpoons Li_{1-x}CoO_2 + xLi^+ + xe \tag{5.1}$$

负极反应：

$$6C + xLi^+ + xe \rightleftharpoons Li_xC_6 \tag{5.2}$$

总反应：

$$LiCoO_2 + 6C \rightleftharpoons Li_{1-x}CoO_2 + Li_xC_6 \tag{5.3}$$

实际上，锂离子电池可被视为一种基于锂离子浓度差异工作的装置。在充电过程中，锂离子从正极材料中释放出来，穿过电解质后嵌入负极材料之中，这使得负极处于富含锂的状态而正极则相对贫乏；与此同时，为了维持整个系统的电荷平衡，相应的电子通过外部电路被供给至碳基负极。相反地，在放电阶段，锂离子从负极迁移到正极，导致正极变得富锂。通常情况下，当电池经历正常的充放电循环时，锂离子会在层状结构的碳材料和氧化物之间反复嵌入与脱出，这一过程主要表现为层间距的变化，并不会破坏材料的基本晶体结构。因此，从反应可逆性的角度来看，锂离子电池内的化学变化被认为是一种高度理想的可逆过程。锂离子电池包括四个基本组成部分：电极、电解质、隔膜和外壳，电极是锂离子电池的核心部件，由活性物质、导电剂、黏结剂和集流体组成。活性物质(或称为电极材料)，是锂离子电池在充放电时能通过电化学反应释放出电能的电极材料，它决定了锂离子电池的电化学性能和基本特性。活性材料包括正极材料和负极材料，正极材料主要是电势比较高(相对于金属锂电极)的、粉末状的复合金属化合物，如$LiCoO_2$、$LiMn_2O_4$、$LiNi_{1-x-y}Co_xMn_yO_2$、$LiCo_xNi_{1-x}O_2$、$LiFePO_4$等，负极材料包括碳材料、合金材料和金属氧化物材料。目前广泛应用于便携式设备的锂离子电池的主要正负极材料分别为$LiCoO_2$和石墨。另外，在电极制作过程中通常需要加入导电剂(如乙炔黑等)以提高正负极材料的电导率，以更好满足锂离子电池的实际应用需要。为了能够使颗粒状的正负极材料和导电剂能牢固地附着在电流集流体上，通常需要加入黏结剂，常用的黏结剂分为油系黏结剂和水系黏结剂，油系黏结剂主要有聚偏二氟乙烯(PVDF)和聚四氟乙烯(PTFE)等，水系黏结剂主要是羧甲基纤维素/丁苯橡胶(CMC/SBR)等。集流体的主要作用是将活性物质中的电子传导出来，并使电流分布均匀，同时还起到支撑活性物质的作用。通常要求集流体具有较高的机械强度、良好的化学稳定性和高电导率，正极的集流体是铝箔，负极的集流体是铜箔。

电解质的作用是传导正负极间的锂离子，电解质的选择在很大程度上决定了电池的工作原理，影响着锂离子电池的比能量、安全性能、循环性能、倍率性能、低温性能和储存性能。目前商业化的锂离子电池主要采用的是非水溶液电解质体系，非水溶液电解质包括有机溶剂和导电锂盐。有机溶剂是电解质的主体部分，与电解质的性能密切相关，通常采用碳酸乙烯酯、碳酸丙烯酯、二甲基碳酸酯和甲乙基碳酸酯等的混合有机溶剂。导电锂盐可以提供正负极间传输的锂离子，由无机阴离子或有机阴离子与锂离子组成，目前商业化的导电锂盐主要是$LiPF_6$。新形势下，为实现锂离子电池电化学性能的改善和一些特殊功能，通常会往电解质中加入一些功能添加剂，如阻燃剂等。

在锂离子电池的设计中，隔膜位于正极与负极之间，主要功能是阻止两极直接接触，从而避免短路现象的发生。同时，这种材料特有的微孔构造允许锂离子自由穿过。隔膜对于电池的储存能力、循环使用寿命及整体安全性起着至关重要的作用，因此，采用高质量隔膜能够显著提升电池的整体电化学性能。当前,市场上广泛使用的隔膜类型主要是由聚烯烃制成的高强薄膜,其中包括了聚丙烯和聚乙烯材质的多孔结构产品,以及通过丙烯和乙烯共聚或单独使用聚乙烯均聚物制造而成的产品。锂离子电池中使用非水系溶剂会导致锂离子的电导率偏低,所以要求电极面积尽可能大,而在电池组装过程中使用卷式结构,所以电池的性能不仅取决于电极本身,而且对于电池制作过程中所使用的黏结剂也有一定要求,如能够保证电极制作过程中活性物质的均匀性与安全性、把活性物质有效地黏结在集流体上、有利于在石墨负极形成保护性的SEI(solid-electrolyte interphase)膜、在干燥过程中保持足够的热稳定性、可以被电解液有效浸润等。

外壳就是锂离子电池的容器,常用的外壳有钢质外壳、铝质外壳和铝塑膜等。通常要求外壳能够耐受高低温环境的变化和电解液的腐蚀。

5.2 锂离子电池正极材料

正极材料是锂离子电池中锂离子的最主要来源,充电过程中锂离子由正极材料晶格中脱出进入负极材料,放电过程反之。正极材料充放电过程中的可逆容量与电压平台,在很大程度上决定了锂离子电池工作的能量密度。同时,由于正极材料中含有锂、钴、镍等金属,因此是锂离子电池成本最主要的构成部分。

研制具备高能量密度、高输出电压、长使用寿命且易于制备的正极材料具有重要意义。理想的正极材料应当符合以下几个基本条件。

(1) 拥有较高的氧化还原电位,保证电池的高输出电压。

(2) 可以容纳尽可能多的锂离子,保证电池有高的容量。

(3) 在锂离子的嵌入与脱出过程中,正极材料能够维持其结构稳定性,从而确保电极具有较长的循环使用寿命。

(4) 具备优良的电子与离子传导性能,能够有效降低由极化效应引起的能力损失,从而保障了电池快速充放电的能力。

(5) 电池的工作电压区间应当处于电解质的电化学稳定范围内,以此来最大限度地降低电极材料与电解液之间不必要的化学反应。

(6) 不仅应具备低廉的成本和简便的合成过程,还应展现出对生态环境的高度友好。此外,正极材料在电化学稳定性和热稳定性方面也应表现优异。

现有的正极材料根据其晶体结构差异主要可分为三类:①层状结构,如钴酸锂(LiCoO$_2$)、三元材料(LiNi$_x$Co$_y$Mn$_{1-x-y}$O$_2$)等;②橄榄石结构,如磷酸铁锂(LiFePO$_4$)等;③尖晶石结构氧化物,如锰酸锂(LiMn$_2$O$_4$)和镍锰酸锂(LiNi$_{0.5}$Mn$_{1.5}$O$_4$)等。不同种类的正极具有不同的能量密度、电化学特征及成本等,最终适用于不同的领域及使用场景。层状结构正极材料是指正极材料的微观晶体结构为层状分布,主要包括钴酸锂、镍钴锰酸锂和富锂锰氧化物三种,其中钴酸锂和镍钴锰酸锂是目前数码电子产品用锂离子电池与动力型锂离子电池应用最广的正极主材,其特点是能量密度高、循环性能优异、综合性能佳,但镍、钴、锰等金属占比较高,导致其成本较高。

5.2.1 钴酸锂正极材料

钴酸锂($LiCoO_2$)是美国科学家、诺贝尔化学奖获得者 J. B. Goodenough 发现的,由日本索尼公司于 20 世纪 90 年代最先推向市场。时至今日,钴酸锂仍然是体积能量密度最高的正极主材之一,正因为如此,其广泛应用于对体积能量密度要求较高的数码软包电芯产品中,如手机、智能手表以及蓝牙耳机等。

$LiCoO_2$ 具有 α-$NaFeO_2$ 型层状结构,属于六方晶系,具有 R-3m 空间群,晶格常数 a = 0.2816 nm、c = 1.4081 nm,其中的 Li、O 和 Co 分别占据 3b、6c 和 3a 位,并沿着 c 轴交替排列,即层状结构由 CoO_6 共边八面体所构成,其间被 Li 原子面隔开,其结构如图 5-2 所示。O-Co-O 层内原子(离子)以化学键结合,层间靠范德瓦尔斯力维持,由于层间范德瓦尔斯力较弱,Li^+ 的存在提供了静电作用,恰好可以用来维持层状结构的稳定。层状 $LiCoO_2$ 中的 Li^+ 可以在 CoO_2 原子密实层的层间进行二维运动,扩散系数 D_{Li^+} = 10^{-9} ~ 10^{-7} cm^2/s。实际上,由于锂离子(Li^+)和钴离子(Co^{3+})与氧离子(O^{2-})之间的相互作用力存在差异,所以氧离子的分布偏离了理想的最紧密堆积结构,从而呈现出三方对称性。因此,在高电压条件下,$LiCoO_2$ 材料表现出较低的结构稳定性及较差的循环性能。此外,四价钴离子(Co^{4+})和氧离子(O^{2-})较高的活性也增加了发生安全事故的风险。

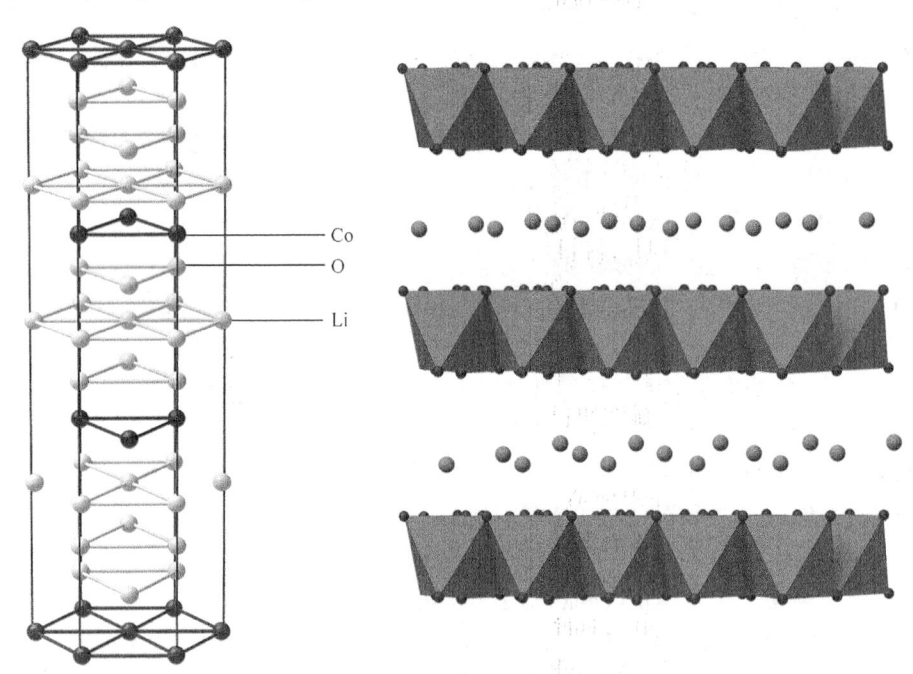

图 5-2 $LiCoO_2$ 层状结构示意图

钴酸锂作为较早商业化的正极材料,具有相比于其他正极材料无法替代的体积能量密度,由其制备得到的极片压实密度可以达到 4.2 g/cm^3 以上,高电压(> 4.45 V)下的质量比容量可达到 185 mA·h/g;此外,钴酸锂具有相对较优的电子与离子导电性、功率与快充特性,可满足目前消费类电子产品对锂电池的要求,使用场景较为广泛。凭借这些特性,$LiCoO_2$ 仍然是迄今为止最好的正极材料之一。随着对 $LiCoO_2$ 材料的进一步探索,研究人员注意到,在充电至约 4.2 V(此时锂离子脱出量约为 0.5 个)的过程中，该物质的晶体结构会经历从六方晶系到单斜晶系的变化。这种结构转变导致了体积上的显著变化，进而促使材料颗粒出现粉碎现象，严重损害了其循环性能。另外，在深度脱锂状态下，$LiCoO_2$ 表现出极高的不稳定性；过高的电压不仅会导致钴元素溶解，还会引发氧元素不可逆地逸出，最终使得材料的整体架构崩溃。因此，未来针对高电压环境下钴酸锂的研究工作，必须综合考虑并设计其晶体构造、电子配置以及在亚微米尺度下的微观特性等多个方面，唯如此才能逐步克服现有技术障碍，实现更高的应用电压目标。

钴酸锂的合成方法主要包括高温固相法、溶胶-凝胶法、低温共沉淀法等。高温固相法是将锂盐和含钴的氧化物或者氢氧化物按照一定的化学计量比混合均匀，然后在合适的温度下煅烧一定时间，最后冷却粉碎、筛分获得样品。高温固相法虽已广泛用于工业化生产，但耗时长、合成温度要求高，并且合成得到的粉体颗粒大、均匀性差、化学计量比偏移大，导致高温固相法的成本大大提高。对比高温固相法，溶胶-凝胶法的优点如下：合成所需实验设备简单，反应条件易于控制，制备得到的材料烧结性能好，产品化学均匀性好。前驱体溶液具有良好的化学均匀性，但溶胶-凝胶法存在合成周期长导致时间成本高、工业化困难等缺点。低温共沉淀法是一种有效合成钴酸锂的方法，主要步骤包括原料准备、共沉淀反应、洗涤与干燥及焙烧。R-Yazami 等介绍了低温共沉淀法。在强力搅拌下，将醋酸钴的悬浮液加到醋酸锂溶液中，然后在 550℃下处理 2 h 以上。所得的材料具有单分散颗粒形状、大比表面积、好的结晶度等优点。

尽管相比于其他金属氧化物正极，$LiCoO_2$ 的循环稳定性比较出众，但是在长期循环过程中还是存在明显的容量衰减。此外，研究发现，循环过程中还存在从层状结构往尖晶石结构的转变。为了提高正极结构的稳定性，提升容量保持率，尤其是在提高温度时延长循环寿命，研究者采取了一系列的方法，其中最重要的方法是掺杂与包覆。当然，也可以将掺杂与包覆结合起来。离子体相掺杂是提高正极材料结构稳定性的重要方法之一，这种方法一般使用同氧的结合能较高的阳离子，通过更强的化学键稳定晶体结构。多种阴阳离子都是可以选择掺杂的对象，如 Zr^{4+}、Al^{3+}、Mg^{2+}、Ti^{4+}、Zn^{2+}、Nb^{5+}、W^{6+}、Nd^{3+}、Sr^{2+}等。掺杂后的复合物除了改善了晶体结构的稳定性，掺杂离子尺寸的差异会在晶格结构中引入一定程度的晶格扭曲，进而影响电池比容量和直流阻抗等特性。除了掺杂，离子表面包覆是提高正极材料表面稳定性的重要方法之一，通过引入金属元素与部分非金属元素，在材料表面包覆一层具有较好的化学稳定性，且能保证锂离子通过的保护层。通常的包覆方法是使用 ZrO_2、TiO_2、Al_2O_3、SrO、MgO、Y_2O_3、B_2O_3 等氧化物，同正极材料充分混合后进行热处理。

5.2.2 磷酸盐类正极材料

1997 年，Goodenough 等首次提出了磷酸铁锂($LiFePO_4$)作为锂离子电池的正极材料。由于其成本较低、结构稳定且安全性高，该材料逐渐成为电动客车及储能系统中锂离子电池首选的正极材料之一。$LiFePO_4$ 属于橄榄石型晶体结构，归类于正交晶系，并且具有 Pnma 空间群属性，在自然状态下主要以磷铁矿的形式出现，具体结构见图 5-3。每个 $LiFePO_4$ 晶胞由四个基本单元构成，其中氧原子排列方式类似于六方密堆积；磷原子位于氧四面体中心的 4c 位点上，而铁和锂则分别占据了氧八面体中的 4c 和 4a 位置；这些 P—O

四面体、Fe—O 八面体以及 Li—O 八面体相互交替分布。在晶体内部，Li$^+$离子沿 c 轴方向形成了连续线性链状结构，这使得它们能够在二维空间内移动，并在充放电过程中实现脱嵌。此外，PO$_4$ 四面体与 FeO$_6$ 八面体通过共边构建了一个三维网状框架。锂离子填充于八面体和四面体的空隙之间，形成一条沿着 b 轴方向的一维扩散路径。得益于 PO$_4$ 四面体内强健的 P—O 共价键作用，整个体系展现出良好的热力学和动力学稳定性，在经历多次充放电循环后仍能保持体积变化不大。当进行充电操作时，材料会从 LiFePO$_4$ 相转变成 FePO$_4$ 相；反之，在放电阶段，则会发生逆向转换，即从 FePO$_4$ 恢复至 LiFePO$_4$ 状态。

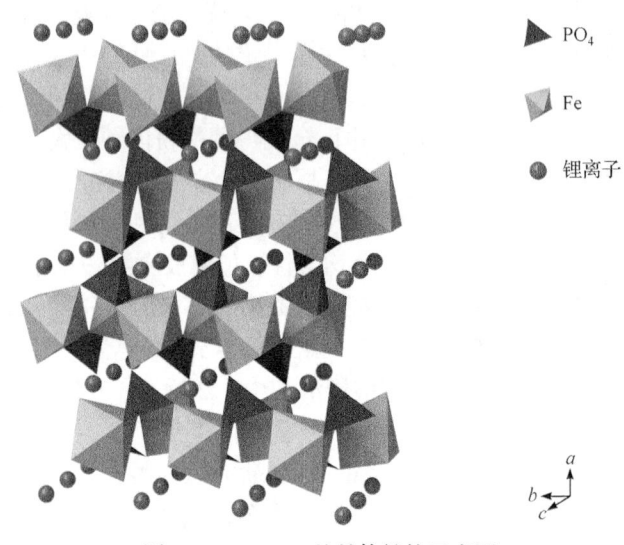

图 5-3　LiFePO$_4$ 的晶体结构示意图

磷酸铁锂(LiFePO$_4$)与磷酸铁(FePO$_4$)拥有相近的晶体结构及相同的晶系属性，这意味着在锂离子脱嵌的过程中，材料经历的体积变化较小，从而有效避免了由体积膨胀或收缩导致的晶格破坏。此外，这种特性也确保了颗粒与导电添加剂之间的良好电接触得以维持，进而保证了材料具备出色的循环稳定性和较长的使用寿命。除此之外，磷酸铁锂还以其环保、成本效益高、安全性优异以及较高的比容量(约 170 mA·h/g)和稳定的充放电平台而著称。鉴于上述优点，磷酸铁锂被视为大规模储能应用领域中锂离子电池正极材料的理想选择。但 LiFePO$_4$ 的主要缺点是电子电导率较低，Li$^+$ 扩散速率慢，振实密度低，导致大电流放电时容量衰减快、倍率性能差、低温性能不好、体积比能量低，而且放电电压略低于其他正极材料。为了解决这些问题，通常通过碳掺杂或包覆，以及金属掺杂等方法对 LiFePO$_4$ 进行改性。掺杂的金属离子常有 Mg^{2+}、Al^{3+}、Co^{3+}、Cu^{2+}、Ag$^+$ 等。通过掺杂能有效调控 LiFePO$_4$ 的晶格常数，提高 Li$^+$ 在 LiFePO$_4$ 中的扩散能力。例如，通过湿化学法在 LiFePO$_4$/C 材料表面沉积纳米锡颗粒，能够显著提升该材料在大电流充放电条件下，尤其是在低温环境中的性能表现。这种改善效果主要源于金属锡与碳网络共同作用于 LiFePO$_4$ 颗粒表面，形成了一个完整且连续的电子传导层，有效减少了大电流充放电过程中产生的电化学极化现象，从而增强了电池在整个充放电周期内的可逆性。

LiFePO$_4$ 的合成途径多样，大致可分为固相法与液相法两大类。其中，固相法进一步细分为高温固相合成、微波辅助合成、碳热还原以及机械化学合成等技术路线。而液相法则包括溶胶-凝胶过程、共沉淀技术及水(溶剂)热合成等方式。特别地，水(溶剂)热合成是在高压釜内通过提升温度和压力条件来直接实现目标产物的生成，所用原料主要包括易得的铁源、锂源及磷源化合物。该方法以简便的操作流程、较小且均匀分布的颗粒尺寸以及较低的能量消耗著称。然而其对于工业化生产而言存在一定的局限性，主要是因为需要使用到专门设计的耐压容器。另外，共沉淀技术则是在溶液体系中进行的，制备过程中前驱体形态会受到多种因素，如浓度、温控、pH 调整以及搅拌速率的影响。鉴于这些参数对最终烧结所得 LiFePO$_4$ 材料性能具有决定性作用，因此合理选择实验条件显得尤为重要。此法制备出的产品不仅具备良好的微观结构特征(即细小且一致的粒径)，还表现出优异的电化学特性；不过值得注意的是，此法的整个操作流程相对较为复杂，并且在处理过程中可能会遇到过滤难题及废液管理问题。

5.2.3 锰酸锂与富锂锰基正极材料

1. 锰酸锂

在锂离子电池正极材料的研究中，另外一个受到重视并且已经商业化的正极材料是 Thackeray 等在 1983 年提出的尖晶石结构锰酸锂(LiMn$_2$O$_4$)正极材料。尖晶石结构的锰酸锂属于立方晶系。典型的化学组成为 LiMn$_2$O$_4$。LiMn$_2$O$_4$ 晶体结构中，氧为面心立方密堆积，锰与氧呈八面体结构，其结构模型如图 5-4 所示。尖晶石型锰酸锂的晶体结构中最大的特征是锂离子传输通道为三维通道，这样的结构特征决定了锰酸锂相比于磷酸铁锂与钴酸锂具有更好的锂离子扩散能力，在电化学性能中表现出更好的大倍率充放电特性。

图 5-4 尖晶石型 LiMn$_2$O$_4$ 的结构模型

锰元素在自然界中的储量十分丰富，而尖晶石型锰酸锂(LiMn$_2$O$_4$)的制备技术也呈现出多样化的特点。材料的合成路径及其加工工艺对最终产物的微观结构及晶粒发育程度有着直接的影响，因此，在实际应用中优化这些合成过程对于提升电极材料的电化学性能至关重要。当前，工业界和学术界广泛采用两大类方法来制备 LiMn$_2$O$_4$：一类是基于固体原料之间的相互作用，如高温固态反应、微波辅助合成以及熔盐介质下的浸渍处理等；另一类则是在液体环境中通过化学手段实现物质转化，典型代表包括溶胶-凝胶技术、水热合成法及共沉淀技术等。$LiMn_2O_4$因其价格优势、出色的热稳定性、较强的耐过充能力及良好的环境效益而受到广泛关注。然而，这种材料在循环性能和储存性能方面存在不足，特别是在高温条件下，其循环性能显著下降，导致不可逆的容量损失。近年来的研究表明，$LiMn_2O_4$尖晶石结构中的不可逆容量损耗主要由锰离子溶解引起，并伴随着材料内部结构的变化、表面钝化层的形成以及Jahn-Teller效应所引发的结构破坏与电解液分解等问题。目前，科研人员正致力于提升$LiMn_2O_4$在高温下的循环稳定性。为了实现这一目标，采取了多种策略，例如，通过降低$LiMn_2O_4$的比表面积来减少电极材料与电解质之间接触面积，进而减缓锰元素的溶出；优化电解液配方，以增强$LiMn_2O_4$与电解液间的兼容性并抑制电解液分解；实施体相或表面掺杂技术等。此外，还有一部分研究人员尝试制备非化学计量比例的$LiMn_2O_4$以改善其综合性能。值得注意的是，一些学者将正极材料与电解质作为一个整体系统进行研究，重点关注两者之间界面特性的相互作用，而不是孤立地考察单个组分。掺杂技术是提升材料结构与性能稳定性的一种常用方法。对于尖晶石而言，通过体相掺杂能够有效延长其循环寿命，然而这往往伴随着初始比容量的下降，因此掺杂浓度不宜过高。早期的研究主要集中在金属离子的掺入上；近来，非金属离子单独或与金属离子共同作为掺杂剂的应用也日益增多。此外，调整材料微观形貌(即所谓的结构设计)以及进行表面修饰也是优化材料特性的有效途径。通过调整材料微观形貌，可以加速电化学反应过程，进而达到改善性能的目的。例如，$LiMn_2O_4$微粒的具体尺寸和形状对其电子传导能力、固态电解质界面膜的形成及锂离子扩散效率有着显著影响。而表面修饰则是指在$LiMn_2O_4$微粒外层覆盖一层保护性物质，以防止因长期接触电解液而导致的副产物增加，并减少锰元素从表面上溶解，从而保持材料骨架的稳定并提高其循环性能。理想的包覆材料应具备良好的导电性和抗腐蚀性，且不会与电解液发生反应。常见的包覆材料包括金属氧化物、磷酸盐化合物、非金属化合物、含锂化合物及碳基材料等。

2. 富锂锰基

除锰酸锂材料之外，层状富锂锰基材料作为一种新兴的锂离子电池正极材料受到了广泛关注。这种材料通常可以表示为$xLi_2MnO_3 \cdot (1-x)LiMO_2$(M=Ni、Co、Mn等过渡金属元素)的形式，其晶体结构如图5-5所示。这类层状富锂锰基正极材料一般具有与α-$NaFeO_2$(R-3m)相似的空间构型，在该结构中，原本由钠离子占据的位置被锂离子替代，而铁离子的位置则被其他过渡金属离子以及额外的锂离子所填充。另外，层状富锂锰基正极材料可以视为包含Li_2MnO_3和$LiMO_2$两种组分的固溶体，写作$zLi_2MnO_3 \cdot (1-z)LiMO_2$(M = $Mn_{0.5}Ni_{0.5}$或$Mn_xNi_yCo_{1-x-y}$，$0 < x$、$y < 0.5$，$0 < z < 1$)，因此富锂锰基正极材料的结构与这两种组分的结构相关。

富锂锰基正极材料的制备方法包括固相法、溶胶-凝胶法、共沉淀法等。固相法是指直接将金属氧化物和金属碳酸盐或金属氢氧化物等按一定比例混合，随后进行高温固相反应得到层状富锂材料。固相法的优点在于能够大量合成层状富锂材料，并且制作方法较为简便，成本较低。缺点在于固相烧结过程中固体的扩散系数较差，并且对于层状富锂材料来说，在固相反应中多种过渡金属的扩散速率不同，微粒很难充分地扩散，因此

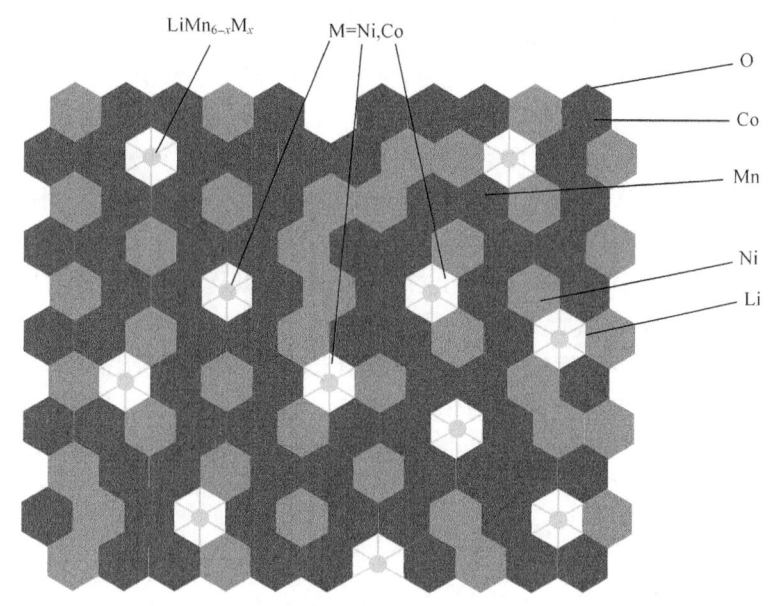

图 5-5 富锂锰基正极材料的晶体结构

该方法合成的材料均一性较差,会影响正极材料的性能。溶胶-凝胶(sol-gel)法是指先将过渡金属盐溶液加入整合剂中生成溶胶,之后蒸发水分使其成为凝胶态,最后将其烘干并焙烧得到层状富锂材料。此方法得到的材料分布均匀,纯度较高,并且制作的电极电化学性能较好。缺点在于材料制作周期长,需要较多整合剂(有机酸或乙二醇),成本较为高昂,而且制作的层状富锂材料多为较细小的纳米/微米颗粒,真实密度较低,因此目前该方法多用于实验室制作层状富锂材料,难以进行商业化普及。共沉淀法是指在溶液中含有两种或多种阳离子,它们以均相存在于溶液中,经沉淀反应后,可得到各种成分均一的沉淀,它是制备含有两种或两种以上金属元素的复合氧化物超细粉体的重要方法。

近年来,层状富锂锰基正极材料因较高的放电比容量而备受瞩目。研究表明,这类正极材料不仅结构复杂,其充放电机理也颇具争议性。此外,在首次放电效率、倍率性能、高温稳定性、全电池性能、长循环稳定性和循环过程中放电电压平台的衰减等方面,仍面临诸多挑战亟待解决。例如,在首次充电至 4.5 V(相对于 Li^+/Li)时会出现显著的电压平台,这主要归因于材料内部 Li_2MnO_3 组分经历的脱锂过程。随着锂从 Li_2MnO_3 中释放出来,晶格氧会以 "Li_2O" 的形式从晶格中逸出,导致材料表面发生不可逆的变化。为了维持电荷平衡,过渡金属离子会从表面向体内迁移,以填补锂离子离开后留下的空位,从而阻碍了部分锂离子重新嵌入富锂材料的主体结构中,造成首圈不可逆容量损失严重(约 80 mA·h/g),以及较低的首次库仑效率(约为 75%)。同时,这种重组后的表面结构还会影响锂离子在材料中的自由移动,降低材料的倍率性能;并且在较高的工作电压条件下,电解液可能侵蚀材料并促使某些活性物质溶解,进一步缩短材料的寿命;在整个充放电循环期间,材料的平均放电电压呈现较大程度的衰退,这一现象极大地限制了层状富锂锰基正极材料的实际应用潜力。因此在实际应用中,需要对材料进行各种改性,以保持材料结构稳定,以及容量、电压稳定,抑制材料与电解液之间的副反应,提高材料的电子电导率和离子电导率以提高其倍率性能。目前已经提出了多种改性方法,包括表面包覆改性、表面酸处理、预循环处理等。

5.2.4 高镍正极材料

探索具备更长循环寿命、优良倍率性能及更高热稳定性的正极材料，以替代现有的 $LiCoO_2$ 材料，已成为锂离子电池正极材料研究领域的一个重要课题。当前，三元材料 $LiNi_{1-x-y}Co_xMn_yO_2$(NCM)被认为是下一代锂离子电池最有潜力的正极材料之一，这主要归功于其较高的比容量、较低的原料成本、优于 $LiCoO_2$ 的安全性以及对环境更加友好等多方面的优势。该类材料拥有 α-$NaFeO_2$ 型晶体结构，属于 R-3m 空间群。这一概念由 Liu 等于 1999 年首次提出。它巧妙地结合了钴酸锂($LiCoO_2$)、镍酸锂($LiNiO_2$)与亚锰酸锂($LiMnO_2$)三种物质各自的优势特征，在保持原有层状结构的基础上(图 5-6)，实现了这些材料间电化学性能的有效互补。通过调整其中过渡金属元素的比例，可以进一步优化并突出每种成分特有的性能表现。

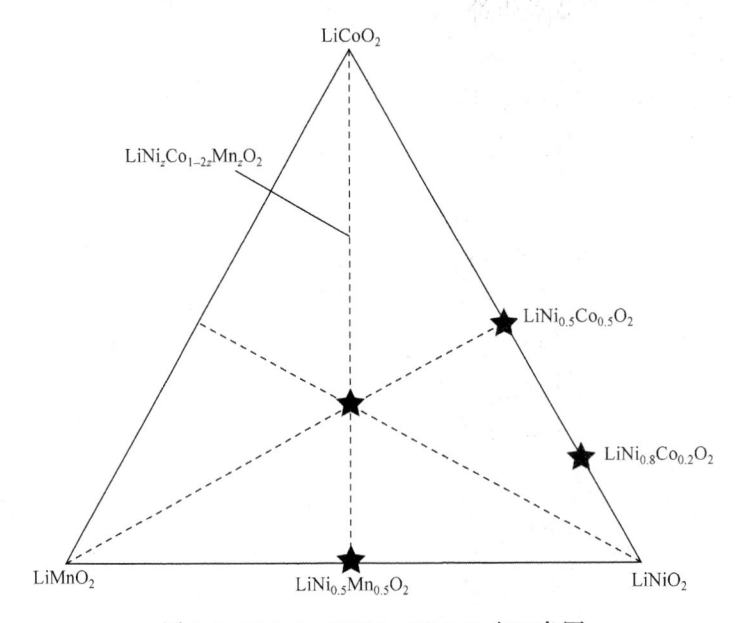

图 5-6 $LiCoO_2$- $LiNiO_2$- $LiMnO_2$ 相三角图

镍钴锰酸锂(NCM)三元正极材料的晶体结构同 $LiCoO_2$ 基本一致，同属于六方晶系层状结构。但与 $LiCoO_2$ 不同的是，在层状八面体结构中，NCM 中部分 Co 被 Ni 与 Mn 所取代占据。因此 NCM 三元材料组分的可调性很高，常见的 Ni、Co、Mn 比例有 1∶1∶1、5∶2∶3、6∶2∶2、8∶1∶1 等。NCM 三元材料中，Ni、Co、Mn 三种元素分别起到不同的作用。在三元材料中，Mn 始终保持+4 价，没有电化学活性，Ni 和 Co 有电化学活性。Mn^{4+} 的存在能稳定结构，Co^{3+} 的存在能提高材料的电子电导率，同时抑制 Li、Ni 互占位。另外，在一定范围，倍率性能随着 Co 掺杂量的提高而变好。

高镍材料 $LiNi_{1-x-y}Co_xMn_yO_2$(NCM)是一种特殊的三元材料，它是指 Ni 元素的摩尔分数大于 0.6 的锂离子三元正极材料，晶体结构如图 5-7 所示。高镍三元材料具有高比容量、低成本、安全性优良的特点，尤其是镍含量在 80%以上的高镍材料，例如，NCM811($LiNi_{0.8}Co_{0.1}Mn_{0.1}O_2$)和 NCA($LiNi_{0.8}Al_{0.15}Mn_{0.05}O_2$)三元材料的可逆比容量超过 200 mA·h/g，所以近年来 NCM811 材料的发展备受关注。

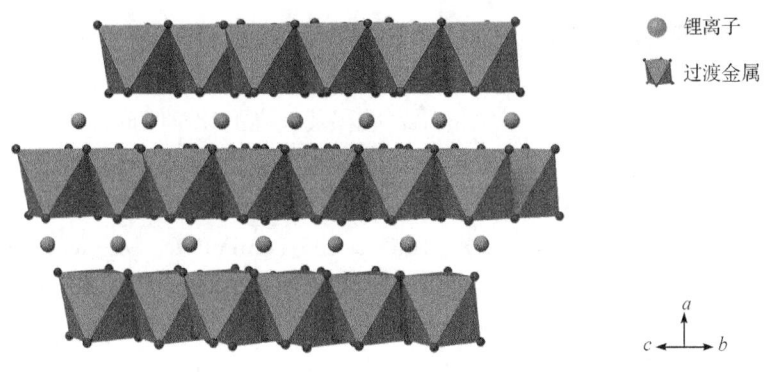

图 5-7 高镍三元正极材料的晶体结构

随着电动汽车等领域的不断发展，高镍三元材料逐步成为重要的发展方向。高镍三元材料能够在更低的电压区间内释放更多的容量。目前，高镍的 NCM 材料中 Ni 的比例已经能够达到 90%以上，可逆比容量达到 210 mA·h/g，是目前为止能量密度最高的体系之一。但是，随着 Ni 含量的提升，材料也面临着更严峻的挑战。随着材料脱锂量的提升，材料的晶体结构变得不稳定，在高温和长循环等条件下更容易出现失氧、起火、爆炸等极端安全事件。此外，随着镍含量的提升，材料表面的碱性增加，材料对空气中的水分及 CO_2 更加敏感，因此对合成、存储、匀浆、涂布等工艺条件的要求更加苛刻。不规范的工艺条件会导致材料在应用过程中出现产气、容量下降等问题。

5.2.5 无机硫正极材料

有机硫聚合物因为氧化还原反应涉及多电子，往往有较高的容量。基于此，为了进一步提高电极的容量，尝试使用单质硫作为电极，其理论容量高达 1675 mA·h/g，质量能量密度达 2600 W·h/kg，远远超过其他正极材料，包括有机硫化物。加上硫成本低廉，对环境友好，因此是理想的正极材料。无机硫正极材料包括碳/硫复合电极、硫/导电聚合物复合材料、硫/金属氧化物或金属硫化物复合材料以及多硫化物正极材料。

从早期的研究开始，碳材料一直被认为是导电剂，常见的碳材料包括导电炭黑、碳气溶胶、石墨烯、碳纳米管、碳纳米纤维和碳复合材料(如石墨烯-碳纳米管复合导电材料、石墨烯-微孔/介孔碳复合材料)。除此之外，还包括其他碳材料，如微孔碳、介孔碳、拥有多级孔道以及中空结构的碳材料。起初，研究者将不同的碳材料和硫进行混合制备正极材料。碳材料和硫的简单混合不能有效地提高电极的稳定性、防止多硫化物的溶解以及防止充放电过程的体积变化。因此，碳材料封装硫形成复合正极吸引了许多目光。研究者不仅关注碳材料的种类，也开始关注碳/硫复合电极的结构设计。拥有大比表面积和孔体积的碳材料可以容纳更多硫阴离子，因此它们是制备复合硫正极的热门材料。

此外，因为导电聚合物中有非离域的 π 电子，所以聚合物的导电性可以通过混合进一步提高。硫/导电聚合物复合材料具有良好的电化学性能，原因主要有以下几点。

(1) 相比于单纯的硫，复合材料的电子导电性明显增加。

(2) 复合材料有一些特殊的结构，如树枝状或者多孔的形状，可以减少活性物质的聚集，缓解体积的变化，提高电极的稳定性，提升电池的循环性能。

(3) 复合材料的特殊结构可以有效地抑制多硫化物的溶解,提高活性物质的利用率。
(4) 导电聚合物也有一定的电化学活性,可以提供部分容量。

纳米尺度的金属氧化物因其较大的比表面积及较强的化学吸附性能而被视为理想的硫正极材料添加剂。这类物质不仅能够增加电极与电解质间的接触面积,还能够在放电过程中有效抑制多硫化物的溶解现象。

常用的纳米金属氧化物包括 V_2O_5、SnO_2、TiO_2、$LiFePO_4$、$Mg_{0.8}Cu_{0.2}O$、Mxene 纳米片(Ti_2C)、MnO_2 和金属有机框架(MOFs)等,金属氧化物添加剂和插层化合物在定电压范围内可以参与氧化还原反应,被认为是复合正极中的第二种活性物质。1979 年,Rauh 课题组首次使用多硫化物作为正极材料。尽管硫已经是还原态,在放电过程每个硫对应 1.6 个电子,但是电池的起始放电容量仍然较高,只是容量衰减很快。无机多硫化物在提供电子或离子迁移途径方面显示出独特的优势,这在能量存储系统领域尤为重要。

5.3 锂离子电池负极材料

在锂离子电池充电过程中,负极材料承担着承载锂离子与电子的任务,对于能量的存储及释放至关重要。从成本角度来看,这类材料占据了整个电池制造成本的 5%~15%,被视为锂离子电池生产不可或缺的关键原料之一。如同正极材料一样,负极材料在推动锂离子电池技术进步方面也扮演了极其重要的角色。近年来,随着对提升电池性能的需求日益增长,具体来说,即追求更高的能量密度、功率密度以及更佳的循环稳定性和安全性,研究人员对作为锂离子电池核心组件之一的负极材料给予了极大关注。理想的负极材料应当具备以下特性。

(1) 重量轻,尽可能多地容纳 Li 以优化质量比容量。
(2) 锂离子的嵌入与脱出反应具有较低的氧化还原电位,这有助于实现较高的电池输出电压。
(3) 具有良好的电子和离子电导率。
(4) 不溶于电解质溶剂,不与锂盐反应。
(5) 充放电过程后的化学稳定性优异,具有高安全性能和循环使用寿命,以及低的自放电率。
(6) 价格便宜,资源丰富,对环境无污染等。

负极材料可以根据其化学组成被划分为两大类:碳基材料与非碳基材料。在碳基材料中,又可细分为石墨质碳材料及无定形态的碳材料两种类型。而非碳基材料则涵盖了硅基、钛基以及各种金属氧化物等。现阶段,在市场上广泛使用的负极材料主要包括三种类型:碳基材料、锂钛酸盐($Li_4Ti_5O_{12}$),以及结合了硅元素的碳复合材料。就碳基材料而言,它们进一步可以分为石墨(天然石墨和人造石墨)、软碳及硬碳。在这几种类别里,人造石墨占据了最大的市场份额。

5.3.1 插层类负极材料

1. 碳材料

在锂离子电池的发展历程中,以碳基材料取代金属锂作为负极的创新标志着这一技术的重大突破。至今为止，在性价比和性能方面尚无其他类型的负极材料能够与之匹敌，因此预计在未来相当长的一段时间里，碳基材料仍将是主要的大规模商业应用选择。依据石墨化程度的不同，可将用作负极的碳基材料分为三类：石墨、软碳及硬碳。非石墨类碳材料在高温处理过程中均表现出向石墨转变的趋势；然而，某些物质更易于实现这种转化，被定义为软碳；而那些难以完成该过程的，则称为硬碳。通常情况下，软碳可通过煤焦油或石油沥青等原料制得；相比之下，硬碳则多由酚醛树脂或者蔗糖等成分合成而来。现阶段，在软碳领域内最受关注的研究对象之一便是中间相炭微球。无论石墨型还是非石墨型碳材料作为锂离子电池负极使用时都存在各自的优点与不足，基于此，研究人员经常采取各种手段对这些碳材料进行表面修饰及改性处理，旨在改善其性能。

石墨，作为一种层状材料(图 5-8)，其内部结构是由以 sp2 杂化状态排列的原子构成的六边形框架，并沿二维方向扩展。在同一层面内，碳原子形成了一个坚固的六角网格状结构，其中碳-碳原子间的距离为 0.142 nm，它们之间的键能达到了 345 kJ/mol，显示出极强的稳定性。相比之下，不同层面之间的碳原子则通过较弱的范德瓦尔斯力相连接，这种相互作用的能量仅为 16.7 kJ/mol，相应的晶面间距 d_{002} 测量值为 0.3354 nm。锂离子能够在石墨的六原子碳层间进行可逆的嵌入与脱出过程，形成 Li_xC_6 化合物，以此方式储存锂；在此过程中，层间距会发生显著变化，对于 Li_xC_6 而言，该值变为 0.37 nm，从而实现理论上的最大比容量——372 mA·h/g。此外，石墨优异的导电性能促进了电子在材料中的快速迁移。然而，当作为负极材料时，石墨也存在一些缺点：较低的嵌锂/脱锂电压平台可能导致充电或放电期间锂枝晶的生长，一旦这些枝晶穿透电池隔膜，则可能引发内部短路，进而导致火灾甚至爆炸事故，威胁到电池的安全性。

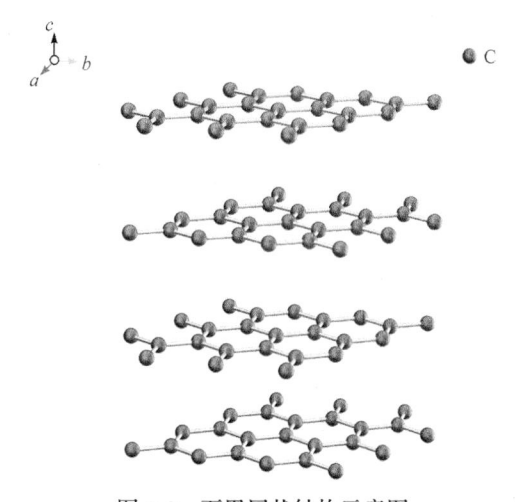

图 5-8 石墨层状结构示意图

石墨主要分为天然石墨与人造石墨两大类别。天然石墨，简称 NG(natural graphite)，是指从自然界中提取并通过简单加工处理得到的高碳含量材料。它拥有两种不同形态的层状晶体结构：六方和菱形。这种材料不仅储量丰富、成本低廉且环保安全。然而，在锂离子电池的应用场景下，由于天然石墨粉末颗粒表面活性分布不均以及晶粒尺寸较大，在充放电循环过程中其表层晶体结构容易受损，进而出现表面 SEI 膜覆盖不够均匀的问题,从而影响了电池的初始库仑效率及倍率性能。为了克服这些挑战,研究人员开发了多种技术手段来改善天然石墨的性质,如球形化处理、氧化表面处理、氟化处理以及表面碳包覆等方法,旨在优化其表面特性和微观结构。

通过高温石墨化处理易石墨化的碳材料,可以制得人造石墨,这类材料被广泛用作锂离子电池的负极。相较于天然石墨,人造石墨在长循环寿命、高温存储能力以及高倍率性能方面展现出明显优势,这使得它成为国内新能源汽车动力锂离子电池中首选的负极材料之一。由于其较大的比容量及相对低廉的成本,人造石墨也被大量应用于动力电池及中高端消费电子产品之中。据统计,在2021年,人造石墨占到了所有负极材料出货总量的84%。

非石墨型碳材料主要分为硬碳和软碳两大类。其中,硬碳是指即使在极高温度(超过2800℃)下也难以转化为石墨结构的一类碳材料,这类材料通常是通过热解某些高分子聚合物而获得的。具体而言,常见的硬碳来源包括多种树脂碳(如酚醛树脂、聚糠醇树脂PFA-C以及环氧树脂)、特定聚合物经热解形成的碳(如聚乙烯醇(PVA)、聚偏二氟乙烯(PVDF)及聚丙烯腈(PAN)),还有像乙炔黑这样的炭黑产品。在制备过程中,硬碳内部会形成大量晶格缺陷,这使得锂离子不仅能够嵌入碳层之间,也能填充进这些缺陷区域中,从而赋予了基于此类材料制成的负极较高的比容量(介于350~500 mA·h/g),这对于提升锂离子电池的整体容量是非常有利的。然而,上述提到的晶格缺陷同时也导致了硬碳作为负极材料时首次库仑效率偏低,并且循环稳定性不佳的问题。截至目前,由于存在这些问题,硬碳尚未被广泛应用于商业化生产的锂离子电池当中,其距离实现大规模实际应用还有一定障碍。

软碳是指在高温条件下(超过2800℃)容易发生石墨化的非晶态碳材料。这类物质包括沥青、针状焦、石油焦及碳纤维等。由于软碳的石墨化水平较低,其结构中存在较多缺陷点,这使得它能够可逆地容纳更多的锂离子;同时,较大的层间距也促进了电解液的渗透。因此,基于这些特性,软碳材料首次放电时能表现出较高的容量。然而,正因为其结构不够稳定,不可逆容量同样较高。另外,软碳内部结构的不规则性导致锂离子活性位点的能量分布各异,在充放电过程中缺乏一个明确的电压平台,这限制了其实际应用。

2. 二氧化钛

二氧化钛(TiO_2)作为锂离子电池负极材料展现出极大的应用潜力,不仅在于其大规模生产的可行性及较低的成本优势,还因为它在1.5 V(相对于Li^+/Li)的工作电压下表现出出色的安全性和稳定性。除此之外,TiO_2具备一系列令人瞩目的特性:高度的电化学活性、强大的氧化能力、良好的化学稳定性能、丰富的自然资源以及多样化的晶体结构。上述优点共同促使TiO_2成为锂离子电池(尤其是在混合动力汽车领域内)理想的负极材料选择之一。理论上讲,每单位质量的TiO_2能够储存一个锂离子,对应于330 mA·h/g的容量值,这一数值几乎是$LiTiO_2$材料理论容量值的两倍之多。然而,在实际操作过程中发现,要完全实现该理论上的最大储锂量存在一定的难度。影响二氧化钛中锂离子嵌入与脱出效率的因素众多,包括但不限于材料本身的结晶度、颗粒尺寸、内部结构特征及比表面积等物理性质。值得注意的是,TiO_2存在着多种不同的晶相形式,其中最为人们所熟知的有四方晶系下的金红石型和锐钛矿型,以及正交晶系中的板钛矿型。

5.3.2 合金类负极材料

未来锂离子电池的设计必须能够适应高能耗设备的需求,如纯电动汽车、插电式混合动力汽车以及固定储能系统。对于开发中的新型负极材料而言,容量是其所需达到的关键指标之一。依据不同的反应机制,一些具有较高理论容量的候选材料包括硅(Si)、锗(Ge)、一氧化硅(SiO)、锡(Sn)及其氧化物(SnO_2),这些材料的典型容量范围介于 783 mA·h/g(针对 SnO_2)~4211 mA·h/g(针对 Si)。虽然上述合金型材料相较于传统石墨(372 mA·h/g)和钛酸锂(LTO,175 mA·h/g)展现出更高的比容量优势,但它们在充放电过程中所经历的体积变化及初期不可逆容量损失却限制了材料的使用寿命。为了克服这些问题,研究人员探索了多种策略,例如,减小颗粒尺寸至纳米级别,并尝试构建含有活性或非活性金属锂成分的复合材料体系。其中,活性金属锂与合金材料结合形成导电缓冲基底的方法,在改善循环性能方面表现出了潜力。此外,采用不同形态的纳米结构设计,如纳米线或纳米管等,也被证实是实现兼具高容量、良好倍率特性和较长循环寿命的理想负极材料的一种有效途径。

1. Si

硅基负极材料主要由纯硅、硅氧化物及硅/碳复合物组成,由于其拥有较高的理论容量、环保特性和丰富的自然储量,被广泛认为是下一代高能量密度锂离子电池负极的理想选择。我国科学家在国际上率先提出了将纳米级硅应用于锂离子电池的概念,并且鉴于国内丰富的硅资源以及世界领先的单质硅生产能力,加大对硅基负极材料的研发力度及其在锂离子电池领域的应用探索,对于掌握未来高性能锂离子电池技术的关键具有重要意义。

相较于传统的石墨负极材料,硅展现出更高的理论比容量(4211 mA·h/g)及相对较低的脱锂电位(0.5 V)。值得注意的是,硅的工作电压略高于石墨。图 5-9 展示了硅晶体内部原子的具体排列方式。在充电过程中,使用硅作为负极可以减少表面析锂现象的发生,从而提升电池的安全性能。此外,硅资源丰富且成本低廉。然而,将硅应用于锂离子电池负极时也存在一些挑战。作为一种半导体材料,硅本身的导电性较差。在经历多次充放电循环后,由锂离子嵌入与释放导致的体积大幅度变化会使得材料出现破碎,进而影响到结构稳定性,最终可能导致活性物质与集流体分离,严重影响电池的循环寿命。另

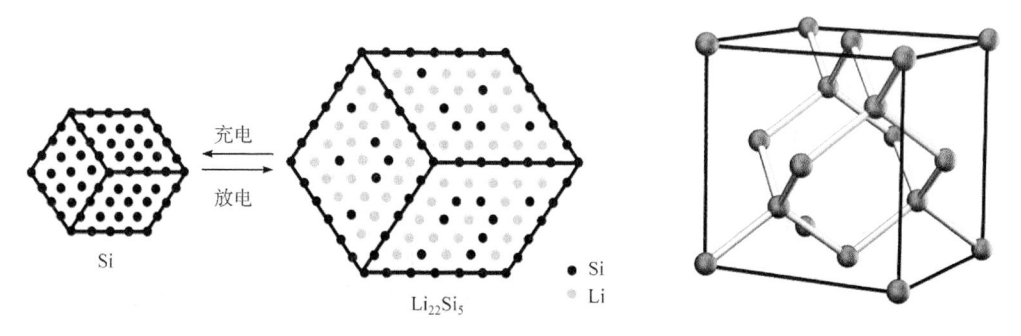

图 5-9 硅晶体内部原子排列结构与硅膨胀示意图

外,这种体积膨胀还会阻碍硅表面形成稳定有效的固态电解质界面(SEI)膜。将纯硅或其化合物均匀分散于碳基质之中,可以在一定程度上缓解上述问题:一方面,提高了复合材料的整体电子传导效率;另一方面,碳的存在有助于缓解由硅体积变化引起的应力,减轻对电极结构的破坏;同时,碳还能促进 SEI 膜的稳定生成。因此,结合了硅和碳优势的复合材料被视为下一代高能量密度锂离子电池理想的负极候选者之一。

2. SiO

除了硅,由于一氧化硅(SiO)拥有超过 1600 mA·h/g 的理论容量,也被视为锂离子电池负极材料的一个候选。此外,锂-氧配位意味着在充放电过程中较小的体积变化与较低的活化能。在此过程中,可能发生的电化学反应包括 SiO 转化为 Si 和 Li_xO,随后 Si 与 Li 形成硅锂合金;或者直接生成硅锂合金及 Li_xSiO_2。值得注意的是,纯固态 SiO 在任何温度下从热力学角度来看都是不稳定的,因此在特定条件下可通过歧化反应分解为 Si 和 SiO_2。与硅类似,在锂嵌入和脱出的过程中,SiO 同样会经历显著的体积膨胀或收缩。此外,SiO 的导电性能不佳,导致锂离子进出速率较慢。为了改善这些问题,增强可逆容量并提高循环稳定性,研究人员探索了多种策略。其中,碳包覆技术、通过电化学方法还原 SiO 中的锂以及减小 SiO 颗粒尺寸被认为是特别有效的途径。尤其是当结合使用更小尺寸的颗粒与碳涂层时,能够有效缩短锂离子的扩散路径,同时提高电子与离子传导效率,从而克服上述挑战。

3. Ge

锗因在 $Li_{22}Ge_5$ 化学计量比下的高锂存储能力(1623 mA·h/g)以及可逆的锂嵌入和脱出过程,在锂离子电池负极材料研究中备受关注。虽然锗的成本高于硅,且容量略低,但它拥有显著的优势,例如,电导率是硅的一万倍,带隙仅为 0.67 eV。研究表明,锂离子在锗中的扩散速度在 360℃时比在硅中快 15 倍,在室温下则快 400 倍。这些特性使得锗具备优异的大电流放电性能及更高效的电荷传输效率。对于需要高性能动力输出的应用场景,如电动汽车,这种大功率表现尤为重要。然而,与硅类似,锗也面临着高达 300%的体积膨胀问题,这成为其在锂离子电池实际应用中的一个障碍。通过采用纳米颗粒、纳米线或纳米管等纳米结构设计,能够有效缓解由体积变化带来的负面影响,从而提高库仑效率。值得注意的是,利用固态热解等简便方法制备锗纳米颗粒与导电基底复合材料,可以进一步优化电极的电化学性能。

4. SnO_2

二氧化锡(SnO_2)最初由富士胶片公司研发,由于其具备较高的理论容量及较低的工作电压(约 0.6 eV,相对于 Li^+/Li),作为锂离子电池负极材料受到了广泛关注。在电化学反应过程中,首先经历一个部分不可逆的步骤,即 SnO_2 被还原为金属锡(Sn)与氧化锂(Li_2O);随后进入可逆阶段,涉及锡-锂合金的形成及分解过程。理论上,每摩尔 SnO_2 能够与 8.4 mol 锂发生作用,对应于 1491 mA·h/g 的理论容量值。然而,鉴于初始还原反应的低可逆性,实际应用中通常仅考虑后续合金化/去合金化过程贡献的有效容量——大约 783 mA·h/g,并以此数值作为 SnO_2 材料的实用理论容量。此外,在充放电循环期间,该材料经历了显著的体积膨胀(超过200%)，导致了严重的容量损失问题。为此，科研人员致力于通过多种方法来改善 SnO$_2$ 的循环稳定性并减少因体积变化而产生的不可逆容量损失。

5.3.3 转换型负极材料

转换型负极材料主要包括金属的氧化物、磷化物、硫化物及氮化物等。这类材料在电化学过程中，通过金属的还原或氧化反应来促进锂化合物的生成或分解。由于它们能够参与多电子的氧化还原过程，因此基于这些材料制成的负极展现出高达 1000 mA·h/g 的可逆容量。

1. FeO$_x$

由于其低廉的成本、较低的毒性和丰富的自然储备，铁氧化物作为锂离子电池负极材料吸引了众多研究者的目光。这类化合物涵盖了赤铁矿(α-Fe$_2$O$_3$)及磁铁矿(Fe$_3$O$_4$)，它们均能与金属锂发生可逆反应，各自具备 1007 mA·h/g 和 926 mA·h/g 的理论容量值。然而，铁氧化物面临的问题也不少：较差的电子导电性能、缓慢的锂离子迁移速率、充放电过程中显著的体积变化以及铁元素在循环过程中的聚集现象都严重制约了电池的长期稳定运行。为了解决这些问题，科研人员投入了大量精力探索创新方法来制备具有特殊纳米结构的铁氧化物，以调控粒子尺寸、形态及孔隙特性。此外，还有许多工作集中在开发能够提供更稳定架构、改善电化学反应速率及倍率特性的策略上，通常这些努力会涉及碳层包覆技术或是与其他形式碳材料相结合的方法。

2. CoO$_x$

钴氧化物(CoO$_x$)，如 Co$_3$O$_4$ 与 CoO，作为锂离子电池负极材料被广泛研究。如同其他许多物质一样，不同形态的 CoO$_x$ 也受到了深入探索。制备这些化合物的方法多种多样，包括湿化学法、固相合成、水热处理及微波辅助反应等，以生成具有特定孔隙结构的纳米级形态，如纳米片、立方体、线状或管状结构，以此来优化它们的电化学特性。Guan 等利用氨气作为配位刻蚀剂成功合成了单一晶相的八面体 CoO 纳米笼，这些纳米笼尺寸均匀且形状规整，边长介于 100~200 nm。当用于电池负极时，这种材料展现了卓越的循环稳定性和良好的倍率性能，并且拥有较高的锂存储能力；即使在高达 5C 的大电流密度条件下，仍能维持约 474 mA·h/g 的可逆容量。这一优异表现归因于纳米笼内部存在的大量空隙空间，能够有效缓冲充放电过程中产生的体积变化。另外，Wang 等通过固体晶体重构技术将氢氧化钴纳米片转化为中等结晶度的 Co$_3$O$_4$ 纳米盘。所获得的多孔 Co$_3$O$_4$ 纳米盘展示出了优良的电化学性能，不仅循环稳定性高，而且初始不可逆容量低，在 0.2C 下经过 30 次充放电后仍能保持约 1015 mA·h/g 的放电容量。这种出色的电化学行为主要得益于二维纳米盘的独特形貌以及高孔隙率，二者有助于缓解由锂化/脱锂引起的结构膨胀。

对于 CoO$_x$ 复合物的后续研究，重点在于如何克服锂离子嵌入与脱出过程中所引起的体积变化问题，同时增强材料与集流体间的结合力，防止活性材料脱落。鉴于碳基材料具备一系列优良特性，基于此类材料开发的复合体系也受到了广泛的关注。

3. ZnO

氧化锌因其较低的放电电压、低廉的成本、易于制备和优异的化学稳定性而被视为锂离子电池负极材料的理想选择之一。类似于其他 3d 过渡金属氧化物，氧化锌在参与电化学反应时不仅会与锂形成金属间化合物(如 ZnLi)，还会经历 Li_2O 的生成与分解过程，理论上能够达到 978 mA·h/g 的最大容量。然而，氧化锌本身导电性不佳，并且在充放电过程中会发生显著的体积变化，导致活性物质容易从集流体上脱落，这使得未经改性的氧化锌即使是在低电流密度下也表现出快速的容量衰减现象，循环几次后，其实际可利用容量便降至 200 mA·h/g 以下。为了克服这些问题并提升氧化锌作为锂离子电池负极材料的整体性能，研究者探索了多种方法，例如，通过开发有序多孔纳米结构、将氧化锌与多孔碳或导电聚合物等具有良好导电性的材料复合使用，或与其他金属元素形成合金来改善其电化学特性。

4. MP_x

金属磷化物在作为锂离子电池负极材料的应用上也引起了广泛关注。这类化合物与金属锂之间的相互作用涉及转换反应机制以及锂离子的嵌入和脱出过程，具体表现形式取决于金属自身的特性及金属-磷共价键的稳定性。基于其反应机制的不同，可将金属磷化物大致归为两大类：一类是通过锂离子的嵌入/脱出实现电化学活性，过程中不破坏金属-磷间的共价连接；另一类则是伴随着金属-磷共价键断裂的过程，从而产生纳米尺度上的金属颗粒与磷化锂产物。

铜、钴、铁、镍及锡的磷化物通常被认为遵循第二种机制，即转换型机制。尽管如此，部分金属磷化物在不同电压条件下既可经历锂插入过程，也能发生转换反应。这类材料的容量介于 500~1800 mA·h/g。此外，金属磷化物内部电子分布广泛，使得金属元素处于较低氧化态，并且金属与磷之间的共价键较为牢固。这类材料的另一个优点是，与相应氧化物相比，金属磷化物表现出更高的放电平台电压。然而，它们也面临着导电性不佳以及循环过程中体积膨胀等挑战。因此，对作为负极材料的金属磷化物进行更深入的研究以克服上述问题显得尤为必要。例如，镍粉与红磷混合并进行球磨处理可以制备立方晶系 Ni_2P 晶体及其锂化产物 $NiLi_2$；同样地，采用类似方法还能合成 Li-Ni-P 三元活性物质。值得注意的是，Ni_2P 和 Li-Ni-P 均能与锂实现可逆的转换型化学反应。

5.3.4 锂金属负极材料

锂金属负极具有极高的理论比容量(3860 mA·h/g)和最低的电化学电势(–3.040 V (vs.SHE))，被认为是众多电极材料中的"圣杯"电极。锂金属电池包括锂硫和锂氧电池，其中锂硫电池的能量密度约为 2600 W·h/kg，锂氧电池的能量密度约为 3500 W·h/kg，大约分别是传统锂离子电池能量密度的 7 倍和 10 倍。因此，锂金属电池被认为是最有前途的能量存储体系之一，是下一代电池体系的最佳候选者，得到了大量关注。然而，由于锂枝晶问题，早期的锂金属电池只能在一些特殊领域得到应用，锂金属电池的商业化迟迟未能实现。

早在 20 世纪 70 年代，可充电锂金属电池就已经问世，并被广泛应用于手表、计算器以及便携式医疗设备中。然而，由于锂金属存在的一些固有缺陷，这种电池的商业化进程受到了阻碍。作为元素周期表上第一主族的一员，锂原子最外层只有一个电子，因此极其容易失去这个电子而表现出高度的化学活性。当与有机电解质接触时，锂金属会在其表面形成一层称为固态电解质界面(SEI)的薄膜。这层膜的主要作用是将锂金属与电解液隔离开来，从而防止锂进一步受到侵蚀。但是，由于锂金属在充放电过程中体积变化显著，SEI膜频繁破裂，暴露的新鲜锂金属表面会再次与电解液反应生成新的SEI膜。这一过程不仅促进了锂枝晶沿着裂缝生长，还可能穿透电池内的隔膜，引发短路现象。短路发生时，电池内部会产生大量热量，极端情况下可能导致燃烧或爆炸事故，严重影响了锂金属电池的安全性能及市场推广。此外，随着锂枝晶数量增加，它们提供了更多负极与电解液接触的机会，进而加速了副反应速率。这些不可逆的过程消耗了电极材料和电解液，降低了电池的能量密度及库仑效率。长期使用后，许多锂枝晶会被新形成的SEI膜包裹起来，无法参与正常的电化学反应；同时，靠近基底部分的锂枝晶还会快速溶解，造成"死"锂现象，即这部分锂变得电化学不活跃，极大地削弱了整体电池性能。近40年间，关于锂枝晶形成机制的研究与模拟已取得显著进展。为抑制枝晶生长，最常见的策略之一是通过调整电解质组成及添加特定物质以增强金属锂表面固态电解质界面(SEI)层的稳定性和一致性。然而，由于金属锂在有机溶剂中处于热力学不稳定状态，因此，在液态电解质环境中在其表面形成有效钝化层颇具挑战。除优化SEI层外，引入具备高机械强度的聚合物或固态阻隔层也可作为防止枝晶穿透隔膜的有效手段。此类方法旨在通过提升SEI层或隔膜自身的力学性能来阻止锂枝晶对隔膜造成的破坏，但并未从根本上消除枝晶生成的问题。虽然完全克服这一难题尚待时日，且基于锂金属负极的电池产品在市场上并不多见，但研究人员已经在理论上提出了几种概念性锂金属电池设计方案，表明此类电池具备潜在的实际应用价值。其中，采用硫作为正极材料的锂硫电池和利用氧气作为正极活性物质的锂氧电池因其独特优势而备受瞩目，被视为两种极具商业前景的全电池体系。锂硫电池具有极高的能量密度(约2600 W·h/kg)，被公认为下一代电池储能系统非常有希望的候选者。更重要的是，自然界中单质硫的储量十分丰富，并且对环境友好，这使得锂硫电池的优势更加明显。因此，锂硫电池在过去几年中一直受到全世界的关注。

锂硫电池充/放电过程中产生的多硫化物中间产物，溶解在电解液中，并穿梭到负极，因此在多硫化物中间产物存在的情况下，锂枝晶的抑制就会变得更加复杂，尤其是当硫正极负载量较高时。多硫化物能够穿透SEI膜并腐蚀表面层下面的新鲜锂金属，导致容量损失。因此，当锂硫电池运行时，阻止多硫化物穿梭不仅对于提高正极容量是必要的，而且对于SEI膜的稳定和无枝晶负极的获得也是至关重要的。经过不断的努力，人们已经开发出许多方法，包括正极限域和吸附、电解液修饰和隔膜设计。但是，这些方法似乎更多关注的是多硫化物穿梭的抑制和提高硫正极的利用率，并没有直接抑制锂金属负极中枝晶的生长。锂硫电池的性能取决于锂金属负极的保护。通过各种抑制枝晶生长方法的协同效应可加快锂硫电池的实际应用进程。

锂氧电池是以空气中的氧气作为正极的一类电池，有时也称为锂空气电池。锂氧电池的理论能量密度高达3500 W·h/kg，远远超过商用锂离子电池。因此，锂氧电池成为电储能领域的革命性进步，受到全世界的关注，被认为是下一代储能体系中强有力的竞争者。

与多硫化物中间体类似，从锂氧电池正极到锂金属负极的氧气交叉可使得锂金属表面逐渐降解，导致充电过程中电解液的分解和 LiOH 与 Li_2CO_3 的形成。因此，开发出了一些策略来抑制氧气交叉。除了正极问题，枝晶生长引起的锂耗尽和钝化膜的破坏严重阻碍了可充电锂氧电池中锂金属的使用。上述抑制锂枝晶生长的策略在锂氧电池上也是适用的。通过电解液添加剂、隔膜修饰和负极设计，可以显著地提高锂氧电池的性能。

5.4 锂离子电池电解质

电解质作为锂离子电池不可或缺的一部分，在电池的充放电循环中发挥着关键作用。它不仅负责锂离子的有效传输和电流的传导，还具备电子绝缘特性以有效阻止正极与负极之间直接的电子流动。形象地说，电解质就像是锂离子电池内部的"血液"，确保了正负极材料间的连通性，从而保障了整个充放电过程的顺畅进行。

锂离子电池理想的电解质应该符合以下 5 个要求。

(1) 离子电导率高($>10^{-3}$ S/cm)。
(2) 电化学窗口宽(>4.5 V vs. Li^+/Li)。
(3) 与电极有良好的兼容性，保持界面电阻尽可能地小。
(4) 具备良好的热稳定性和化学稳定性，使得该电池能够在广泛的温度范围内安全运行。
(5) 成本低，低毒性，环境友好。

随着人们对电池能量密度和功率密度要求的不断提高，电池技术发展日新月异，电极材料已经取得了巨大的进步，相比之下，电解质体系的发展相对落后。目前锂离子电池电解质的发展可以大致分为三种类型：非水溶剂电解质、水系电解质、固态电解质。

5.4.1 非水溶剂电解质

锂离子电池中的非水溶剂电解质是指那些不含水分的电解质系统，主要由溶剂、溶质(通常是锂盐)和添加剂组成。这些非水溶剂通常是有机溶剂，而不是水性溶剂，以避免水的电解或与电极材料发生不利反应。其中，锂盐为锂离子输运的重要主体，溶剂为溶解分散与承载锂盐的载体，添加剂的主要功能是改善锂离子电池的电化学性能或安全性能等。

锂离子电池使用的商业化电解质(即液态电解质)主要是由一种或多种锂盐溶解在两种及以上的有机溶剂中，单一溶剂组成的电解质非常少。使用多种溶剂的原因是实际电池中有不同要求甚至是相互矛盾的要求，只使用单一溶剂很难满足。例如，要求电解液拥有高的流动性，同时还要有高的介电常数，因此拥有不同物理化学特性的溶剂常常会搭配使用，同时表现出不同的特性。另外，锂盐一般不会同时使用，因为锂盐的选择范围有限，而且优势也不容易体现出来。

理想的有机溶剂应具有以下关键属性：首先，它需要拥有较高的介电常数，以确保锂盐能够在其中良好地溶解；其次，其熔点应当较低而沸点较高，从而拓宽电解液的操作温度区间；再次，低黏度特性有助于促进锂离子在介质中的高效迁移；最后，这类溶剂还应具备成本低廉且毒性较小(理想情况下无毒)的特点。碳酸酯类化合物作为锂离子电池行业早期开发并广泛采用的一类有机溶剂，在电池电解质领域占据着举足轻重的地位。

当前，该类型溶剂主要包括环状及链状两种结构形式。表 5-1 汇总了目前常用的几种非水溶剂电解质有机溶剂的相关物理参数。

表 5-1 锂离子电池非水溶剂电解质常用有机溶剂的物理性质

种类	结构	溶剂	熔点 T_m/℃	沸点 T_b/℃	介电常数(25℃)	黏度(25℃)/(mPa·s)
碳酸酯类	环状	碳酸乙烯酯(EC)	36.4	248	89.780	1.90(40℃)
		碳酸丙烯酯(PC)	−48.4	242	64.920	2.53
		碳酸丁烯酯(BC)	−54.0	240	53.000	3.20
	链状	碳酸二甲酯(DMC)	4.6	91	3.107	0.59
		碳酸二乙酯(DEC)	−74.3	126	2.805	0.75
		碳酸甲乙酯(EMC)	−53.0	110	2.958	0.65

当前，烷基碳酸酯类溶剂被广泛应用于电解液中。这类溶剂具备良好的抗氧化性，在高电压条件下表现出优异的稳定性。环状碳酸酯，如碳酸乙烯酯和碳酸丙烯酯，以其较高的介电常数著称，这意味着它们能够更有效地溶解锂盐；然而，由于分子间的相互作用力较大，这些溶剂具有较高的黏度，进而减缓了锂离子在其内部的移动速率。相比之下，链状碳酸酯，如碳酸二甲酯与碳酸二乙酯，虽然拥有较低的黏度，但其介电常数同样不高，使得对锂盐的溶解效率相对较差。鉴于此，为了制备出离子导电性能优越的溶液体系，通常会选择将不同类型的溶剂混合使用，如 PC+DEC 或 EC+DMC 组合。锂盐作为电解液中锂离子的供应源，在锂离子电池充放电过程中扮演着锂离子传输的主要角色。其性能直接影响到锂离子电池的能量密度、功率密度、工作电压范围、循环寿命以及安全性等多个方面。当前，在实验室研究和工业实践中，通常选用那些具有较大阴离子半径且氧化还原稳定性较高的锂盐。依据化学组成的不同，锂盐大致可以分为无机锂盐和有机锂盐两大类别。已经开发出来的无机锂盐主要包括 $LiPF_6$、$LiClO_4$、$LiBF_4$、$LiAsF_6$ 等几种。与之相比，锂离子电池常用的有机锂盐则是在这些无机锂盐的基础上，通过向阴离子添加吸电子基团来调节而成的，如双草酸硼酸锂(LiBOB)、二氟草酸硼酸锂(LiODFB)、双氟磺酰亚胺锂(LiFSI)以及双三氟甲基磺酰亚胺锂(LiTFSI)。表 5-2 展示了若干种锂离子电池常用锂盐的相关物理化学性质。

表 5-2 一些锂离子电池常用锂盐的物理化学性质

种类	锂盐	摩尔质量/(g/mol)	是否对铝箔腐蚀	是否对水敏感	电导率 σ(1 mol/L, EC/DMC, 20℃)/(mS/cm)
无机锂盐	$LiPF_6$	151.91	否	是	10.00
	$LiBF_4$	93.74	否	是	4.50
	$LiClO_4$	106.40	否	否	9.00
有机锂盐	LiTFSI	287.08	是	是	6.18
	LiFSI	187.07	是	是	10.40
	LiBOB	193.79	否	是	0.65

添加剂是指在电解液中添加的、具有特定功能且含量较低(质量分数通常不超过 10%)的一类物质，它们能够显著改善电池的电化学特性。根据功能的不同，这类添加剂可以被大致分为几类：成膜添加剂、阻燃剂以及防止过充电的添加剂等。除此之外，还存在用于增强导电性、优化低温条件下的性能表现或控制电解质溶液内痕量与 HF 浓度的添加剂。

5.4.2 水系电解质

采用水作为电解质介质的可充电电池称作水系电池。与使用有机溶液作为电解质的二次电池相比较，这类电池不仅生产工艺更加简便，还具备了安全无害、经济实惠以及优异的大电流放电性能等多重优势。鉴于这些特点，水系电池在大规模储能系统及电动车辆的动力供应方面展现出了巨大的发展潜力。1994 年，Dahn 等的研究团队在《科学》杂志上首次公开了一种使用水溶液作为电解质的锂离子电池。该电池的正极材料为 $LiMn_2O_4$，而负极为 VO_2，所使用的电解液是中性的 Li_2SO_4 溶液。这种电池的平均工作电压约为 1.5 V，理论上的比能量达到了 75 W·h/kg，在实际应用中则接近 40 W·h/kg，这一数值超过了铅酸电池(约 30 W·h/kg)的表现，与镉-镍电池相当，不过其循环稳定性较差。随后，在 2000 年，来自日本的研究者 Toki 团队报道了另一种水系锂离子电池的设计，其中，采用了 LiV_3O_8 作为负极材料以及 $LiNi_{0.81}Co_{0.19}O_2$ 作为正极材料，并同样使用了 Li_2SO_4 溶液作为电解质。到了 2006 年，中国科学院物理研究所陈立泉院士领导的研究小组报道了一种负极采用 TiP_2O_7 和 $LiTi_2(PO_4)_3$，正极采用 $LiMn_2O_4$，电解质溶液为 $LiNO_3$ 溶液的水系锂离子电池。紧接着，在 2007 年，复旦大学吴宇平教授的研究团队也发布了一种关于负极采用 LiV_3O_8，正极采用 $LiMn_2O_4$，电解质溶液为 $LiNO_3$ 溶液的水系锂离子电池。同年，复旦大学的夏永姚教授团队则探索了以碳包覆 $LiTi_2(PO_4)_3$ 作为负极、$LiMn_2O_4$ 作为正极并配合 Li_2SO_4 溶液电解质的水系锂离子电池。自此之后，依据正负极材料的反应机制，当前学术界对几种基于水系电解质的锂离子电池体系进行了广泛研究，其中包括 $LiMn_2O_4/LiTi_2(PO_4)_3$ 与 $LiNi_{1/3}Co_{1/3}Mn_{1/3}O_2/LiV_3O_8$ 组合。这些系统的特点在于它们的正极和负极都采用了能够嵌入锂离子的化合物作为活性物质，在充放电循环过程中，锂离子可以在两极之间可逆地移动，实现能量的存储与释放。当前，水系锂离子电池技术在发展中遇到了多重障碍。与有机电解质相比，在水系电池的电解液系统中，离子嵌入型化合物经历的化学和电化学变化更为复杂，容易引发多种副反应，包括但不限于电极材料同水分或氧气间的相互作用、质子及金属离子共同嵌入的现象、氢气/氧气释放过程以及电极材料在水中发生的溶解现象等。上述问题显著限制了此类电池技术的进步及实际应用。

5.4.3 固态电解质

固态电解质相比于液态电解质有许多优点，例如，在充放电过程中可以缓解电极发生的形变，安全性得到提升，具有优异的稳定性，易于加工，而且在没有溶剂的固态聚合物电解质中，锂枝晶的生长可以被最小化。聚合物电解质的研究最早开始于 1973 年，Fenton 等发现了聚环氧乙烯(PEO)与碱金属络合物可以传导离子。之后，聚合物电解质开始受到人们的关注。1978 年，Armand 博士预言基于 PEO 的固态聚合的电解质或许可以作为电池的电解质。在随后的二十年里,研究者付出了巨大的努力研究其离子传导的机理,以及电池中电解质与电极界限的物理化学性质,并取得了不错的进展。

采用固态聚合物电解质的锂离子电池可以防止使用液态电解质时出现的漏液问题,且聚合物易于加工,可以向小型化发展,由于聚合物有较高的可塑性,还可以做成薄膜电池。可以使用聚合物电解质根据使用需要制作不同形状的电池结构。此外,聚合物电解质相比于液态电解质有更高的化学稳定性、电化学稳定性和热稳定性,与电极的副反应更少,同时工作温度区间也得到扩展。由于聚合物电解质的柔韧性,可以缓冲电极在充放电过程中的体积变化,稳定电池的结构。因此在液态锂离子电池商品化之后,基于聚合物电解质的锂离子电池技术将迅速发展并且成功商业化。

聚合物电解质的分类方法很多,且标准不尽相同。目前固态聚合物电解质主要根据使用的聚合物种类来区分,如最著名的聚醚类聚环氧乙烯(PEO),还有聚甲基丙烯酸甲酯(PMMA)、聚丙烯腈(PAN)等。一般来讲,聚合物电解质需要满足以下条件才可以实际应用于锂离子电池。

(1) 离子电导率高。
(2) 具有可观的锂离子迁移数。
(3) 具有良好的机械强度。
(4) 具有宽的电化学窗口。
(5) 具有优异的化学稳定性和热稳定性。

在目前的聚合物电解质体系中,高分子聚合物在室温下都有明显的结晶性,这也是室温下固态聚合物电解质的电导率远远低于液态电解质的原因。聚合物中的晶体大部分都是球晶,球晶之间是无定型区域,通常认为,锂离子的传导主要发生在无定型区域。因此,了解聚合物的相结构对锂离子传导机理的研究有帮助。

对于二元聚合物电解质体系来讲,其相结构主要有两种:晶体区和无定型区。其中晶体区的形成由动力学主导,与具体的制备条件和时间直接相关。严格来讲,由于聚合物体系中晶体区的存在,且晶体区随着条件变化较大,所以对不同种类的聚合物电解质之间的导电性能进行比较不是很科学。不过如果在一定条件下,晶体区的生长变化较慢,离子电导率偏差在一个可接受的范围内,导电性能的比较也是可以接受的。这也是我们经常会拿不同的结果进行比较的原因。

由于聚合物形成的球晶的生长与时间相关,因此温度低于聚合物熔点时的离子电导率与时间相关。此外,聚合物电解质的锂离子电导率与加热速率、冷却速率以及松弛时间都存在一定关系。例如,松弛时间越长,聚合物的晶型越完善,结晶度越高,从而导致离子电导率随着松弛时间的延长而逐渐下降至最小值。同理,冷却速率越慢,结晶越完整,对应的离子电导率也会逐渐降低至最小值。

以 PEO 和 $LiClO_4$ 二元固态聚合物电解质为例,该结构中存在多种相结构。首先,$LiClO_4$ 与 PEO 可以形成多种络合物,包括 PEO_6-$LiClO_4$、PEO_3-$LiClO_4$、PEO_2-$LiClO_4$ 和 PEO-$LiClO_4$。其中当 O:Li = 10:1 时,PEO_6-$LiClO_4$ 可以与 PEO 形成共熔体,熔点在 50℃。此外,当温度升高至 160℃时可以形成大的共熔体。大的共熔体在冷却过程中会产生三种不同的球晶:第一种,在 120℃以上发生熔融,含盐量高;第二种,在 45~60℃内发生熔融,含盐量低,而且形成动力学缓慢;第三种,熔点略低于主体聚合物,形成动力学较快。通过研究分析认为：第一种球晶应该是 PEO_3-$LiClO_4$；第二种球晶可能是 PEO_6-$LiClO_4$ 和 PEO_3-$LiClO_4$ 两种络合物的混合体；第三种球晶对应 PEO 本身。此外，锂盐的含量以及热处理的过程都会导致结构发生变化。

聚合物电解质是以聚合物为基体，聚合物与金属盐通过络合反应形成的一类具有高离子电导率的高分子功能材料。根据聚合物基体的不同，常见的聚合物电解质有 PEO 基聚合物电解质、PVDE 基聚合物电解质、PMMA 基聚合物电解质以及其他聚合物电解质。聚合物电解质材料与无机固态电解质不同，聚合物电解质具有质量轻、弹性好、稳定性好等特点。聚合物电解质与无机固态电解质一样在锂离子电池中不仅起着传导离子的作用，还充当着电池隔膜的作用。聚合物电解质主要具有以下优点：

(1) 能够有效地解决锂离子电池中锂枝晶的形成问题；
(2) 能够很好地适应锂离子电池充放电过程中的形变；
(3) 能够减轻甚至消除锂离子电池中电解质与电极材料之间的化学反应；
(4) 安全性能高。

不同锂盐(包括 $LiBF_4$、$LiPF_6$、$LiCF_3SO_3$ 和 $LiAsF_6$)与 PEO 形成的络合物基本上与 $LiClO_4$ 类似，即锂盐的种类对于与 PEO 形成的络合物的种类没有直观的影响。其中，$LiBF_4$ 与 PEO 可以形成 PEO_4-$LiBF_4$ 和 $PEO_{2.5}$-$LiBF_4$ 两种络合物，其中 O 与 Li 的比值在 16～20 时，$PEO_{2.5}$-$LiBF_4$ 可以与 PEO 形成共熔体；$LiPF_6$ 也可以与 PEO 形成两种络合物，即 PEO_6-$LiPF_6$ 和 PEO_3-$LiPF_6$；$LiAsF_6$ 与 PEO 形成的两种络合物与 $LiPF_6$ 类似，只是相对熔点更高；大阴离子的锂盐也可以与 PEO 形成络合物，只是动力学更加缓慢。

此外，压力的大小也一定程度上影响晶体的生长。压力大时促使球晶的生长，无定型区减少，对应锂离子电导率下降。

5.5 锂离子电池的设计与制造

5.5.1 锂离子电池的设计基础

1. 设计基本原则

电池的设计需基于用电装置的具体需求与电池本身的特性来开展，首先要明确包括电极、电解液、隔膜、外壳等在内的各个组件的技术参数。此外，还需对生产工艺参数进行精细化调整，以确保最终能够组装出符合预定规格和性能指标(如电压、容量及体积)的电池组。合理有效的设计对于提升电池实际使用时的表现至关重要，因此在整个设计过程中追求最优解显得尤为关键。

2. 设计要求

在进行电池设计的过程中，需要充分掌握目标用电设备对于电池性能参数及其工作环境的具体需求。通常情况下，应当综合考量以下几个关键因素。

(1) 电池工作电压。
(2) 电池工作电流，即正常放电电流和峰值电流。
(3) 电池工作时间，包括连续放电时间、使用期限或循环寿命。

(4) 电池工作环境，包括环境温度等。
(5) 电池最大允许体积。

锂离子电池因其出色的性能而被广泛采用，在某些特定的应用场景下，它们还需满足一系列额外的要求，如能够承受冲击与振动、适应极端温度条件以及低气压环境。在设计这类电池时，除了考虑这些基本的物理特性，还需要综合考量原材料的选择、决定电池特性的关键因素、整体性能表现、生产工艺流程、成本效益分析及工作环境温度等因素。

3. 评价动力电池性能的主要指标

电池性能一般通过以下方面来评价。

1) 容量

电池的容量是指在特定放电条件下，电池能够提供的总电量，这一概念通常通过电流与时间的乘积来表示，并且一般采用安·时(A·h)作为其单位。此参数直接影响了电池的最大工作电流及可持续工作的时长。

2) 放电特性和内阻

电池的放电特性反映了在特定条件下，电池输出电压的稳定性、电压平台高低以及大电流放电性能等，这些都是衡量电池负载能力的重要指标。此外，电池内部存在两种类型的电阻：欧姆内阻和极化内阻。当进行大电流放电时，这两种内阻对整体放电性能的影响尤为显著。

3) 工作温度区间

为了确保电力设备在各种环境条件下都能稳定运行，要求电池具备在特定温度范围内维持良好性能的能力。

4) 储存性能

经过一定时间的存放后，电池可能会因为各种因素的影响而出现性能变化，导致电池自放电、电解液泄漏、电池短路等，从而影响其使用效果。

5) 循环性能

循环性能是指二次电池在遵循特定充放电规则的前提下，直至其效能下降至预定水平时所能承受的充放电周期数量，是评估电池长期使用可靠性的重要指标之一。

6) 安全性

电池的安全性主要体现在其在非正常使用条件下所表现出的安全水平，这些非正常使用条件涵盖了过充电、短路、针刺实验、挤压测试、热箱暴露、重物撞击及振动等情况。电池对这些极端情况的耐受能力是衡量其是否适合大规模应用的关键因素之一。

5.5.2 正负极材料制备与表征设备

1. 制备

正负极材料是构成锂离子电池的关键材料，如 $LiFePO_4$ 或 $LiCoO_2$ 等正极，以及石墨或硅/碳等负极。不同的材料制备方法也不同，这里以三元正极材料为例，介绍制备过程中需要用到的设备。

首先，按照预定的比例将前驱体与锂源在混合设备中充分混合。随后，将混合好的材料装入匣钵并送入窑炉，在特定的温度、时间和气氛条件下经历预煅烧及煅烧过程。完成热处理后，让物料自然冷却，接着对其进行破碎、细磨以及分级处理，以获得所需粒度的产品。最后一步是对这些经过处理的颗粒进行批量混合和干燥，从而制得最终的三元材料产品，其制备流程详见图 5-10。混合设备是粉体材料厂的主要设备之一，设置在配料设备与煅烧设备之间，为煅烧提供均匀的混合料。三元材料的混合是将一定计量比的锂盐和三元前驱体同时加入混合设备进行混合。三元材料煅烧设备主要指窑炉。窑炉按操作形式可分为间歇操作式和连续操作式。工业化生产一般皆采用连续操作式窑炉。推板窑炉和辊道窑炉是三元材料厂家采用较多的连续操作式窑炉，其中又以辊道窑炉使用最为广泛。材料的破碎过程需要用到粉碎设备，粉碎设备按照粉碎产品的粒度可分为：①粗碎设备，如颚式破碎机、辊式破碎机、锤式粉碎机等；②细碎设备，如球磨机、棒磨机等；③超细粉碎设备，如离心磨、搅拌磨、气流磨、砂磨机和雷蒙磨等。对于三元材料的分级，一般是在气流粉碎机之后加上气流分级装置，直接对粉碎后的产品进行分级。此外，为了避免材料中含有异物或粗大颗粒，还需要使用筛分机筛分。最后采用真空包装。

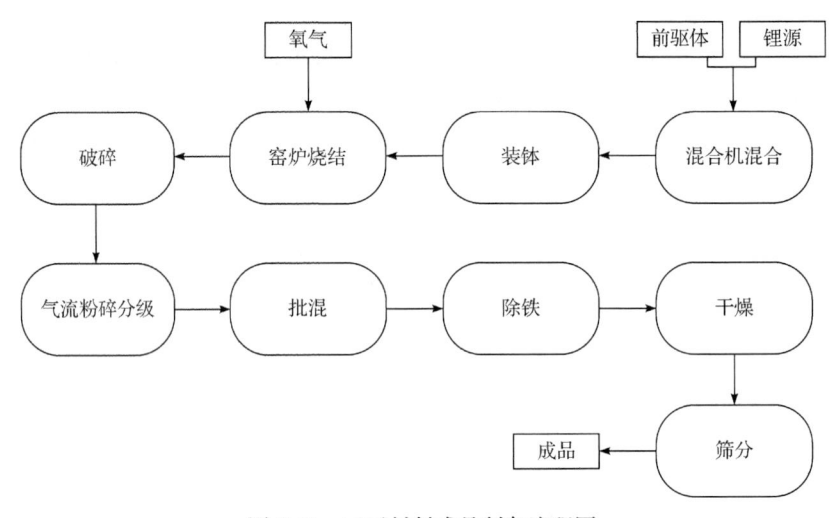

图 5-10 三元材料成品制备流程图

2. 表征

锂离子电池的主材，如正极、负极材料等，均属于电化学功能材料，对锂离子电池的电化学性能具有重要的影响。在材料生产开发与电池制造使用时，需关注的技术指标相对较多，但主要分为三个大类：第一类为材料晶体结构与微观形貌；第二类为材料的物化指标，包括粒度分布、比表面积、振实密度、元素(包含杂质)组成等；第三类为材料的电化学性能特征，如容量、首效及电化学阻抗等。对锂离子电池主材各项指标的检测与表征，对于材料研发、生产控制及品质保障等具有重要意义。

针对正负极材料的结构与形貌表征主要包括采用 X 射线衍射(XRD)技术分析晶胞参数与晶面间距参数，以及采用扫描电子显微镜(SEM)分析微观形貌。市场上品牌的 X 射线衍射仪厂家有荷兰帕纳科、德国布鲁克、日本理学、日本岛津等。可依据产品特征和经济情况选择不同厂家不同型号的设备。目前市场上常用的粉体 X 射线衍射仪型号有帕纳科 X'Pert Powder、布鲁克 D8 Advance 等。SEM 是用聚焦电子束在试样表面逐点扫描成像，成像信号可以是次级电子(二次电子)、背散射电子或吸收电子。其中，次级电子是最主要的成像信号，可用来观察块状或粉末颗粒试样的表面结构和形貌。图 5-11 为硅酸锰负极材料的 SEM 形貌。

图 5-11 硅酸锰负极材料的 SEM 形貌

锂离子电池正负极材料的粒度分布通常通过激光粒度仪进行测量，该仪器的工作机制是基于颗粒对激光束产生的衍射或散射效应来分析粒度大小及其分布情况。图 5-12 展示了硅酸锰作为负极材料时的粒度分布特征曲线。比表面积是评估物质物理特性的一个关键参数，它受到颗粒尺寸、形态、表面缺陷及孔隙结构的影响。对于比表面积的测定方法，则依据不同的实验原理分为若干种，如吸附法与透气法等。在这些技术中，低温物理氮气吸附法因其广泛的应用性和成熟的技术而备受青睐，此方法又可细分为静态容量测定法和动态色谱(连续流动)法两种实施方式。通常采用比表面仪进行测试，比表面仪可分为动态法比表面仪和静态法比表面仪。振实密度是粉末材料经过振实后的堆积密度，单位为 g/cm³，测试方法为将一定量的粉体装入固定体积的玻璃量筒中，通过振动装置按照一定频率与振幅进行振动，当振动达到一定时长且粉体体积不再发生变化时，即认为达到了材料的振实状态。正负极材料的元素组成采用 ICP(inductively coupled plasma)分析仪，又称为等离子光谱分析仪测定，该仪器是众多元素测试分析仪中的一种，工作原理

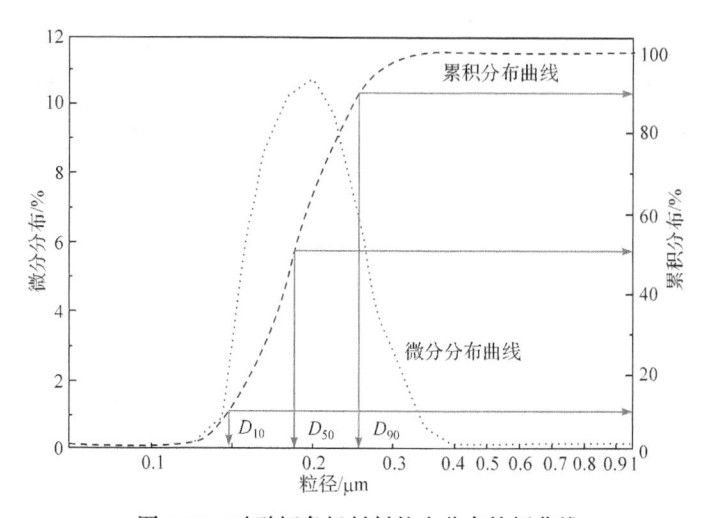

图 5-12 硅酸锰负极材料粒度分布特征曲线

是根据处于激发态的待测元素原子回到基态时发射的特征谱线对待测元素进行分析,主要用于元素的定性分析与定量分析。

锂离子电池的性能测试主要是对电池容量、效率、倍率、高温性能、低温性能、存储性能、内阻等的测试,测试所用设备是电池性能测试系统。电池性能测试系统由硬件(电池精密测试柜、高温控制箱、低温控制箱)和软件两大部分组成,电池精密测试柜主要用于检测电池的容量、效率、倍率、内阻等。选择电池性能测试系统时要考虑待检电池或电池组的容量范围和需要的电压范围,电池性能测试系统按电流量程可分为微电流量程设备和大电流量程设备。微电流量程设备的电流量程为几毫安到几安,例如,LANHE 电池性能测试系统有 1 mA、2 mA、10 mA 等多个量程的测试设备;大电流量程设备的电流量程为几安到几百安,如 LANHE 电池性能测试系统有 10 A、20 A、60 A、100 A 等规格的测试设备。

5.5.3 扣式锂离子电池制备设备

扣式电池,可简称扣电,也可称为半电池。通常以金属锂为负极,正极材料极片为正极;或金属锂为正极,负极材料极片为负极,其尺寸小巧,制备极片耗材较少,灵活性较高,是针对锂离子电池活性材料开发与测试的重要器件。

在极片制备阶段,需要用到的材料和试剂包括正负极材料、导电剂、黏结剂和集流体。首先采用手工研磨法或机械匀浆法将正负极活性材料、导电剂和黏结剂按照一定比例均匀混合,之后把上述混合后的浆料涂抹到相应的集流体上进行涂布。实验室涂布时依据浆料的量确定涂布方法,浆料多采用小型涂覆机(图 5-13(a)),浆料少采用成膜器进行手工涂覆(图 5-13(b))。之后将极片在干燥箱内干燥,并通过辊压将极片压实。切片是把极片准确裁剪为圆形极片的过程。一般是将经辊压处理之后的极片用称量纸上下夹好,放到冲压机上快速冲出小极片,小极片的直径可通过冲压机的冲口模具尺寸进行调整。

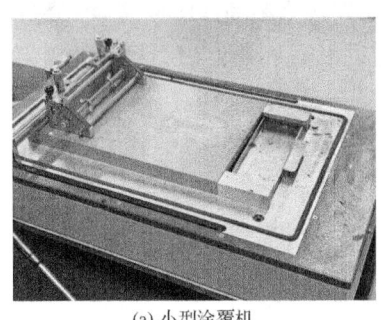

(a) 小型涂覆机　　　　　　　　　(b) 成膜器

图 5-13　小型涂覆机和成膜器

扣式电池的组装是在手套箱中完成的,手套箱对于扣式电池的组装非常重要。手套箱的作用是提供一个适合进行实验操作的惰性环境,避免因暴露于大气气体或大气湿度中而受到损害。在电池组装阶段,需要用到的材料和试剂包括负极壳、弹片、垫片、金属锂片、电解液、隔膜、制备好的极片和正极壳。这些材料和试剂需要在电池组装前送入手套箱中待用。在实验室组装的扣式电池,一般称为半电池,即只有正极片或者负极片。当仅使用正极片或负极片时,其组装流程如下:首先放置负极壳,随后依次加入弹片、垫片、锂片、隔膜以及正极片或负极片,最后盖上正极壳。按照上述步骤将各组件层叠完毕后，需利用绝缘镊子将扣式电池以负极端朝上的方式置于封口机模具中。在此过程中，建议在电池顶部覆盖一层纸巾以吸收可能溢出的电解液。接着调整至适宜的压力(通常设定为 800 Pa)，持续压制 5 s，从而完成扣式电池的封装。完成后，使用绝缘工具取出电池，并仔细检查外观完整性，必要时可用纸巾清洁表面。

5.5.4 软包锂离子电池制备设备

软包锂离子电池的生产流程大致可以分为三个主要阶段：首先是电极制造阶段，接着是电芯装配阶段，最后是激活检测阶段。在电极制造过程中，首先将活性材料、黏合剂与导电剂等成分混合制成浆料，并均匀涂布于铜箔或铝箔基材之上。随后，通过烘干去除溶剂形成干燥极片。为了提高电极性能，还需对极片进行辊压处理以增加其致密度，之后再按照需求裁剪成特定尺寸。接下来进入电芯装配环节，在此步骤中，正负极片与隔膜被组合起来并封装好，随后向其中注入电解液，最后，经过充放电激活以及一些辅助工序，形成电芯产品。锂离子电池制造前段装备主要有制浆机、涂布机、辊压机、分条机等，下面主要介绍其中最为关键的制浆机、涂布机和辊压机。目前各大电池厂常用的制浆机主要有行星搅拌机、薄膜式高速分散机、双螺杆制浆机、循环式制浆机等。图 5-14 展示了行星搅拌机搅拌桨实物图。极片涂布设备的用途，是将混合好的正极或负极浆料均涂覆或附着在铝箔或铜箔的正反面，然后通过干燥加热将浆料中的溶剂挥发，使固体物质黏附于基材上，以满足客户的技术要求。涂布设备通常由放卷单元、涂布单元(含供料系统)、干燥单元、出料单元、收卷单元等组成。辊压是一种工艺，旨在将已经涂覆并烘干到一定程度的极片进行压实。这一过程不仅有助于提升锂电池的能量密度，还能增强黏合剂的效果，使其更有效地固定电极材料于集流体之上。这样可以有效防止在充放电循环过程中，电极材料从集流体上脱落而导致的电池性能下降。

图 5-14 行星搅拌机搅拌桨实物图

中段设备主要负责电芯的装配，在此工序内完成正极片、负极片的极耳成形，再将极片与隔膜卷绕/叠片形成电芯，最后入壳注液封盖。这一阶段的主设备包括极耳成形设备、卷绕设备或叠片设备、干燥设备、注液设备、密封焊接设备等。锂离子电池叠片机是一种将电池正极片、隔膜及负极片以连续叠片的方式组装成芯包的机器，图 5-15 展示了制备不同容量叠片芯包的叠片设备。目前的二次锂离子电池多数都需要有电解液，实现注电解液制程的设备就是注液设备，考核电池注液性能的最主要的参数有注液量、浸润效果和注液精度，这三点都是由注液机的性能来实现的，因此注液机在锂离子电池生产流程中也是非常重要的设备，直接影响到电池的性能。

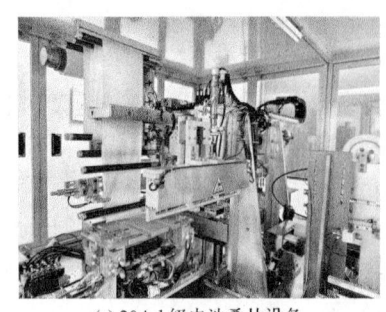

(a) 20A·h级电池叠片设备　　(b) 2A·h级电池叠片设备

图 5-15　不同规格的电池叠片设备

锂离子电池经过复杂的前段和中段制程后，生成半成品电芯，此时电芯内部的活性物质尚未激活，也没有经过筛选分类和组装，需要后段的化成分容设备来让电池变得可用。化成分容是检测电芯一致性、良品率等各项指标能否达到要求的关键性工序，是电芯入库前的最后一道防线。电池的种类不同，化成分容设备也有所区别。软包化成设备是在高温加压的环境下对电池进行充电，设备由充电电源单元、高温加压单元、电气控制单元和后台监控软件等组成。软包分容设备是在常温常压的环境下对电池进行充放电，设备由充电电源单元、极耳压合模块、电气控制单元和后台监控软件等组成。

思　考　题

1. 锂离子电池的工作原理是什么？
2. 简述锂离子电池的充放电过程。
3. 何为锂离子电池的自放电？
4. 锂离子电池正极材料的好坏一般可以从哪几个方面评估？
5. 请简述以锰酸锂为正极材料的锂离子电池在高温下使用寿命降低的原因。
6. 说一说理想的负极材料应该具备的特点。
7. 由于碳材料具有一定的柔韧性和导电性，常用来与硅材料进行复合来优化其性能，研究发现添加适量的碳材料不仅可以为锂离子提供传输的通道，而且可以增加锂离子的嵌入点位。你能否举出至少四种适合与硅材料复合的碳材料？
8. 简述 $LiPF_6$ 作为商业化锂离子电池电解液锂盐的最主要原因。
9. 在碳基材料表面沉积的 SEI 膜，对于电化学过程的正面和负面影响有哪些？
10. 对锂离子电池性能改善优异的 SEI 膜应具有哪些特征？
11. 对极片进行辊压处理的作用是什么？
12. 极片制备的主要工艺是什么？

第 6 章 钠基电池储能技术

在 20 世纪七八十年代，钠离子电池与锂离子电池曾处于同步发展态势。日本在 80 年代曾开发了以 P2-Na$_x$CoO$_2$ 为正极、Na-Pb 合金为负极的钠离子电池，其具有超过 300 次的循环寿命，然而平均放电电压低于 3.0 V。与此同时，锂离子电池发展迅速，以 LiCoO$_2$ 为正极、石墨为负极的体系平均放电电压为 3.7 V，在能量密度、循环寿命和安全性上具有优势，并于 1991 年实现商业化后迅速占据二次电池市场的主导地位。此外，由于钠金属的活性较强，相关电极材料和电解液对环境要求严苛，在当时的技术条件下，难以对钠离子电池的性能进行精准表征与有效观测，致使钠离子电池的研究在较长时段内进展迟缓。自 2010 年起，伴随研究人员于"后锂离子电池"时代对新型储能电池体系的探索开发，以及各类纳米工程技术与先进表征技术的蓬勃兴起与广泛普及，钠离子电池的研究迎来快速复兴，相关反应机理研究持续深入，诸多新兴电极材料、电解质及应用技术不断涌现，如今钠离子电池已被公认为下一代新型电池的首要之选。

钠离子电池工作原理与锂离子电池相近，其充放电过程可逆，借助 Na$^+$ 在正极、负极间的迁移得以实现，也属"摇椅式电池"范畴。不过，Na$^+$ 的半径比 Li$^+$ 大且质量更重，导致其扩散动力学缓慢，倍率性能欠佳。同时，Na$^+$ 嵌入过程常引发电极材料体积大幅膨胀，严重时甚至诱发不可逆相变，造成容量衰减。此外，Na$^+$/Na 的电位比 Li$^+$/Li 高，会降低全电池的平均工作电压和能量密度。钠离子电池的这三项缺陷，使得寻觅具备快速、稳定且高效钠离子嵌入/脱出特性的电极材料颇具挑战。因此，开发具有高能量密度、高功率密度且循环寿命优异的电极材料是发展钠离子电池的关键。

6.1 钠离子电池的构造和工作原理

钠离子电池的工作原理如图 6-1 所示。在此类电池工作期间，Na$^+$ 以电解质溶液作为媒介，在正负两极之间往返迁移；与此同时，电子则在外电路中传导，从而实现了化学能向电能的有效转换，这也是为何此类电池被称作"摇椅式电池"的缘由。以层状 NaMO$_2$（M 为 Mo、Co、Ni 等过渡金属元素）为正极材料、硬碳作为负极为例，具体的正负极反应及整个电池系统的总反应方程式分别见式(6.1)~式(6.3)。从本质上讲，这是一种基于浓度差的电池系统，其中正负两极由钠离子含量各异的化合物组成。充电时，钠离子自钠含量较高的正极材料脱出，进入电解液形成溶剂化离子，在电场作用下迁移至负极，经去溶剂化作用重新形成钠离子后，最终嵌入钠含量较低的负极材料；同时，电子经外电路流向负极，以维持正、负极电荷平衡。放电时，钠离子与电子的迁移路径与充电时相反。总体来看，钠离子电池借由正、负极材料中钠离子的可逆存储与释放、电解液内钠离子的迁移以及外电路电子转移来实现能量转化。因此，钠离子电池是一种可充放电的二次电池，可应用于大规模储能及低速电动汽车等领域。此外，在其研究与发展过程中，也可借鉴部分针对锂离子电池的研究方法和技术手段。

$$NaMO_2 \rightleftharpoons Na_{1-x}MO_2 + xNa^+ + xe \tag{6.1}$$

$$nC + xNa^+ + xe \rightleftharpoons Na_xC_n \tag{6.2}$$

$$NaMO_2 + nC \rightleftharpoons Na_{1-x}MO_2 + Na_xC_n \tag{6.3}$$

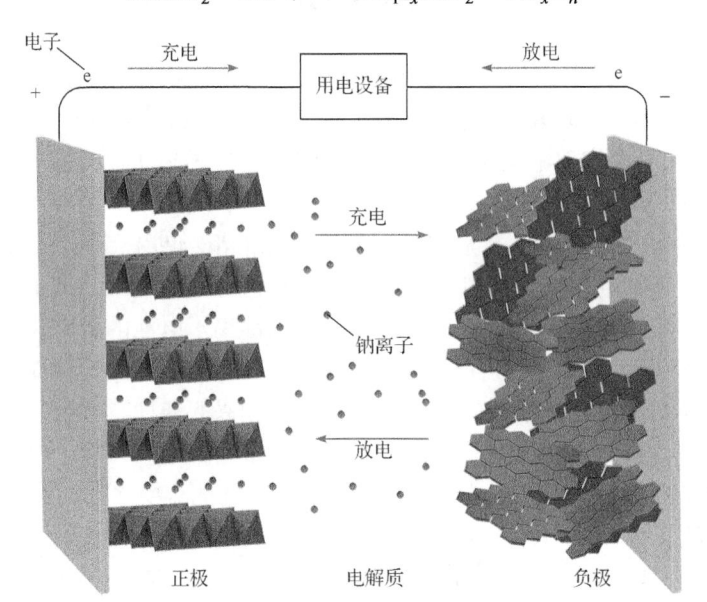

图 6-1 钠离子电池工作原理示意图

尽管钠离子电池与锂离子电池的工作原理存在相似性,但因钠元素与锂元素性质差异,二者呈现出不同特性。钠处于元素周期表第一主族第三周期,相对原子质量为 23,具有球形与哑铃形两种电子云分布,其最外层电子分布于 3 s 轨道。相较锂而言,钠的相对原子质量与离子半径均更大,电化当量近乎锂的三倍;不过,钠离子去溶剂化能较低,扩散能力更强。由此,钠离子电池彰显出独特优势:地球上钠化合物资源储量丰富、品位高且易于获取;钠离子氧化还原电位较锂高约 0.3 V,使其可应用于分解电压更低的电解质溶剂、电解质盐及铝集流体;钠离子电池更契合环境友好及可持续发展理念。然而,钠离子电池技术发展仍面临诸多挑战:一方面,钠离子尺寸(1.06 Å)大于锂离子(0.76 Å),在晶格中迁移时受阻更大,致使反应动力学缓慢,且易在储存材料内部引发显著应力,于多次充放电循环中损坏晶体结构,对循环稳定性产生不良影响;另一方面,钠离子的相对原子质量较高,在相同条件下,储钠电极材料理论比容量通常低于相应储锂电极材料。需着重指出,上述动力学迟缓问题乃是当前制约钠离子电池实际性能趋近其理论值的关键要素之一。

6.2 钠离子电池正极材料

自 20 世纪 70 年代末,研究人员首次观察到钠(Na)可在层状氧化物 Na_xCoO_2 中实现可逆的脱出和嵌入,此后针对钠离子电池正极材料的研究逐渐增多。此类电池的正极材料大致分为四大类:氧化物、聚阴离子化合物、普鲁士蓝类似物以及有机化合物。在这些类别中,氧化物主要由层状结构和隧道结构组成;聚阴离子化合物涵盖磷酸盐、氟化磷酸盐、焦磷酸盐及硫酸盐等多种类型(图 6-2)。与锂离子电池类似，大多数钠离子电池正极材料需含有能改变价态的过渡金属离子，其氧化还原电位既取决于所含金属种类，又与材料的具体结构密切相关，且不同材料间可移动电子的数量也存在差异。然而，简单地将锂离子电池中的锂元素替换为钠元素并非总是可行或有效的，因此开发适用于钠离子电池的新型电极材料成为推动该技术走向实际应用的关键步骤。

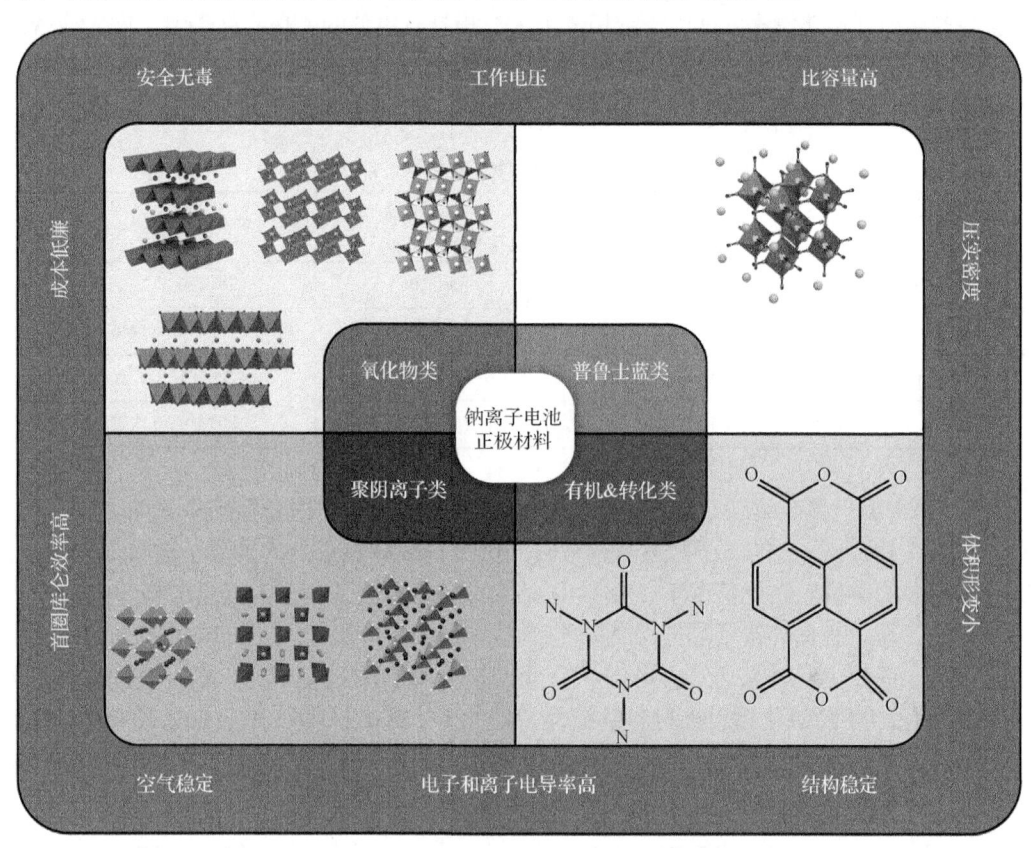

图 6-2 钠离子电池主要正极材料及要求

6.2.1 层状过渡金属氧化物正极材料

层状氧化物中钠离子与锂离子的表现存在显著差异。通常，钠比锂更易与过渡金属分离形成稳定层状结构。研究表明，在锂基层状氯化物材料中，仅由锰、钴和镍组成的化合物可实现可逆充放电过程；而钠离子电池中的活性层状氧化物种类更为多样，包括钛、钒、铬、锰、铁、钴、镍及铜在内的多种元素均展现出良好的电化学性能，且呈现出丰富的性质变化。此外，通过阴离子氟化处理能有效提升钠离子电池的能量密度。通常，钠离子在 MO_6 多面体形成的层间与氧配位形成 O 型(O 是 Octahedral 的缩写，即八面体位置)和 P 型(P 为 Prismatic 的缩写，即三棱柱位置)两种构型。P2 和 O3 是钠离子电池层状正极材料中最常见的两种结构，其中，对应数字代表氧原子层最少重复单元的堆垛层数。在 P2 型过渡金属氧化物中，MO_6 八面体以 ABABAB 的形式堆叠，钠离子位于由 MO_2 层构成的三棱柱空隙内。此结构的基本重复单元涵盖两层过渡金属。从化学式上可以看出，与 O3 型结构相比，P2 型材料中的钠含量低于 1，表现为贫钠态。因此，在半电池测试中，大多数 P2 型材料首次充电容量往往低于放电容量，导致首圈库仑效率超过 100%。表 6-1 列出了典型 P2 型材料的若干电化学性能参数。对于 O3 和 P2 这两种晶体形态而言，它们在 MO_2 层上的平面电子传输机制是相同的。基于这一点，有假设提出，P2 型材料的容量增长或许源于不同 MO_2 层间钠离子的相互传输。就 P2 型材料而言，由于其内部存在特定的钠离子扩散路径，即钠离子能够通过四个氧原子形成的矩形狭缝从三棱柱位置移动到相邻位置，这使得它相较于 O3 相具有更低的能垒，在钠离子嵌入或脱出过程中遇到的阻力也更小。此外，对于成分相同的材料，P2 相的分子量通常低于 O3 相，表明其理论比容量更高。同时，在相似组成情形下，P2 结构的导电性能优于 O3 结构。

表 6-1 典型 P2 型材料的电化学性能参数

材料	工作电压区间/V	首圈放电比容量 /(mA·h/g)	容量保持率(循环性能)
$Na_{1/2}VO_2$	1.50～3.60	82(0.10C)	70%(第 30 次循环)
$Na_{1/2}CoO_2$	2.00～3.80	116(0.10C)	90%(第 20 次循环)
$Na_{1/2}MnO_2$	1.40～4.30	190(0.10C)	95%(第 5 次循环)
$Na_{1/2}CrO_2$	2.00～2.60	112(0.10C)	80%(第 10 次循环)

对于 P2 型过渡金属氧化物而言，在充放电过程中，其结构会经历从 P2 向 O2 的相变。如图 6-3 所示，当钠离子被逐渐迁移时，位于三棱柱位点上的钠离子数目随之减少，形成了较多的空位。在此情况下，体系中剩余的钠离子更倾向于占据更加稳定的八面体间隙位置。这一变化导致了晶体结构基本单元由原来的三层氧原子堆叠模式转变为两层排列方式，即 O2 型结构。反之，在钠离子重新嵌入材料的过程中，上述结构转换则以逆向形式发生。O3 型氧化物正极材料的结构特性如下：此类材料以氧原子构成的六方最密堆积阵列为基础，钠离子与过渡金属离子依其半径差异占据特定位置的八面体间隙。具体而言，在这种 O3 型架构中，相邻边共享的 MO_6 单元以及 NaO_2 单元共同构建了交替排

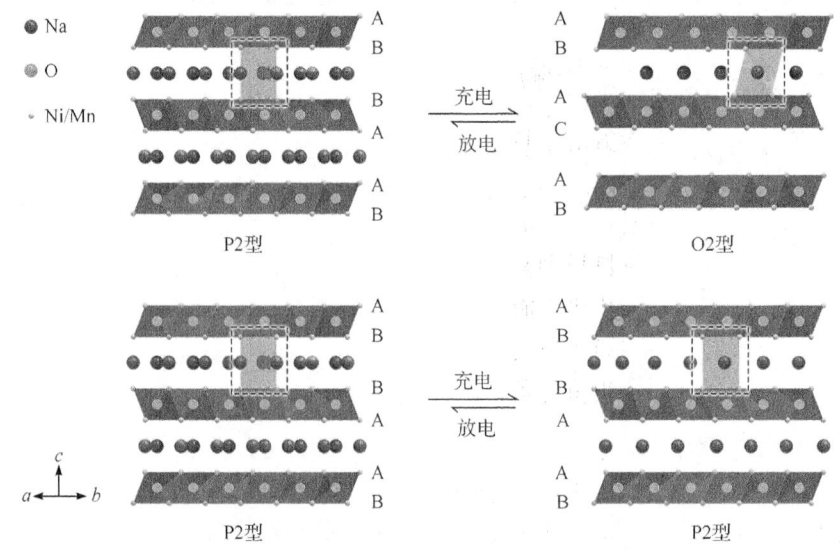

图 6-3 理想 P2 型稳定结构演变示意图

列的 MO₂ 层与 NaO₂ 层面；进一步地，通过 NaO₆ 单元堆叠形成了三层独特的 MO₂ 层序列——AB、CA 及 BC 类型，钠离子则分布于这些层所构成的八面体空位之内。图 6-4 展示了层状过渡金属氧化物的具体构型。几种典型 O3 型材料的电化学性能参数详见表 6-2。

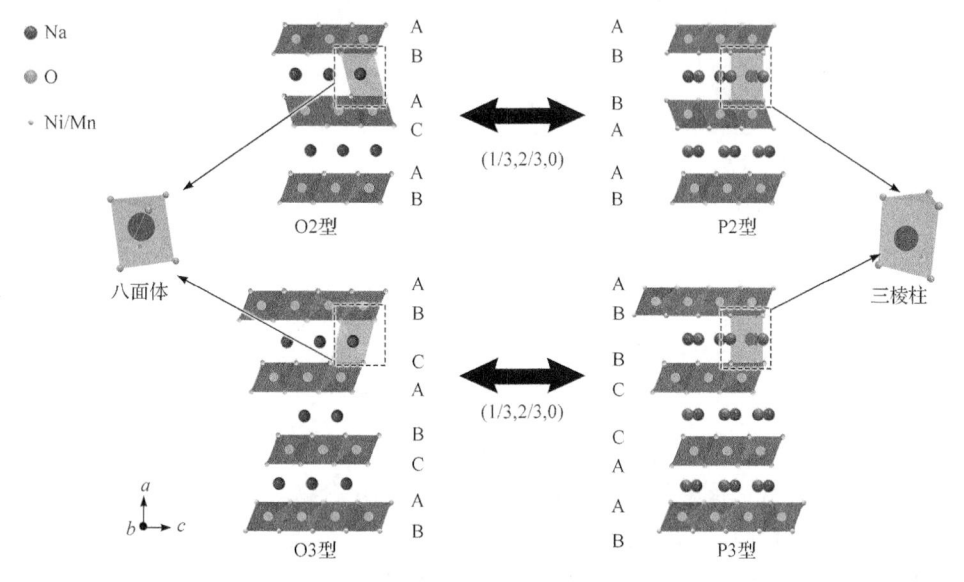

图 6-4 层状过渡金属氧化物结构示意图

表 6-2 典型 O3 型材料的电化学性能参数

材料	工作电压区间/V	首圈放电比容量/(mA·h/g)	容量保持率(循环性能)
NaNiO₂	1.25~3.75	125(0.10C)	85%(第 5 次循环)
NaTiO₂	0.60~1.60	152(0.10C)	98%(第 60 次循环)
NaFeO₂	1.50~3.60	82(0.10C)	75%(第 30 次循环)
NaCoO₂	2.00~3.80	116(0.10C)	80%(第 10 次循环)
NaMnO₂	2.00~3.80	187(0.10C)	70%(第 20 次循环)
NaCrO₂	2.00~2.60	112(0.10C)	90%(第 300 次循环)

对于 O3 型氧化物正极材料，在充放电循环过程中，多数 O3 型结构的正极材料会经历由 O3 向 P3 相态的转变。这种 P3 相通常出现在钠离子浓度较低的情况下，作为亚稳态存在，P3 型层状氧化物可以通过简单的低温煅烧方法制备得到。P3 型晶体结构的 X 射线衍射(XRD)分析结果示于图 6-5，其特征与 O3 型颇为近似，然而二者也存在显著差异，即 P3 相中(015)晶面较(104)晶面峰强度更高，而于 O3 型材料中则呈现相反情形。

6.2.2 聚阴离子型正极材料

钠基聚阴离子化合物是一种特殊类型的材料，其结构是由聚阴离子多面体与过渡金属阳离子多面体通过强共价键相互连接而成的三维框架。这类化合物的通用化学表达式为 Na$_x$M$_y$(X$_a$O$_b$)$_z$Z$_w$。在此公式中，M 可以是钛、钒、铬、锰、铁、钴、镍、钙、镁、铝或铌等元素之一或是它们中的组合；X 则可能包括硅、硫、磷、砷、硼、钼、钨或锗等；

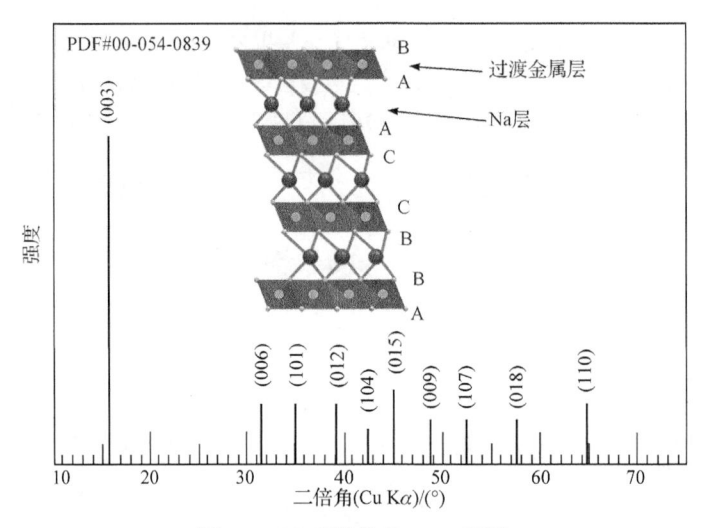

图 6-5 P3 型结构的 XRD 图谱

而 Z 通常是指氟或羟基等成分。聚阴离子型正极材料的常见类型涵盖了磷酸盐、焦磷酸盐、硫酸盐、硅酸盐、硼酸盐及混合聚阴离子等多种化合物。与锂离子电池体系类似，磷酸盐类化合物是目前研究最为广泛的聚阴离子脱出/嵌入载体。在聚阴离子型正极材料中，特有的聚阴离子结构单元通过强共价键紧密相连，有效地将聚阴离子基团与过渡金属离子的价电子隔离开来。这种孤立的电子结构赋予了此类材料较高的工作电压，但同时也导致其电子电导率相对较低，极大地限制了它们在高倍率条件下的充放电性能，从而给实际应用带来了一定挑战。因此，针对这类材料的研究和改性工作主要集中于提升材料的电子电导率上。主要采取的改性策略包括纳米化处理及碳包覆技术：前者能够增加活性颗粒与电解液之间的接触面积，并且缩短钠离子扩散所需的路径；后者则有助于增强材料表面的电子传导能力，改善颗粒间的电接触；此外，碳包覆层还能有效抑制颗粒尺寸的增长，在促进材料向纳米尺度转变的同时，进一步缓解了颗粒聚集。磷酸盐类材料是聚阴离子型材料中最具代表性的类型之一，主要包括橄榄石型的 $NaMPO_4$(其中 M 可以是 Fe 或 Mn)和钠快离子导体型的 $Na_xM_2(PO_4)_3$(M 为 V 或 Ti)。在这些聚阴离子化合物中，橄榄石结构的 $NaMPO_4$ 因结构相对简单而备受关注。接下来将以 $NaMPO_4$ 为例来进一步阐述此类材料的特点。受锂离子电池领域内 $LiFePO_4$ 成功应用的启发，科学家也对钠离子电池体系中橄榄石结构的 $NaFePO_4$ 展开了探索。需着重指出，就 $NaFePO_4$ 而言，只有当温度低于 480℃时才能保持稳定的橄榄石相；一旦超过此温度，则会转变为热力学上更加稳定的磷铁钠矿相。当前制备橄榄石型 $NaFePO_4$ 的方法主要是先将 $LiFePO_4$ 脱锂处理，随后通过电化学手段进行钠化。图 6-6 展示了这两种物质的晶体结构示意图：$NaFePO_4$ 属于正交晶系，Pmnb 空间群，其晶体骨架由 FeO_6 八面体及 PO_4 四面体组成，Na^+ 位于共边八面体位置并沿 b 轴方向形成连续链状排列。具体而言，每个 FeO_6 八面体与两个 NaO_6 八面体及一个 PO_4 四面体共边，同时每个 PO_4 四面体则与一个 FeO_6 八面体及两个 NaO_6 八面体相邻。这种特殊的几何构型允许钠离子在一维路径上自由移动，在充放电过程中，能够顺利地从主体结构中脱出或嵌入而不引起结构破坏。相比之下，在磷铁钠矿型结构里，Na^+ 与 Fe^{2+} 的位置互换，但磷酸根基团的位置不变。这一变化导致了该结构缺乏有效的钠离子传导通道,从而丧失了电化学活性。

(a) 橄榄石型NaFePO₄

(b) 磷铁钠矿型NaFePO₄

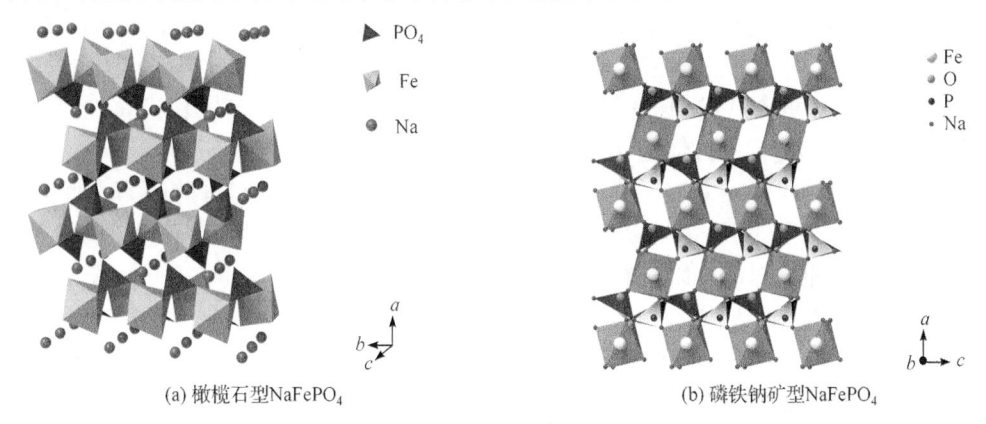

图6-6 橄榄石型NaFePO₄和磷铁钠矿型NaFePO₄的晶体结构示意图

大多数硫酸盐材料源自矿物资源,其化学通式可表示为 Na₂M(SO₄)₂·2H₂O(其中 M 代表过渡金属)。与其他聚阴离子化合物,如 PO_4^{3-}、BO_3^{3-} 及 SO_4^{4-} 相比,SO_4^{2-} 基团表现出较低的热力学稳定性,分解温度通常不超过 400℃,且分解过程中会释放出 SO₂ 气体。鉴于此特性,在合成这类材料时倾向于采用低温固相法。接下来将重点探讨 Krohnkite 型含水铁基硫酸盐 Na₂Fe(SO₄)₂·2H₂O 的晶体结构及相关性能特征。该化合物属于单斜晶系,P2₁/c 空间群,其晶体构架由多个 Fe(SO₄)₂·2H₂O 单元构成,具体形态如图 6-7(a)所示。Na-Fe-S-O-H 体系因成本低廉且具备相对较高的 Fe^{3+}/Fe^{2+} 氧化还原电位(约 3.25 V)而受到关注,但这种材料的放电比容量欠佳,仅为 70 mA·h/g,详情请参阅图 6-7(b)。

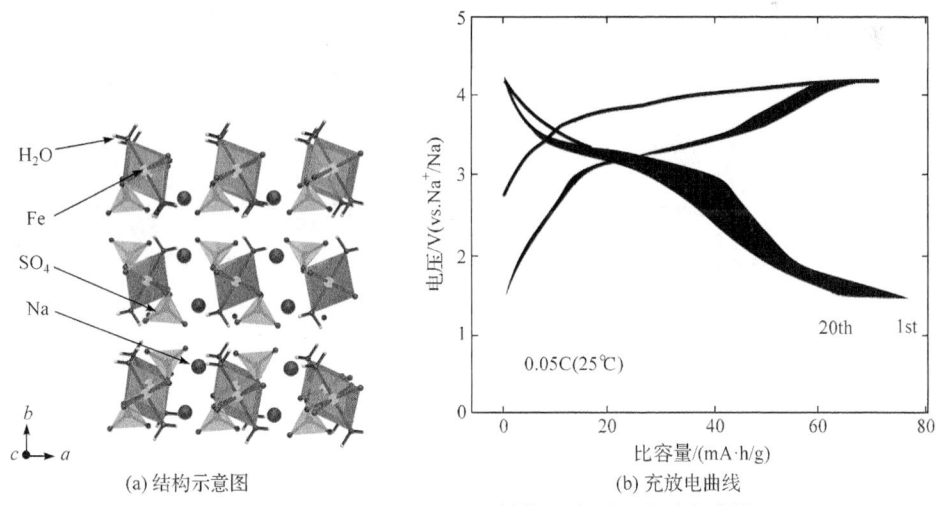

(a) 结构示意图

(b) 充放电曲线

图6-7 Na₂Fe(SO₄)₂·2H₂O 的结构示意图和充放电曲线

6.2.3 普鲁士蓝类正极材料

普鲁士蓝类正极材料的化学组成可以描述为 $A_xM_1[M_2(CN)_6]_{1-y}\square_y \cdot nH_2O$($0 \leq x \leq 2$, $0 \leq y<1$),其中 A 代表碱金属离子,如钠、钾等;M₁ 和 M₂ 则指代不同配位类型的过渡金属离子(M₁ 与氮配位、M₂ 与碳配位),包括锰、铁、钴、镍、铜、锌、铬等元素;□表示[M₂(CN)₆]

空位。鉴于铁氰化物结构稳定且其前驱体容易获得，研究者往往倾向于探索铁氰化物形式的普鲁士蓝材料，即 $A_xM[Fe(CN)_6]_{1-y}\square_y \cdot nH_2O$(metal hexacyanoferrate，MHCF 或 MFe-PBA)。这些化合物普遍具有面心立方晶体结构，在该结构中，金属 M 与铁氰根按照 Fe—C≡N—M 的方式排列成三维网络骨架，其中 Fe 离子和 M 离子位于立方体顶点位置，而 C≡N 键则占据立方体边缘，同时，嵌入离子 A 以及晶格水分子填充于立方体内部空隙之中，具体可见图 6-8。这类材料的主要特征如下：①由于 Fe—C≡N—M 框架独特的电子特性(Fe 对 C 原子存在反馈 π 键，并且不同的 M^{n+} 对 Fe^{3+}/Fe^{2+} 表现出诱导效应)，Fe^{3+}/Fe^{2+} 氧化还原电对能够维持在相对较高的工作电压范围内(2.7~3.8 V vs. Na^+/ Na)；②通过利用 M^{3+}/M^{2+} 与 Fe^{3+}/Fe^{2+} 两组氧化还原电对，理论上最多可实现两个钠离子的可逆脱出/嵌入过程，以 $Na_2Fe[Fe(CN)_6]$ 为例，对应的理论比容量可达 170 mA·h/g；③开放式的三维离子传输路径有利于促进钠离子快速地脱出/嵌入；④Fe—CN 配合物拥有较高的稳定性常数 K($[Fe(CN)_6]^{4-}$，$\lg K = 35$；$[Fe(CN)_6]^{3-}$，$\lg K = 42$)，这不仅有助于保持整体三维框架结构的稳固性，还能有效缓解因钠离子进出而导致的结构应力变化，从而赋予材料更长的循环使用寿命；⑤整个骨架体系内含有的过渡金属离子均具备环保、低成本的优势，可通过简单的液相沉淀反应制备而成，大大降低了生产成本；⑥普鲁士蓝类正极材料还表现出较低的溶解度积特性，这一特点使其在水系电解质环境中不易发生溶解损失，因此也非常适合作为水溶液电池系统的正极材料使用。

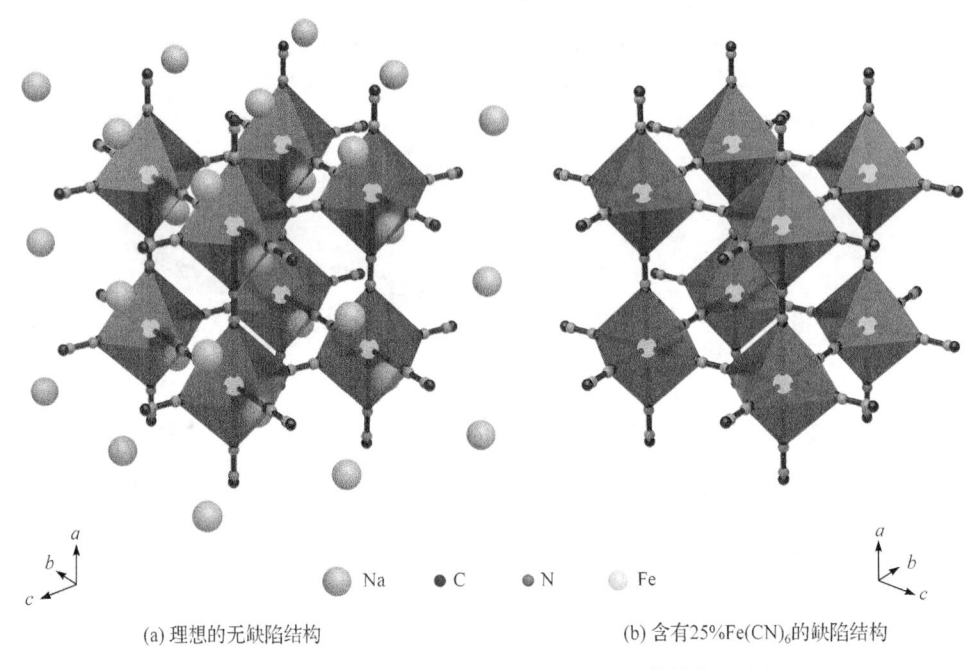

(a) 理想的无缺陷结构　　　　(b) 含有25%$Fe(CN)_6$的缺陷结构

图 6-8　普鲁士蓝化合物 $Na_2M[Fe(CN)_6]$的晶体结构示意图

尽管普鲁士蓝类正极材料具备诸多优势，然于实际应用时，却面临容量利用率偏低、效率欠佳、倍率性能不良以及循环稳定性欠缺等问题。此类问题的主要根源或在于普鲁士蓝结构中所存在的 $Fe(CN)_6$ 空位及晶格水分子的影响。以 $Na_2M[Fe(CN)_6]$ 为例进行说明：通常情况下，$Na_2M[Fe(CN)_6]$ 是通过水溶液中 M^{2+} 与 $Na_4[Fe(CN)_6]$ 之间的快速沉淀反应制备而成的，通过此过程形成的晶体结构内会含有一定数量的 Fe(CN)$_6$ 空位和晶格水分子，从而形成化学式为 Na$_{2-x}$M[Fe(CN)$_6$]$_{1-y}$□$_y$·nH$_2$O 的化合物(图 6-8(b))。这些缺陷对普鲁士蓝材料的电化学储钠能力产生了显著影响，具体表现为以下几个方面：①Fe(CN)$_6$ 空位减少了可用于氧化还原反应的活性位点，并降低了晶格内的氮含量，进而导致储钠容量的实际值低于预期；②随着 Fe(CN)$_6$ 空位增多，晶格内部水分含量上升，且部分水分在充放电过程中逸出至电解液中，这不仅降低了首次充放电效率，也影响了后续循环过程中的能量转换效率；③晶格中存在的水分子占据了本应由钠离子占据的位置，使得实际可利用的容量小于理论计算值；④由于 Fe(CN)$_6$ 空位破坏了晶体结构的完整性，在钠离子脱嵌时容易引发晶格变形甚至崩塌，严重影响了材料的循环使用寿命；⑤在制备前驱体 Na$_4$[Fe(CN)$_6$]的过程中需要用到剧毒物质氰化钠(NaCN)，这一点也需要引起足够重视。当前报道的普鲁士蓝类似物主要分为钠含量较低和较高的两大类。对于钠含量较低的一类，其钠原子比通常不超过 1；而钠含量较高者，该比例大于 1。高钠材料自身已具备足够的钠源，因此能够与现有的硬碳负极材料良好地结合使用。随着晶格中钠元素数量的增加，晶体结构会经历从立方结构(空间群 Fm-3m)到斜方六面体结构(空间群 R-3m)的变化过程；同时，化合物之色也由柏林绿渐次转变为普鲁士蓝乃至普鲁士白，此颜色之变主要因氰基阴离子振动模式频率之改变而引发。借由调节前驱物质的比例及氧化态，研究人员可制备出钠浓度各异的普鲁士蓝系列化合物。此外，关于这类材料作为储钠正极在有机电解质及水溶液环境下的电化学性能已有广泛探讨。依据过渡金属离子 M 的具体类型，这些材料大致可被归为 A$_x$Fe[Fe(CN)$_6$]、A$_x$Mn[Fe(CN)$_6$]、A$_x$Ni[Fe(CN)$_6$]、A$_x$Cu[Fe(CN)$_6$]、A$_x$Co[Fe(CN)$_6$]以及其他形式的普鲁士蓝衍生物几大类别。

6.2.4 无机硫正极材料

固态单质硫一般以 S 形式存在，钠硫电池的工作原理基于正极和负极之间的离子交换。在充电过程中，钠金属离子从正极迁移到负极，与硫反应形成多硫化钠；而在放电过程中，钠金属离子则从负极返回到正极，同时释放出电子，通过外部电路产生电流。这种放电机制会生成可溶于醚类电解液的多硫化物，致使电池出现穿梭效应，进而引发电池库仑效率低下与循环寿命缩短。一般而言，可以通过硫正极结构的设计来抑制反应过程中产生的多硫化钠溶出与扩散，也可以采用小分子硫作为正极材料改善室温下钠硫电池的循环性能。

在正极结构设计方面，将硫与多种形貌结构的碳材料进行复合是最常应用的策略，如采用介孔碳微球(MCHS)作为硫载体。如图 6-9 所示，碳球内部相互连接的骨架提高了振实密度、结构稳定性和电子传导率，而大量孔隙也提高了硫载量，并且在循环过程中可以缓解体积变化；外部碳层可以抑制多硫化物的溶出。制备的 S@iMCHS 复合材料中的硫含量约 46%，从 2.3 V 放电至 1.6 V 时对应 S$_8$ 被还原为 Na$_2$S$_x$，5≤x≤8，从 1.0 V 放电至 0.8 V 时生成 Na$_2$S。但是当电池重新充电至 2.8 V 时，Na$_2$S 并没有被分解，所以在首次循环中存在很大的不可逆容量。在 100 mA/g 电流下，首次放电容量高达 1215 mA·h/g，稳定可逆容量为 328 mA·h/g，循环 200 次后容量保持率为 88.8%。S@iMCHS 复合材料具有良好的倍率性能。在 0.1 A/g、0.2 A/g、0.5 A/g、1 A/g、2 A/g 和 5 A/g 电流下，比容量分别为 391 mA·h/g、386 mA·h/g、352 mA·h/g、305 mA·h/g、174 mA·h/g 和 127 mA·h/g。

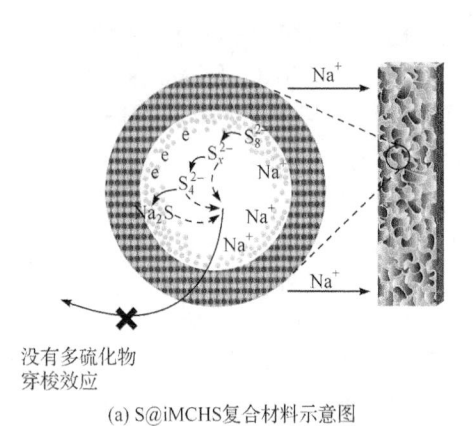

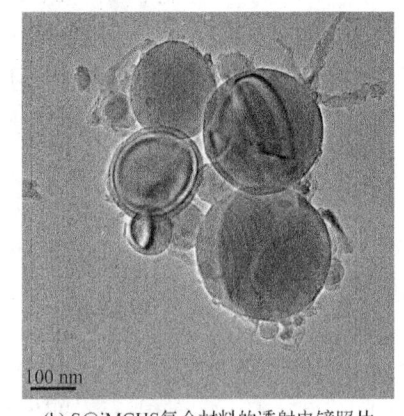

(a) S@iMCHS复合材料示意图　　(b) S@iMCHS复合材料的透射电镜照片

图 6-9　S@iMCHS 复合材料

6.3　钠离子电池负极材料

从锂离子电池技术的发展历程来看，负极材料的研究对于推动其商业化进程起到了关键性的作用。特别是在 20 世纪 90 年代，石墨作为新型负极材料引入，有效地解决了锂金属负极因枝晶形成而带来的安全隐患，从而极大地促进了锂离子电池的大规模应用。然而，在钠离子电池领域，由于石墨在碳酸酯类电解质中储存钠的能力较弱，寻觅一种兼具经济性与高效性的替代负极材料遂成为钠离子电池产业化之必备要件。在实验室内，常以金属钠作参比电极测试新开发电极材料的性能表现；然而于实际电池体系中运用金属钠作为负极时，面临循环进程中钠枝晶穿透隔膜引发内部短路的风险。此外，考虑到金属钠较低的熔点(约 97.7℃)及其高度活性，在制造与工作过程中存在潜在的安全隐患，故难以将其直接应用于钠离子电池的负极。鉴于此，近年来科学家致力于探索适合于钠离子电池的新型负极材料，并取得了显著进展。如图 6-10 所示，当前已报道的钠离子电池负极材料涵盖了碳基、钛基、有机材料以及合金等多种类型。

6.3.1　插层类负极材料

碳基材料属于典型的嵌入型负极材料。传统石墨类碳基材料具有价格低廉、导电性优异以及化学稳定性好等特点，是研究最早也是当前已经商业用于锂离子电池的负极材料。然而，钠离子半径(1.06 Å)相比于锂离子半径(0.76 Å)更大，使得钠离子很难在相对较小的石墨碳层间进行有效的脱嵌，因此将石墨类碳基材料直接用于钠离子电池负极材料时常常表现出电化学惰性。此外，钠离子在石墨层间的稳定性较差，嵌钠反应所形成的产物 NaC_{64} 属于高阶嵌入化合物，表明石墨类碳基材料仅能储存少量钠离子，因此石墨类碳基材料通常不适宜直接应用于钠离子电池负极。为了解决这一问题，2013 年 Chou 等将还原氧化石墨烯独特的二维纳米片结构作为钠离子电池的负极材料，因其大的电导率、大的比表面积和稳定的物理化学性质等优点，其在 40 mA/g 电流密度下可循环 1000 次，质量比容量可以达到 141 mA·h/g。2014 年，Wen 等通过对传统的石墨进行氧化处

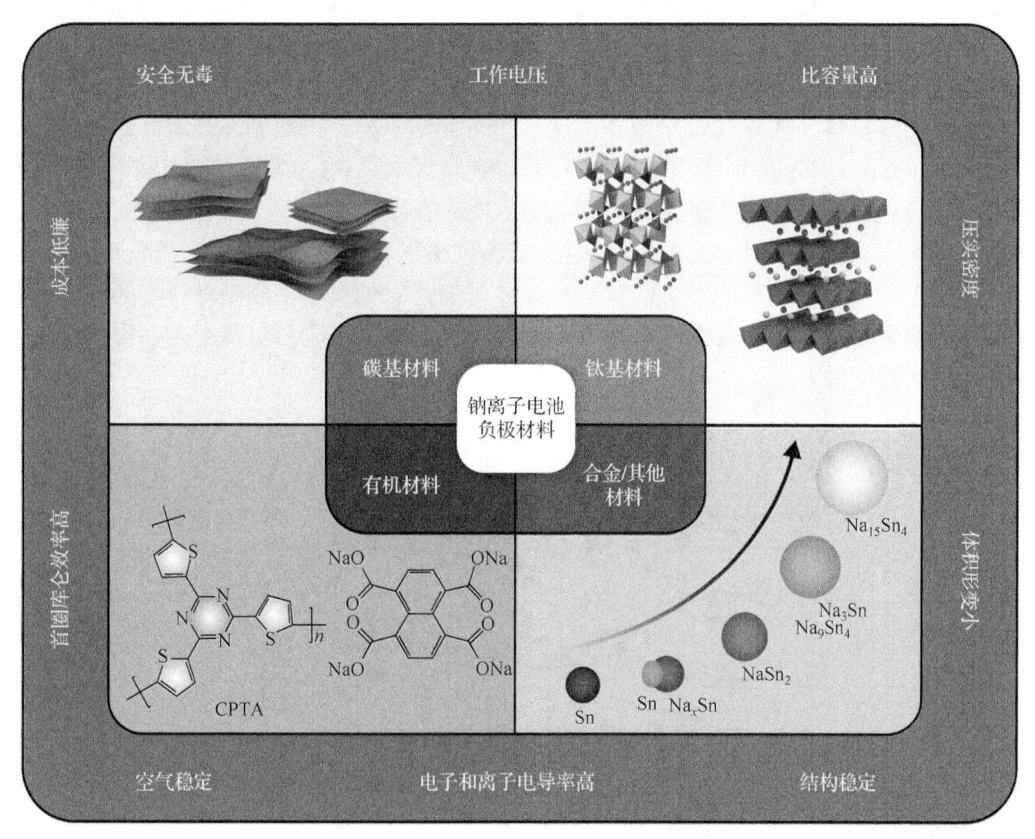

图 6-10 钠离子电池主要负极材料及要求

理，在石墨层间引入丰富含氧官能团，并借由调控氧化处理时长获得了具有不同层间距的膨胀石墨。其中，该膨胀石墨的层间距最大可以由原始的 0.34 nm 扩大到 0.43 nm，极大地改善了钠离子在石墨中缓慢扩散的动力学问题，如图 6-11 所示。将其作为钠离子电池负极材料进行性能测试时表现出优异的循环稳定性和比容量，特别是在相对较大的电流密度(100 mA/g)条件下循环 2000 次，该电池依然表现出 136 mA·h/g 的质量比容量，相对于传统石墨材料的质量比容量(13 mA·h/g)有了显著提高。自此，石墨类碳基材料在钠离子电池领域的应用取得了突破性进展。

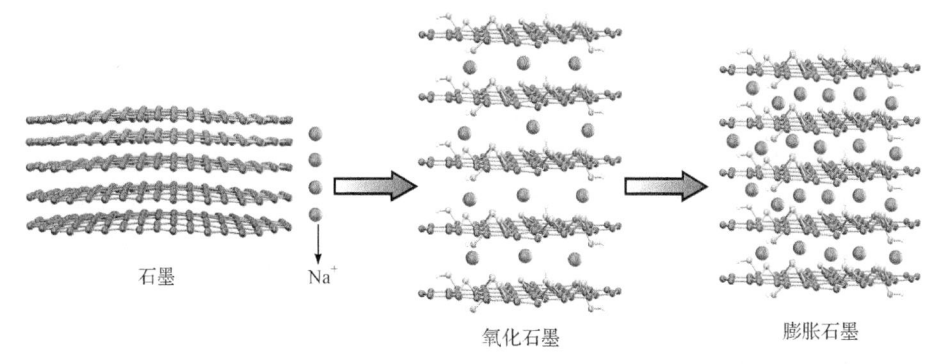

图 6-11 钠离子在石墨类碳基材料中的嵌入机理

硬碳因具有较大层间距和高度无序不规则结构，作为钠离子电池负极时表现出较高的功率密度而被广泛关注。2000 年，Stevens 和 Dahn 将葡萄糖预先水热处理后进行 1000℃热解得到硬碳材料，在 0~2.0 V 电压范围内进行储钠研究，虽然循环稳定性并不好，但是获得了 300 mA·h/g 的可逆质量比容量，并且在较低电势 0.1 V 附近展现出稳定的平台。通过分析，他们认为钠离子首先在较高电位下嵌入石墨碳层之间，随着电压的降低，钠离子继续填充到硬碳材料的纳米孔内，进而提出硬碳材料中的储钠机理为 "house of card" 嵌入模型，如图 6-12 所示。2002 年，Billaud 等通过对钠离子在硬碳材料中的嵌入行为机理进行研究发现，硬碳材料的电化学嵌钠行为受前驱体性质和制备工艺的影响，随着前驱体热解温度的升高，钠离子嵌入量将降低。

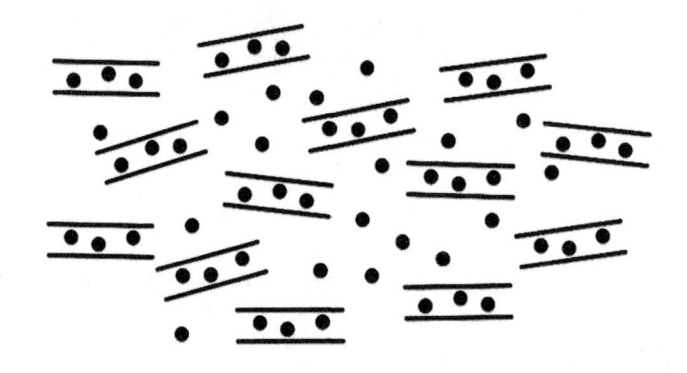

图 6-12 钠离子在硬碳中的 "house of card" 嵌入模型

硬碳于钠离子电池负极材料领域颇具发展潜力，然而纳米结构的硬碳通常具有较大的比表面积，在首次充放电过程中易与电解液发生副反应并生成不稳定的 SEI 膜，致使大量钠离子不可逆消耗，造成首次库仑效率低且循环稳定性欠佳，难以契合实际应用之需求。2011 年，Komaba 等依据硬碳的储钠机理，探究了硬碳负极在不同电压范围和不同种类电解液中的钠离子储存能力。Zhou 等采用醚类电解液不仅显著提升了硬碳材料的首次库仑效率，也有效改善了其倍率性能。通过电化学测试发现，这是由于电极材料在醚类电解液中相较于常用酯类电解液具有更小的电化学极化，从而利于形成稳定的 SEI 膜，这对提高硬碳的首次库仑效率和循环稳定性具有很大的帮助。

另有研究表明，可以通过对碳基材料的微纳结构进行合理的优化设计，从而改善其储钠性能，例如，改变碳层和孔隙度的比例、增大碳层间的层间距以及引入异质原子的掺杂率获得具有不同缺陷度和孔隙度的硬碳材料，从而改变钠离子在碳基材料中的扩散路径以提升整个电极材料的比容量。例如，Xiao 等通过变更以蔗糖为碳源的热解升温速率来提高离子扩散系数。碳基材料表面电负性受掺杂异质原子外层轨道电子态的影响，对碳基材料引入异质原子掺杂，如硼(B)、氮(N)、氧(O)、氟(F)、磷(P)和硫(S)等，都将使碳基材料于电解液中的浸润性增强，大幅提升其比表面积利用率，同时降低电极材料于循环过程中的界面电阻，进而改善其电化学性能。另外，异质原子的引入可以改变碳基材料的费米能级，进而改善碳基材料的电容性行为与倍率性能；同时碳基材料的层间距会因异质原子的掺杂变得更大,这为离子半径较大的钠离子提供了更多的脱嵌空间,其所引入的官能团也为钠离子嵌入提供了更多氧化还原活性位点,因此大幅提升了电池比容量。近年来,经过科研工作者的不懈努力,碳基材料在钠离子储存能力方面有了很明显的提升,被认为是最有应用前景的一种钠离子电池负极材料。但是其接近钠沉积的低电压平台,在电化学循环过程中易诱发枝晶生长,构成安全隐患;同时,最有希望的硬碳材料在大规模制备方面也存在一些亟需解决的问题。通常硬碳是由生物质或者人工合成的树脂经过高温处理得到的,但是这些前驱体本身具有较高的生产成本,并且热解产率非常低,造成硬碳负极具有较高的价格,从而大大增加钠离子电池的成本,所以探索一种可大规模制备硬碳负极的有效合成方法并降低生产价格,是未来实现钠离子电池商品化的关键。

6.3.2 合金类负极材料

为实现高能量密度的储能器件,需要探寻高比容量的负极材料。在锂离子电池中,合金类负极材料与碳基材料都具有明显的高容量优势;同样,合金类负极材料在钠离子电池中也因具有理论比容量高、导电性好等优点而受到广泛关注。合金类负极材料是指在电化学循环过程中与金属钠形成的含钠化合物,主要有锗(Ge)、硅(Si)、锡(Sn)、锑(Sb)、磷(P)和铋(Bi)等元素,如表 6-3 所示。

表 6-3　与钠合金化的元素及相应理论合金化产物、理论质量比容量和体积膨胀情况

元素	Ge	Si	Sn	Sb	P
理论合金化产物	NaGe	NaSi	Na$_{15}$Sn$_4$	Na$_3$Sb	Na$_3$P
理论质量比容量/(mA·h/g)	369	954	847	660	2513
体积膨胀/%	305	114	420	293	308

1. 锡基负极材料

在所有合金类负极材料中,锡材料凭借其资源丰富、价格低廉、较低的储钠电位以及高理论比容量(847 mA·h/g)等优势而受到广泛研究。从锡与钠合金化反应的电位及二元相图(图 6-13)可以看出,其反应过程生成了一系列平衡相。锡能够与多个钠离子形成不同种类的合金,因此表现出高比容量。但实际上锡与钠的反应过程并非与相图中显示的一致,这是因为其中有很多中间态是无定型或者是纳米晶状态的,部分产物甚至极不稳定,现阶段还很难被有效地检测到,因此,关于锡负极材料的储钠机理尚无法精准阐释。2012 年,Wang 等通过原位 TEM 探究锡负极的嵌钠过程发现,锡负极材料在与钠合金化的过程中出现严重的体积膨胀和物相变化,如图 6-14 所示。在嵌钠初期发生两相嵌钠的过程,生成贫钠并且类似无定型的 NaSn$_2$,体积膨胀为 56%。随着嵌钠的深入,合金化过程发生单相反应,由无定型的富钠相 Na$_9$Sn$_4$、Na$_3$Sn 逐渐演变成具有晶型的 Na$_{15}$Sn$_4$,但是其体积膨胀竟高达 420%,这使得锡负极结构发生严重的破坏,造成电极材料发生粉化而从集流体上脱落,最终导致电池循环稳定性逐渐衰减。

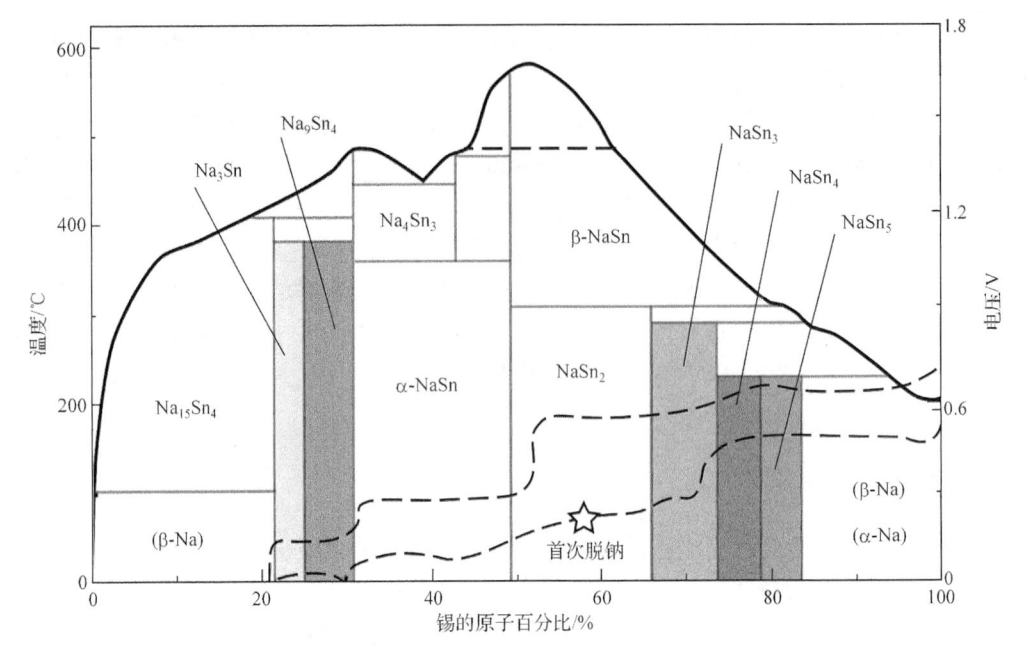

图 6-13 锡与钠合金化反应的电位及二元相图(实线为温度,虚线为电压)

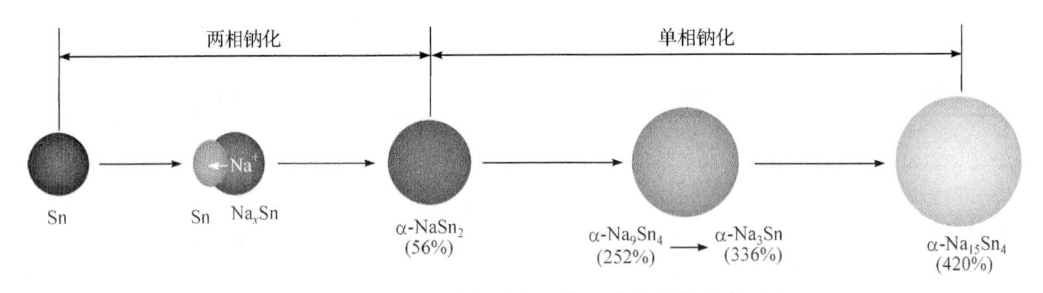

图 6-14 锡负极材料与钠合金化反应的结构变化示意

为了改善锡负极材料与钠的体积效应从而获得稳定的循环性能,常用的方法有将锡材料纳米化、与碳复合以及生产合金化合物。2014 年,南开大学陈军院士课题组采用喷雾热解技术将锡纳米颗粒限制在由酚醛树脂衍生的碳球内,通过调控锡源浓度,使锡颗粒最小可达 8 nm,呈类火龙果状,有效缓解了锡纳米颗粒的体积膨胀问题。2017 年,Sun 等采用静电纺丝法将锡纳米颗粒均匀地嵌入在氮掺杂的碳纳米纤维中,凭借碳纤维的保护,锡纳米颗粒得以稳固锚定于纤维内,从而确保了其优异的结构稳定性。2014 年中国科学技术大学余彦教授采用温和无模板的溶剂热法合成了由细小 Ni_3Sn_2 颗粒组成的多孔微米笼结构。由于金属 Ni 的引入,不仅改善了负极材料严重的体积膨胀问题,而且钠合金化反应生成产物的空心基质大大增加了整个电极材料的电子导电性,同时其多孔结构缩短了钠离子的扩散路径。

2. 锑基负极材料

金属锑是另一种具有高比容量的钠离子电池负极材料,其理论质量比容量为 660 mA·h/g,并且具有高电子导电性、低成本以及安全的储钠放电平台等优点,其反应机理如图 6-15 所示。

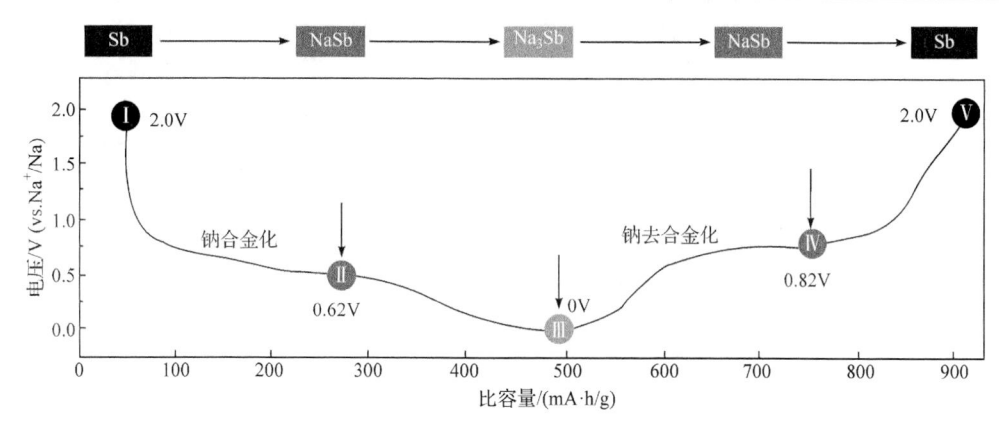

图 6-15 锑与钠合金化以及去合金化的机理示意

与金属锡负极类似，金属锑在与钠合金化时也会产生巨大的体积膨胀而造成电极材料粉化。为缓解其严重的体积效应，通常采用制备多孔结构、复合材料以及金属间化合物等方法，以改善锑的电化学性能。Zhang 等利用铜纳米线为模板，采用与 Sb^{3+} 离子交换法获得锑纳米管。这种空心管状结构很好地缓解了钠离子合金化反应所产生的体积膨胀问题，获得了高的循环稳定性。Lou 等采用 Sb_2S_3 纳米棒为模板，外面包覆碳层，随后经过碳热还原获得具有同轴空心结构的 Sb/C 复合材料，其空心的内部结构以及外部的碳层保护同时对缓解体积膨胀起作用，而且外层的碳改善了锑的电子导电性，因此获得了优异的倍率性能。此外，将超细 Sb 纳米粒子限制在氮掺杂的碳纳米纤维内，同样可以起到缓冲充放电过程中合金化反应所造成的体积膨胀问题。

除了将锑与碳复合之外，过渡金属与锑组合成二元合金复合材料(如 Cu_2Sb、NiSb、Mo_3Sb_7 等)也是最近几年研究的方向。在充放电过程中，这些二元合金中的非活性金属能够作为缓冲基质来缓解与钠作用造成的体积应力应变，从而改善循环稳定性。Yu 等利用 Sb 与金属 Ni 形成多孔合金，同时采用高导电性的石墨材料进行包覆，大大改善了 Sb 的循环稳定性。另外，Sn 也能够与 Sb 组合成二元合金相，用作钠离子电池负极材料。

3. 磷基负极材料

迄今为止，在所有合金类负极材料中，磷的理论储钠比容量是最高的，可以达到 2513 mA·h/g，并且磷的储钠电位在 0.4 V 附近，能够有效地避免磷与钠作用生成的钠枝晶造成的安全隐患。自然界中的磷主要存在三种同素异形体，即白磷、黑磷和红磷。其中白磷具有熔点低、剧毒以及化学性质极不稳定的特点，在湿空气中 40℃就会着火，因此不适合作为电极材料使用；黑磷具有电子电导率高和热力学稳定等特性，但是其合成条件比较苛刻；相比之下，红磷不仅具有储量丰富、成本低廉以及制备方法简单等优点，而且是三种磷中最稳定的，因此更受研究者关注。通常每摩尔红磷能够与 3 mol 的钠离子作用形成 Na_3P 合金化产物，红磷作为钠离子电池负极时的循环伏安曲线如图 6-16 所示。

首次放电过程中出现两个还原峰，分别位于 1.0～0.5 V 以及 0.2～0 V，前者对应于电解液的分解以及在电极材料表面形成的 SEI 膜，后者则是钠离子嵌入磷内部逐渐形成磷化钠合金(Na_xP)并最终形成 Na_3P。首次充电过程中出现了三个氧化峰，分别在 0.53 V、

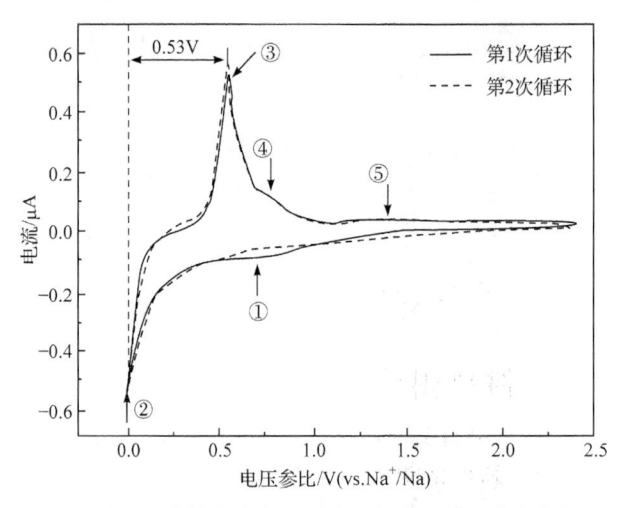

图6-16 红磷作为钠离子电池负极时的循环伏安曲线

0.76 V以及1.42 V，其反应过程是钠离子逐渐从Na_3P中脱出，分别形成Na_2P、NaP以及NaP_7中间态。虽然红磷作为钠离子电池负极材料具有高比容量，但是在实际应用中仍然存在几个问题：红磷的导电性较差，其电子电导率只有10^{-14} S/cm，因此在循环过程中钠离子的扩散动力学较差，并且会引起严重的电化学极化现象；在钠离子嵌入/脱出过程中产生较大的体积膨胀，引起电极材料严重粉化以及脱落现象，由此形成新的电极材料界面并形成新的SEI膜，不断消耗电解液中的钠离子以及电极材料本身，从而降低循环过程的库仑效率并使得比容量逐渐降低。钠离子嵌入生成的具有高度活性的最终产物Na_3P会催化电解液的分解，引起不可避免的副反应，并且Na_3P很容易发生水解生成剧毒物质PH_3，从而严重阻碍了其实际应用。

为了解决上述问题，科研工作者开展了多种改性研究，主要集中在两方面，分别是将红磷尺寸纳米化以及与各类导电基质复合，从而缩短钠离子扩散路径以及缓解钠离子嵌入/脱出引起的体积膨胀。

6.3.3 转换型负极材料

作为钠离子电池负极，转换型负极材料是除合金类负极材料外另一种具有高比容量的负极材料。转换型负极材料比合金类负极材料要复杂且多样，主要分为两种类型：第一种类型是先发生转换反应后发生合金化反应，这类材料因同时发生转换型和合金化型，所以其理论比容量通常比相应的活性金属单质要高；第二种类型是只发生转换反应的负极材料，这种材料通常是过渡金属氮化物、氧化物、磷化物、硫化物、硒化物和碲化物等，其中研究较多的过渡金属是Ti、Mo、W、V、Mn、Fe、Co、Ni、Cu、Zn和Re等。当前研究最广泛的钠离子电池转换型负极材料是金属氧化物和金属硫化物负极材料。

1. 金属氧化物负极材料

金属氧化物中研究较多的是SnO_2负极材料以及部分过渡金属元素，如Fe、Co和Ni等。但是SnO_2作为半导体，其导电性相对较差，而且与钠发生转换反应时具有较大的体积膨胀，引起严重的结构破坏，从而导致较差的循环稳定性和倍率性能。通过设计出特定的微纳结构以及采用碳基材料进行包覆可以改善 SnO$_2$ 材料的电化学性能。如图 6-17 所示，SnO$_2$ 纳米粒子限制在一维多壁碳纳米管内、附着在二维石墨烯纳米片上以及三维多孔碳框架内都可以获得较好的电化学性能，但将 SnO$_2$ 直接以纳米片的形式生长在碳布基底上时表现出相对较差的倍率性能，这可能是活性材料 SnO$_2$ 直接与电解液接触，发生了不可避免的副反应并不断消耗电解液以及活性材料的量，而且没有形成对其体积膨胀的保护基质，从而导致电极材料脱落，造成比容量逐渐下降。

(a) 一维多壁碳纳米管　　(b) 二维石墨烯纳米片

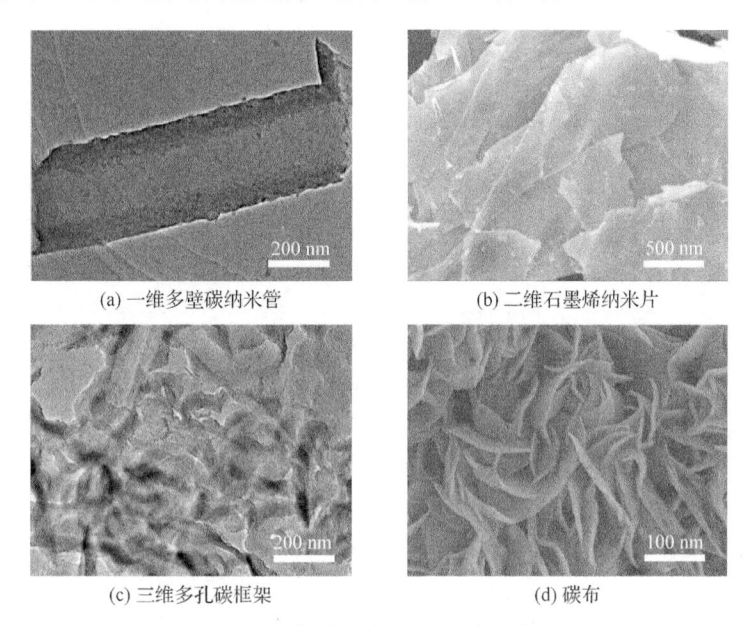

(c) 三维多孔碳框架　　(d) 碳布

图 6-17　各种形态 SnO$_2$/C 复合材料

2. 金属硫化物负极材料

金属硫化物作为钠离子电池负极材料相比于金属氧化物具有更明显的优势。Klein 等比较了各种金属硫化物与对应氧化物的理论比容量，发现通常情况下，金属硫化物理论比容量更大，这可能与 S 更大的原子质量有关。大多数金属硫化物具有层状结构，层与层之间通过分子间的范德瓦尔斯力相互连接，而层内原子通过共价键相互作用，从而形成较稳定的结构，在金属氧化物中，金属与氧成键的键能比金属与硫成键的键能更强，与钠发生转换反应时，金属氧键更不容易断裂，因此金属硫化物反应动力学相对要更快。此外，金属硫化物的层状结构更有利于钠离子的脱嵌，同时反应产物硫化钠通常能够作为反冲基质，从而显著增强活性材料与钠离子发生转换反应的稳定性。

二硫化钼(MoS$_2$)作为类石墨烯的二维层状材料，是金属硫化物中最具有代表性以及研究最广泛的钠离子电池负极材料。我国钼源储量占据世界总储量的 40% 左右，其种类繁多，主要有辉钼矿、铁钼华、钼酸钙矿、蓝钼矿以及胶硫钼矿等，其中铅灰色的辉钼矿是自然界中分布最广也是最具有工业价值的钼矿，辉钼矿的主要成分是二硫化钼(MoS$_2$)。MoS$_2$ 凭借其独特的物理性质展现出优异的光学、电学等特性，成功应用于集成电路、太阳能电池、润滑剂、光催化/电催化析氢、生物传感器以及各种能源存储等领域，其物理性质如表 6-4 所示。

表 6-4　MoS₂ 的物理性质

性质类别	具体参数
化学式	MoS₂
颜色	天然的为铅灰色固体粉末，人工合成的是黑色
相对分子质量	160.07
密度	4.80 g/cm³
熔点	1185℃
晶格常数	$a=b=0.3160$ nm, $c=1.2294$ nm, $Z=0.1586$ nm
溶解性	溶于王水和浓硫酸，不溶于稀酸
热膨胀系数	10.7×10^{-6} K⁻¹
稳定性	在空气中 315℃ 易被氧化，氧化速率随着温度上升而加快
莫氏硬度	1.5
摩擦系数	0.02

从 MoS₂ 的结构示意图 6-18(a) 中可以看出，二硫化钼具有六方晶型的层状结构，钼原子层位于两个硫原子层之间形成 S-Mo-S 结构，原子间通过共价键衔接在一起。多层二硫化钼的层间距是 0.62 nm，层与层之间通过范德瓦尔斯力相互作用。六方晶系的 MoS₂ 具有三种常见的晶体结构，分别是 2H-MoS₂、1T-MoS₂ 和 3R-MoS₂，如图 6-18(b) 所示。其中，2H-MoS₂ 的 Mo 原子以三菱柱方式配位，由两个相邻的 S-Mo-S 单分子层组成一个晶胞，这种类型的 MoS₂ 具有半导体特性，是自然界中最稳定的存在形式。亚稳相 3R-MoS₂ 也是以三菱柱方式配位的，只是晶胞是由三个 S-Mo-S 分子层组成的，并且在加热的情况下可以向稳定相 2H-MoS₂ 结构转变。1T-MoS₂ 中的 Mo 原子是以八面体方式配位的，表现出较强的金属性质，并且相邻的 MoS₂ 层间距比 2H-MoS₂ 更大，因此导电性优于前两种。

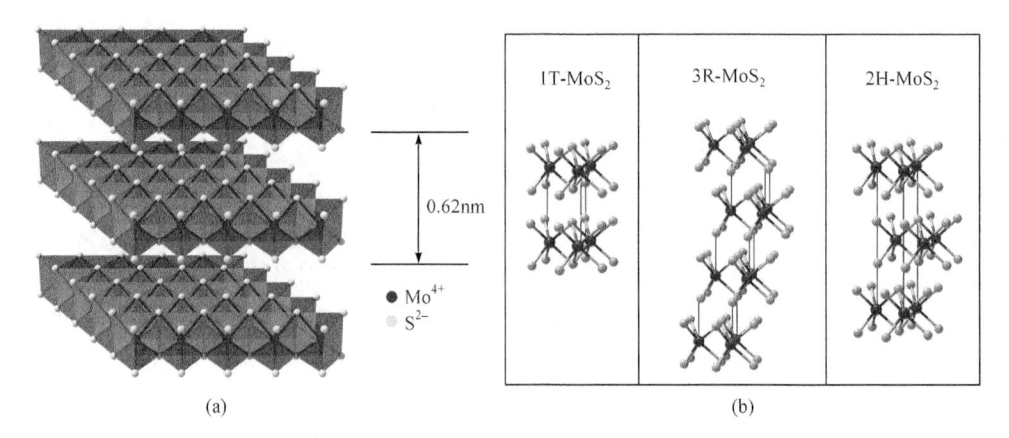

图 6-18　二硫化钼的结构示意以及三种晶型结构模型

MoS₂ 具有高的储钠理论比容量和大的层间距，能够为循环过程中钠离子的脱嵌提供更有利的传输路径。但其导电性差，且在与钠离子发生转换反应时存在严重的体积效应，严重影响 MoS₂ 的钠离子储存能力。为了改善 MoS₂ 的储钠能力，通常采用两种方法。一种是制备出具有特定形貌的 MoS_2，如超薄纳米片、纳米花以及空心结构的 MoS_2。凭借其大的比表面积，可以增大与电解液的接触面积，提供更多反应活性位点，同时对钠离子的嵌入/脱出提供有利的扩散路径，因此表现出较高的比容量。但是其电子导电性依然较差，因此倍率性能没有显著提升。另一种改善 MoS_2 储钠性能的方法是将 MoS_2 与具有高导电性的碳基质进行复合。引入的石墨烯与 MoS_2 直接接触，不仅改善了整个电极材料的电子导电性，而且 MoS_2 纳米片之间的间隙有利于电解液的渗透，缩短了钠离子传输路径，从而改善了电极材料的反应动力学性能。

6.3.4 钠金属负极材料

早期关于钠金属电池的研究是以 Na-S 电池开始的，其工作温度为 300℃，其中液态钠作为负极，液态硫作为正极，具有高离子电导率(0.1 S/cm)的固态氧化铝作为电解质。然而，较高的工作温度和腐蚀问题限制了高温 Na-S 电池的进一步发展。研究人员逐渐将目光转移到钠离子电池，因为钠离子电池表现出与锂离子电池相似的电化学性质。目前一系列插入型正极材料被开发出来，如过渡金属氧化物和聚阴离子化合物。同时，在负极方面也取得了很大发展，硬碳作为负极材料的第一种碳基材料被开发出来。在常温下，钠离子嵌入/脱出硬碳是电化学可逆的，表现出较好的电化学性质。为了获得更高能量密度的储能体系，一系列纳米结构的钠合金型负极材料被制备出来，如钠-锡、钠-锑、钠-磷。然而，这些负极材料的比容量和循环性能仍不能令人满意。和锂金属负极类似，金属钠也被认为是钠金属电池最合适的负极材料。钠金属具有高达 1166 mA·h/g 的比容量和较低的电化学电势(-2.71 V(vs.SHE))，这和锂金属负极是非常相似的。钠金属负极和一些高容量正极材料组装成的电池具有较高的理论能量密度，优于最先进的锂离子电池。因此，钠金属电池迅速得到了大量关注，并取得了重大发展。

常见的正极高容量材料包括氧气(有时也会利用空气)、二氧化碳、二氧化硫以及单质硫。基于所选用的不同正极材料，这类电池可被分为四种类型：$Na-O_2$、$Na-CO_2$、$Na-SO_2$、Na-S 和室温下的 Na-S 电池，如图 6-19 所示。从技术层面来看，上述正极物质需要置于具有良好导电性的传输媒介内才能展现出较高的电化学活性；而这些媒介材料本身并不

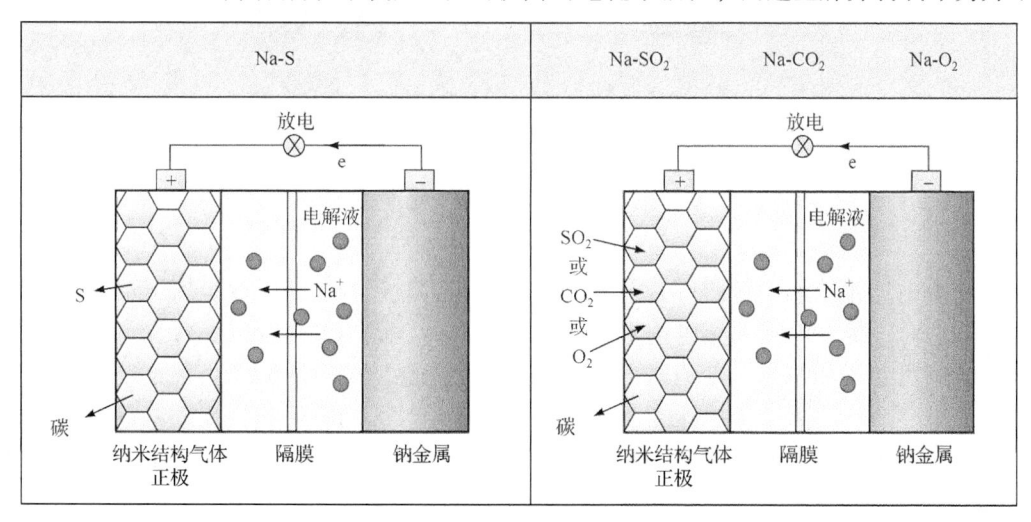

图 6-19 几种典型的钠金属电池示意图

参与电化学过程，其作用主要是充当电子传输通道及容纳活性成分的载体。此类钠金属电池不仅理论上的能量密度非常高，而且成本相对较低，因此吸引了研究者广泛的研究兴趣。然而，由于采用了纯钠金属与液态电解质，在实际运行过程中面临反应速率慢、过电压高、循环稳定性差、反应机制复杂以及安全风险等问题。鉴于此，尽管该领域展现出了巨大潜力，但目前仍处于发展阶段，尚需克服诸多挑战。

相较于金属锂，金属钠拥有更大的原子半径，其最外层电子更易于释放，从而表现出更高的化学活性。这种高活性使得钠金属负极容易与液体有机电解质发生不可控的副反应，并形成一层类似于锂金属负极表面SEI膜但同样不稳定的保护层。在钠嵌入/脱出过程中，这层膜易破裂并重新生成，导致电解液逐渐消耗以及钠离子在电极表面分布不均，进而促进大量钠枝晶的形成。随着枝晶的增长，不仅加速了电解液的损耗，降低了库仑效率，还可能穿透隔膜引起短路，造成安全隐患。此外，由于钠金属负极缺乏固定的"宿主"结构，在电池循环使用中会出现显著的体积膨胀问题。综上所述，如图6-20所示，钠金属负极面临的主要挑战可归纳为三个方面：SEI膜稳定性差、钠枝晶生长及较大的体积变化。

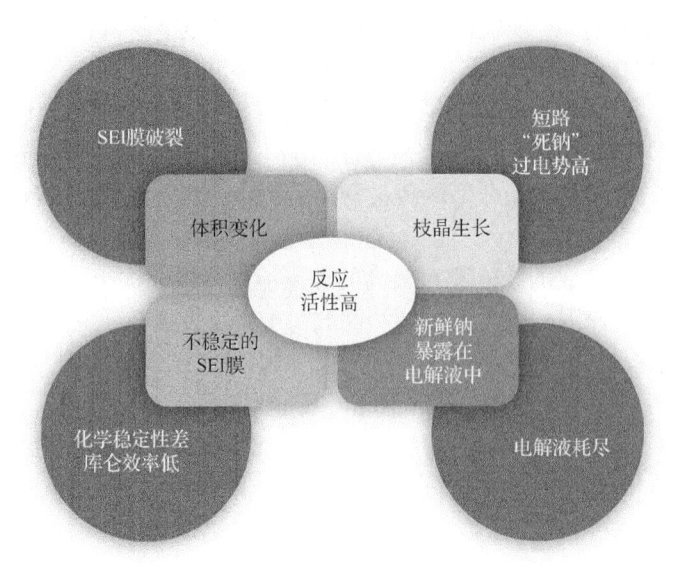

图6-20 钠金属负极目前面临的挑战示意图

6.4 钠离子电池电解质

作为电池系统的关键组件，电解质起到了连接正极与负极、促进离子传输的重要角色。它对于提升电池的充电速率、延长使用寿命、提高安全性以及减少自放电等方面有着不可忽视的影响。在钠离子电池领域内，理想的电解质应当具备宽广的电化学稳定窗口、高效的离子传导性能及优良的化学稳定性，同时还需要兼顾原料获取的便捷性与成本效益。当前学术界关注的主要电解质类型包括非水溶剂型、水系型以及固态电解质三种。

6.4.1 非水溶剂电解质

钠离子电池所采用的非水溶剂电解质通常简称为电解液。这种电解液是由溶剂、溶质及添加剂三大成分组成的，这三者共同作用决定了电解液的整体特性。在钠离子电池领域，所采用的溶剂主要分为酯类和醚类两大类别。酯类溶剂，尤其是环状与链状碳酸酯，是较为广泛使用的一类。基于此类溶剂配制而成的电解质溶液通常展现出较高的离子电导率及优异的抗氧化性能。值得注意的是，环状碳酸酯拥有显著高于其他类型溶剂的介电常数，这使其成为溶解钠盐的理想选择；然而，其黏度也相对较高。相比之下，虽然醚类溶剂的介电常数低于环状碳酸酯但高于链状碳酸酯，并且具有较低的黏度，但在高电压条件下容易发生分解，因此其抗氧化性相对较弱，在实际应用中面临一定局限。另外，醚类溶剂与金属钠等负极材料表现出良好的兼容性，并能够支持钠离子与石墨之间的共嵌入过程，显示出良好的可逆性特征。这意味着，在特定条件下，即使是那些在传统酯类溶剂环境中难以实现钠离子嵌入的石墨材料，在醚类溶剂体系下也可能作为有效的负极材料被利用起来。实践中，为了充分利用不同类型溶剂的优势并克服单一溶剂可能存在的缺陷，常常采取混合多种溶剂的方式进行电解液配置。不过，这也意味着需要精心调控各种组分的比例以达到最佳效果。

在钠盐方面，阴阳离子间缔合作用弱的钠盐是较好的选择，该特征能够保证钠盐在溶剂中较好地溶解，提供足够的离子电导率，从而获得良好的离子传输性能。常用的钠盐包含无机钠盐和有机钠盐两类，无机钠盐较为常用，但也存在氧化性较强和易分解等问题，有机钠盐的热稳定性较好，但存在腐蚀集流体或成本相对较高等缺点。

添加剂的使用能够弥补上述溶剂或钠盐存在的一些缺点，将少量添加剂加入电解液中就能起到在电极材料表面形成保护膜、降低有机电解液的可燃性以及防止过充等某一个或某几个方面的作用，这也使得添加剂的研究愈发重要。

含有大量有机溶剂的电解液通常具有很高的可燃性，存在安全隐患。为了提升电解液的安全性，除了添加阻燃添加剂，使用水系电解液、高盐浓度电解液以及离子液体电解液等新型电解液体系也能够增强电解液的阻燃性。除阻燃性外，这些新型电解液体系也具有其他的优势，例如，水系电解液成本相对较低，高盐浓度电解液具有良好的界面成膜性质，离子液体电解液电化学窗口较宽等。然而水系电解液电化学窗口较窄、高盐浓度电解液和离子液体电解液黏度较高且成本较高等劣势也使得这些新型电解液体系在实际应用中受到一定限制。

除了对安全性问题的关注，电解液与电极材料之间形成的固-液界面也是该研究领域的一大焦点。在首次充放电过程中，这两种材料相互作用生成了一层界面膜，这层膜能够有效防止电解质持续直接接触电极并因此发生分解，进而使得电解液的电化学稳定性得到增强。就整体而言，这种界面膜的致密程度、厚度及组成成分对于电池的整体循环性能有着显著的影响。一直以来，科研人员都在致力于开发出一种既稳定又能有效保护电极同时促进钠离子稳定传输的界面膜。常用的电解液一般包含多种组分，组分的种类和含量对钠离子电池的工作电压上限、循环寿命以及工作温度范围等都有决定性的作用。然而目前电解液方面的理论知识对实验的指导不足，电解液的配方很大程度上来源于实践经验。由于锂离子电池与钠离子电池的工作机理以及电解液体系相近，钠离子电池电解液的开发可以遵循和借鉴前者的经验与思路。但钠离子电池自身也具备诸多不同于锂离子电池的特点，锂离子电池电解液方面的很多研究结论在钠离子电池体系中并不适用，对钠离子电池电解液的基础研究工作亟待进一步开展。钠离子电池电解液的主要组分和要求如图 6-21 所示。

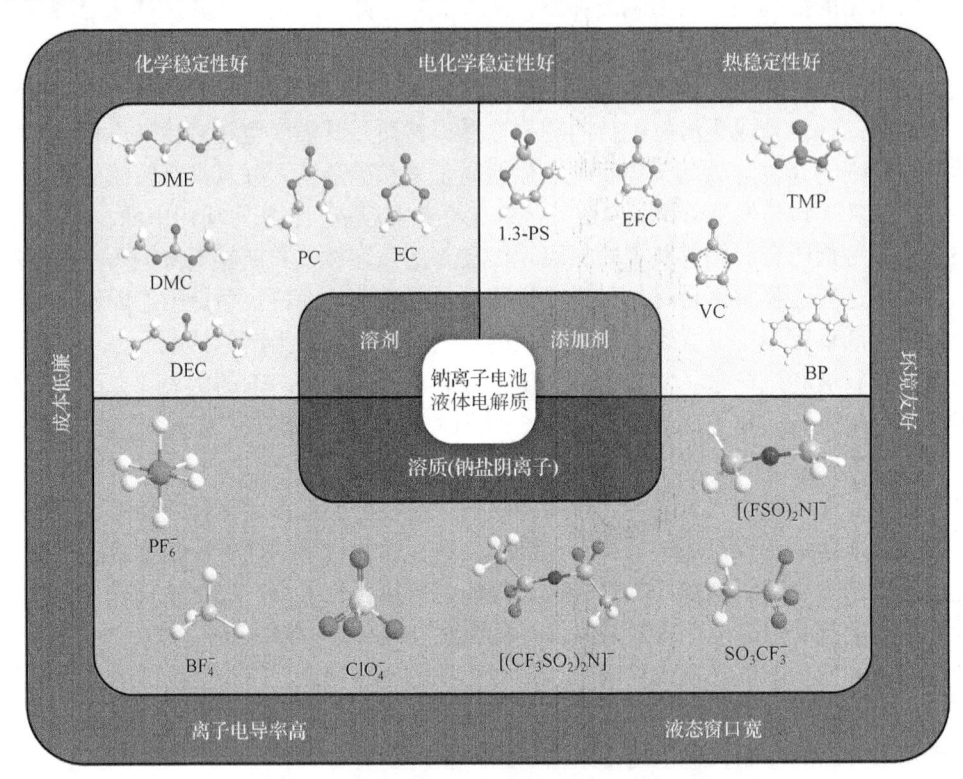

图 6-21　钠离子电池电解液的主要组分及要求

6.4.2　水系电解质

在钠离子电池电解液的研究开发中，安全性和界面稳定性一直是研究者重点关注的问题。为了解决这些问题，一系列创新的电解液体系应运而生：包括以水作为溶剂的基础性电解液、通过增加电解质浓度来提高性能的高盐浓度电解液、完全由流动阴阳离子构成的离子液体电解液，以及具备阻燃特性的不易燃电解液等。这些新型电解液各有特色，例如，在含水的电解液中增加盐分浓度能够显著减少水分解产生氢气和氧气的现象，从而改善了电极表面特性，并拓宽了其电化学窗口。基于此原理，高盐浓度电解液与高浓度不易燃烧的电解液等多种类型也开始被广泛探索，与此同时，关于它们独特性质的新发现也在不断涌现。

有机电解质电池以其高能量密度、较长的循环寿命及较低的自放电率，在满足储能系统技术需求方面表现出色。然而，这类电池广泛采用易燃溶剂作为电解液基质，在制造和实际应用环节中潜藏着安全风险。除此之外，还存在着对环境造成影响以及成本相对较高的问题。为此，研究人员正探索利用更为环保且可持续发展的水基溶剂来替代传统有机溶剂的可能性。总体来说，采用水溶液作为溶剂的电解液体系具有以下特点：水溶液电解液代替有机电解液，避免了易燃等安全性问题；生产条件相对宽松，溶剂和盐成本相对便宜；水溶液离子电导率比有机溶剂电解液高约 2 个数量级，易于实现高倍率充放电。

然而水系电池中存在的最大问题在于水系电解液的电压窗口较窄。水在正电势下会析氧，在负电势下会析氢。图 6-22 展示了一些电极材料在水系电解液中的氧化还原电势。

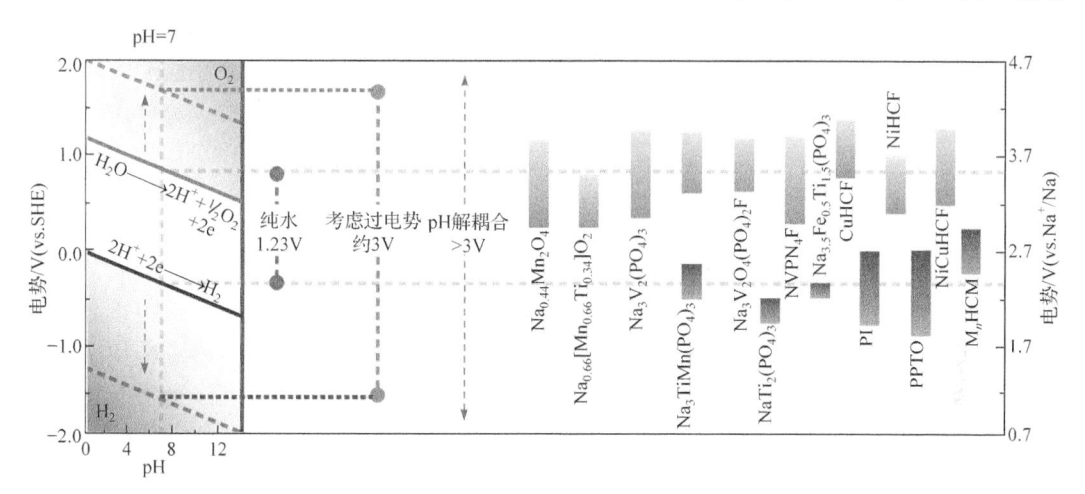

图 6-22 水系钠离子电池电极材料在水溶液中的电势(vs. SHE, vs. Na$^+$/Na)与水的 Pourbaix 图(电势与 pH 的关系)

标准条件下，水的热力学电化学稳定窗口为 1.23 V，即使考虑到动力学因素，传统稀溶液的水系钠离子电池的电化学窗口也不超过 2 V。如果使用高盐浓度溶液作为电解液，电化学窗口可以扩展到 3 V。考虑到腐蚀集流体等因素，不同 pH 的水系电解液需要选择不同的集流体，一般中性溶液可以使用不锈钢作为集流体，酸性电解液可以使用钛网或者镍网作为集流体。由于水系电解液的电压窗口较窄，所以在电极材料的选择上也受到了较大的限制：正极材料脱出钠离子反应的电势要低于水的析氧过电势，而负极材料嵌入钠离子反应的电势应高于水的析氢过电势。尤其还要考虑正负极材料在水系电解液中的溶解问题，电极材料的选择就更加受限。从图 6-22 中也可以看出，钠盐的选择和 pH 的调控应当与电极适配，这样在特定 pH 条件下正负极材料才能够稳定，不发生析氢和析氧的副反应，从而增强电池的循环稳定性，延长使用寿命。

在钠盐的选择方面，已经报道的文献主要集中在成本低廉的 Na$_2$SO$_4$、NaCl 和 NaNO$_3$ 上，也有使用 NaOH 碱性体系和 NaClO$_4$ 的，但以浓度为 1 mol/L 的中性 Na$_2$SO$_4$ 最为常用，该种电解液在中性条件下能与 Na$_{0.44}$MnO$_2$、Na$_3$V$_2$(PO$_4$)$_3$ 和 Na$_3$TiMn(PO$_4$)$_3$ 兼容。

现阶段，针对水系钠离子电池的研究仍处于初级探索期，其面临的主要挑战在于材料的选择及其实际应用上的复杂性。正如其他类型的水系电池一样，这类电池的热力学反应特性极易受到水分解过程的影响。理论上讲，水的电化学窗口宽度仅为 1.23 V；即便将动力学因素考虑在内，该类型电池的工作电压也难以超越 1.5 V。基于此限制条件，众多具有较高工作电位的钠存储正极材料以及较低工作电位的钠存储负极材料(如硫、锑、磷及其合金化合物)均不适合作为构建水系钠离子电池体系的理想候选者。鉴于钠离子的半径(1.06 Å)远大于锂离子(0.76 Å)，这使得钠离子在活性材料中的嵌入过程变得异常艰难，从而降低了电化学性能的有效利用。此外，钠离子体积较大，在其嵌入过程中容易引起主体晶格产生显著变形，进而导致晶体结构破坏，这对电极材料的循环稳定性构成了威胁。除此之外，许多含钠化合物在水中的溶解性较高或遇水分解的趋势明显，这也限制了可用于水系储能系统中的钠离子载体的选择范围。对于采用水溶液作为电解质的钠离子电池而言，正极材料的氧化还原电位必须低于电解液中氧气析出的阈值，以防止水分子分解。同时，还必须保证该类材料在特定电解液环境下的化学稳定性，避免出现溶解、质子共嵌入等问题，以减少不必要的副反应，确保良好的循环性能。目前研究较为广泛的正极材料主要包括某些过渡金属氧化物、聚阴离子化合物以及普鲁士蓝类似物等。

6.4.3 固态电解质

目前，钠离子电池的基础科学研究及性能评价多集中于有机液态电解质体系。然而，有机电解液中易挥发、易燃烧的有机溶剂在电池使用过程中存在安全隐患。固态电解质没有有机电解液的上述缺点，使用固态电解质同时代替电解液与隔膜，可进一步提升电池的安全性。图 6-23 对目前研究最多的钠离子电池固态电解质材料进行了分类，总结了其所需具备的关键特性。

固态电解质可分为固态聚合物电解质和无机固态复合电解质。固态聚合物电解质是由钠盐均匀溶于聚合物基体中所形成的，无机固态复合电解质则是由无机功能材料来代替聚合物基体而形成的。使用固态电解质可避免出现电解质泄漏的问题，并且固态电解

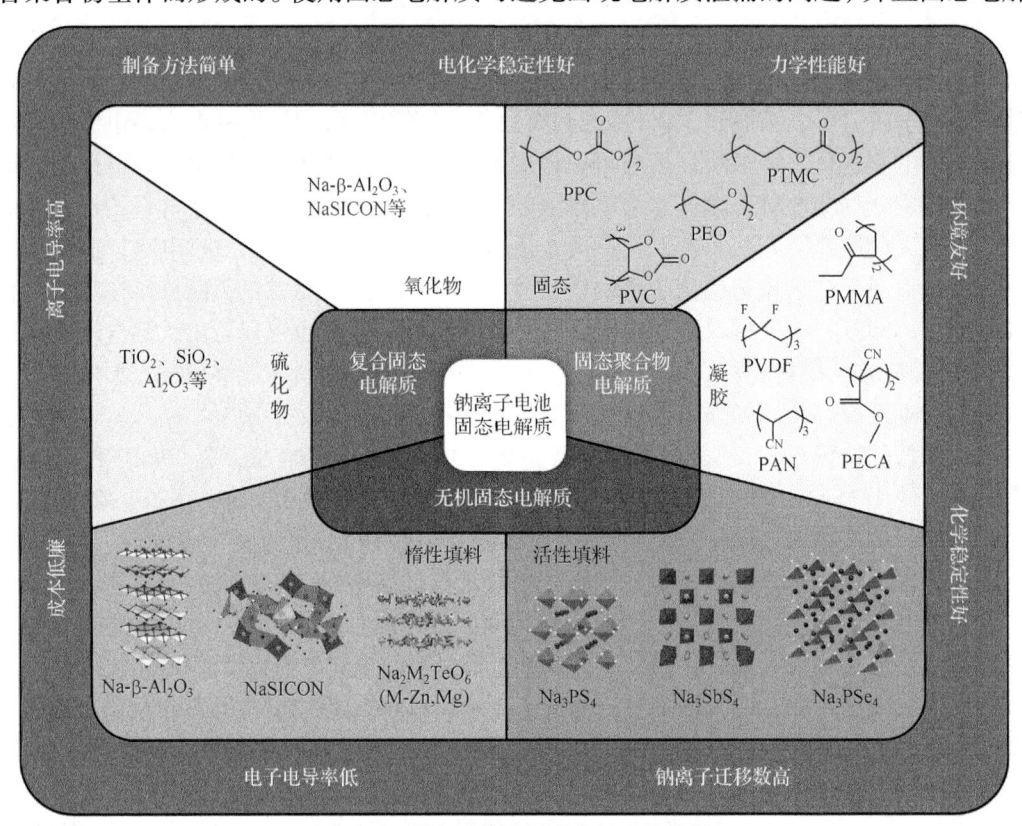

图 6-23 钠离子电池固态电解质的种类

质存在一定的强度，可以缓冲充放电过程中的电极材料的体积变化，但是较低的离子电导率及电解质与电极的固-固界面之间的有限离子传输是其所面临的主要问题。

基于目前固态钠电池中存在的问题，未来的研究重点主要聚焦于两方面：一方面是针对固态电解质，继续优化现有固态电解质并开发新型固态电解质，以进一步提升固态电解质的离子电导率和稳定性等性能；另一方面是继续开发高安全性的固态电池，对固态电池中遇到的界面问题提出行之有效的解决方案。例如，在活性材料与非活性材料之间引入界面层，将两者有效地结合在一起以增大接触位点；传统的粉末压制与共烧结工艺难以拓展至实际应用，且经济性欠佳；通过借鉴液态电池制备工艺，采用湿法涂覆的形式将固态电池的各个部分连接在一起(尤其对于固态聚合物电解质)，不仅可以有效地控制各个部分的厚度，而且可以实现规模化生产。此外，原位固态化技术也是解决固态电池中界面问题行之有效的方法。

目前，固态钠电池还处于实验室研究阶段，所使用的负极主要为活性极高的金属钠，因此必须在惰性气氛的手套箱中处理，这增加了固态电池制备的难度。此外，基于金属钠的固态电池在使用过程中如果意外破损，暴露的金属钠将引起严重的安全问题。因此，开发新型负极以取代金属钠也是重要的发展方向。

6.5 钠离子电池的设计与制造

6.5.1 钠离子电池类型

锂离子电池的分类主要依据所采用的材料系统及其封装形态，对于钠离子电池而言，同样可以根据这些标准来进行划分。从生产工艺的角度来看，钠离子电池大致可分为圆柱形、软包型以及方形硬壳三大类别。它们之间的主要区别在于内部构造与封装方式的不同，而这又直接决定了各自的生产流程及最终产品的特性。

1. 圆柱形电池

圆柱形电池利用了较为成熟的卷绕技术，具备高度自动化生产流程，从而确保了产品的稳定性和一致性，并且制造成本相对较低。18650 圆柱形电池因历史悠久而最具代表性，其特征是直径达到 18 mm 而高度为 65 mm，这种结构的电池外形结构如图 6-24 所示。在当前市场中，多种圆柱形电池型号已得到广泛应用，其中较为成熟的包括 21700、26650 以及 32650 等。特别地，以 26650 型号为例，在采用相同材料体系的前提下，相较于 18650 型号，它展现出了显著的优势：单个电池单元的容量可增加超过 48%，同时成本可以减少大约 8%。此外，26650 型号还继承了 18650 型号所具备的高度可靠性和稳定性。值得注意的是，无论从原材料的选择还是制造工艺的角度来看，26650 型号与 18650 型号之间都存在很大的相似性，这意味着两者之间的生产线可以在很大程度上实现互换。

2. 软包电池

图 6-25(a)展示了软包电池的外形结构，其主要材料体系(正极、负极、电解质以及隔膜)与圆柱形或方形硬壳电池相似。然而，它们之间最显著的区别在于封装材料的选择

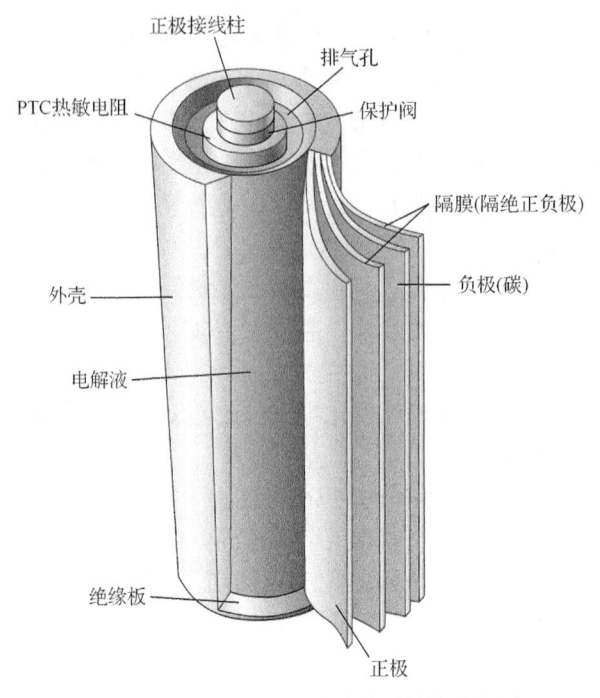

图 6-24 18650 圆柱形电池外形结构示意图

上——铝塑膜,这是软包电池技术中最关键也是最具挑战性的组成部分。这种特殊材质一般由三部分构成:外保护层(以尼龙为主)、中间阻隔层(采用铝箔制成)以及内层(一种具备多种功能的高阻隔性聚丙烯)。各层次间通过黏结剂紧密结合,具体构造见图 6-25(b)。尼龙作为外部防护,能够有效抵御外界冲击;铝箔不仅增强了整体结构强度,还能阻挡水分从外部侵入并阻止内部液体泄漏;而聚丙烯则确保了封装的安全性,并具有良好的抗腐蚀性能。

(a) 软包电池外形结构示意图 (b) 铝塑膜结构示意图

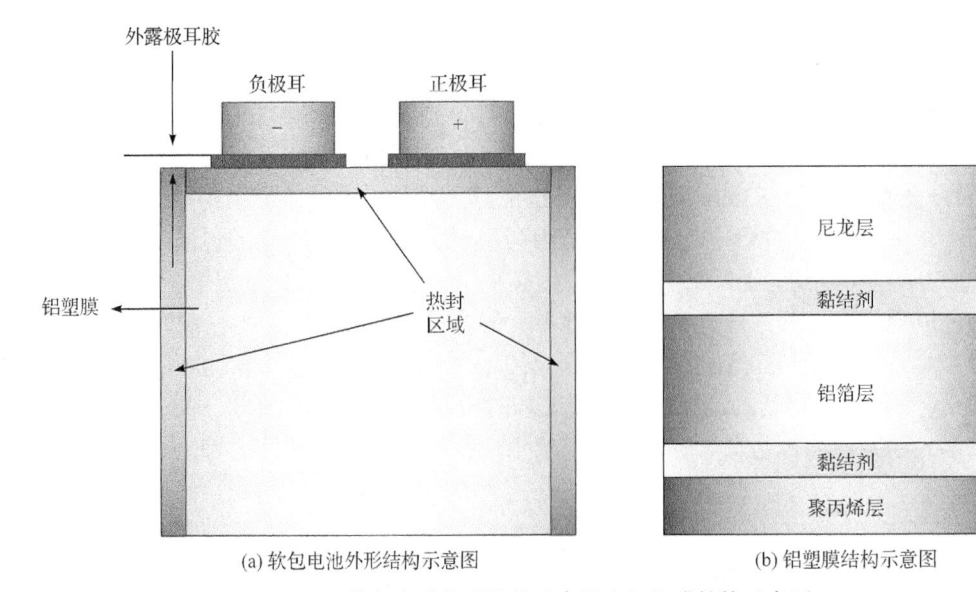

图 6-25 软包电池外形结构示意图和铝塑膜结构示意图

软包电池采用的封装材料及结构赋予了其多方面的优越特性：首先，在安全性方面，当遭遇安全问题时，软包电池外层的铝塑膜倾向于膨胀而非破裂，这与圆柱形或方形硬壳电池在类似情况下可能发生的爆炸现象形成了鲜明对比；其次，轻量化是软包电池的另一个显著优点，相较于同等容量的钢壳电池，它的重量减少了大约40%，而相对于铝壳电池，则减轻了约20%；再次，较低的内部电阻意味着这类电池能够有效降低自身的电能损耗；最后，设计上的灵活性让软包电池可以根据实际应用需求调整外形尺寸。该产品的不足之处主要体现在一致性较低、生产成本偏高，以及由于封装不当或铝塑膜损伤所引发的电解液泄漏等问题。

3. 方形硬壳电池

方形硬壳电池主要指的是采用铝或钢铁材质制成方形外壳的储能装置，在国内市场中具有较高的普及度，具体外形见图6-26。随着近年来电动汽车产业的发展，对于电池能量密度的需求日益增长，国内众多动力电源制造商倾向于使用能量密度较高的方形铝壳电池。这类电池不仅结构相对简化，而且整体附件的重量也较为轻便。然而，由于可以根据不同产品尺寸需求进行个性化定制，所以方形硬壳电池存在多种型号规格，这使得生产工艺难以达到完全统一的标准。

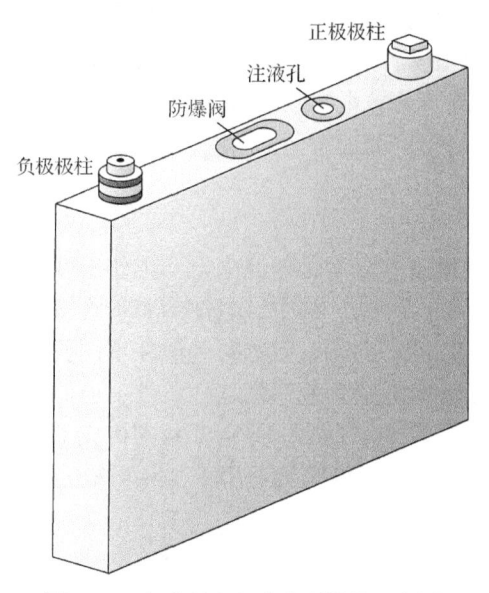

图6-26 方形硬壳电池外形结构示意图

6.5.2 钠离子电池设计

1. 设计基本原则

钠离子电池的设计需要紧密贴合实际应用设备的具体需求，以提供合适的电力支持。为此，首要任务是基于目标装置的要求及电池自身属性，明确界定包括电极、电解质溶液、隔膜、外壳等在内的各个组件的各项参数，并据此构建符合特定标准(如工作电压、存储容量、物理尺寸与重量等)的电池单元。一个合理的电池设计方案对于实现其最佳性能至关重要，因此在设计过程中应当力求达到最优化配置。在电池设计过程中，一个首要考虑的因素是负极材料相对于正极的容量冗余程度。如果这种冗余设置得过高，则可能会导致不必要的负极材料消耗，并且对首次充放电循环中的库仑效率产生不利影响；相反地，若冗余不足，则可能增加钠沉积于负极表面的风险，这不仅构成了潜在的安全威胁，还可能导致整体电池性能下降，具体表现为可用容量减少。在电池设计领域，为了提升单位体积的能量密度，通常需要通过机械辊压的方式将电极片上的活性物质层压至特定的紧密程度，这一过程所达到的材料密度称为压实密度。适当调整该参数有助于减小电极的整体尺寸，在同样大小的空间内装载更多活性成分，从而增加储电量；同时还能促进内部导电路径的有效连接，进而改善整个装置的电化学表现。然而，如果压实密度过高，则可能对活性物质本身的晶体结构造成损害，反而会削弱整体性能。电解液的注入量需确保正负极片及多孔隔膜材料的所有孔隙得到充分填充。此外，还应额外添加适量电解液，以补偿在充放电循环过程中发生的电解液消耗。

2. 设计要求

在设计钠离子电池的过程中，需要充分考虑目标设备对电池性能的具体要求及其应用环境。关键考量因素包括但不限于：电池的标称电压，是指其在标准放电条件下可提供的平均电压水平；放电电流特性，涵盖常规工作状态下的稳定电流输出及短时峰值负载能力；运行持续性与耐用度，具体表现为单次充放电周期内的有效服务时间以及整个使用寿命期内能够承受的最大充放电次数；适应性方面，则需评估不同温度和湿度条件下的表现；此外，还需综合考量产品形态上的限制，如最大允许尺寸与外形设计要求等。

3. 设计评价参数

电池的整体效能通常依据其容量、内部电阻、工作温度区间、储存特性、循环寿命及安全性等多项指标进行综合评估。其中，电池的容量直接决定了其能够提供的最大工作时长与支持的工作电流强度；内部电阻则对电池在不同放电速率下的表现有着重要影响；工作温度区间限定了该电池适宜使用的环境条件；而储存特性和循环寿命分别反映了电池存放的有效期限及总体使用寿命，这两者共同构成了电池生命周期的重要组成部分；此外，安全性的优劣是决定电池是否适用于实际场景的关键因素之一。

思 考 题

1. 描述钠离子电池的工作原理，并与锂离子电池进行比较。
2. 列举几种常用的钠离子电池正极材料，并简述它们的优势和劣势。
3. 写出钠离子电池在充放电过程中的电化学反应方程式。
4. 钠离子电池在哪些情况下可能出现安全问题？如何预防？
5. 讨论当前钠离子电池技术面临的主要挑战和限制因素。

第 7 章　液流电池技术

近年来，随着可再生能源领域的迅猛发展以及对储能技术需求的日益增长，液流电池作为一种重要的储能解决方案受到了广泛关注。早在 1974 年，美国国家航空航天局的研究员 L. H. Thaller 就提出了这一概念，从而开启了液流电池技术的新篇章。中国在液流电池尤其是全钒液流电池的基础科学研究方面起步较早，至 20 世纪 80 年代末期，包括中国地质大学和北京大学在内的多所高校已成功构建了全钒液流电池的实验室模型，并对其充放电性能进行了初步测试。进入 21 世纪后，以张华民教授为首的研究团队开始深入探索该领域。经过近十年的努力，在 2008 年实现了国内首台功率达 100 kW 级别的全钒液流电池储能系统的集成开发。同年，中国科学院大连化学物理研究所携手大连博融控股集团共同创立了大连融科储能技术发展有限公司，该公司不仅掌握了从关键材料的研发生产到最终产品的售后服务整个产业链的核心技术，而且在全球范围内建立了独一无二的全钒液流电池商业化平台。铁/铬与锌/溴体系的液流电池仍处于实验验证阶段，相比之下，全钒液流电池无论在技术研发还是市场推广上均已达到相当成熟的水平，成为最接近全面商业化的候选方案之一。

依据正、负极电解液活性物质的特性，液流电池可进一步划分为液-液型、沉积型和固-固型。其中，液-液型液流电池涵盖全钒液流电池、多硫化钠/溴液流电池、铁/铬液流电池以及钒/多卤化物液流电池等多种类型。而沉积型液流电池则细分为半沉积型与全沉积型两种。如果在电池的正、负极电解液中仅有一方出现沉积现象，则该种电池称为半沉积型液流电池或者单液流电池，如锌/溴液流电池和锌/镍液流电池。如果电池两极电解液中均产生了沉积反应，则归类为全沉积型液流电池。表 7-1 概述了几种典型液流电池的工作机理及相关技术特点。

表 7-1　液流电池技术简介

分类		特点	代表技术
液-液型液流电池		正负极活性物质均溶于电解液中；氧化还原反应过程均发生在电解液中；反应过程中无相转化，需要设置隔膜	全钒液流电池、多硫化钠/溴液流电池、铁/铬液流电池、全铬液流电池、钒/溴液流电池等
沉积型液流电池	液-沉积型液流电池	正极电化学氧化还原反应过程发生在电解液中，无相转化；负极电对为金属的沉积溶解反应，存在相转化；需要设置隔膜	锌/溴液流电池、全铁液流电池、锌/钒液流电池等
	固-沉积型液流电池	正极电化学反应过程为固-固相转化；负极电对为金属的沉积溶解反应；电解液组分相同，无须设置隔膜	锌/镍单液流电池、锌/锰单液流电池等
固-固型液流电池		正负极氧化还原反应均为固-固相转化过程；电解液组分相同，无须设置隔膜	铅酸单液流电池

7.1 液流电池的构造和工作原理

7.1.1 液流电池的结构组成

在液流电池体系中，通过活性物质价态的转变能够构建多种类型的电池系统，如基于 Fe^{2+}/Fe^{3+}、Cr^{2+}/Cr^{3+}、Br^-/Br_2、Zn^{2+}/Zn、Ni^{2+}/Ni^{3+} 以及 $V^{4+}/V^{5+}/V^{3+}/V^{2+}$ 等不同组合形成的电池。一个完整的液流电池装置主要包括电堆、电解液循环系统、电池管理系统、电池储能系统四大组成部分。而整个液流电池储能解决方案则是由核心的液流电池部分与能量转换的相关设施共同组成的，具体结构如图 7-1 所示。

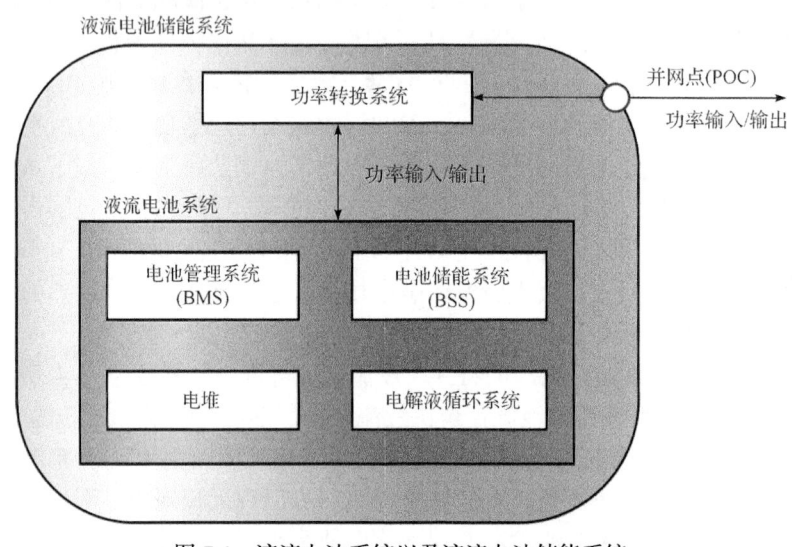

图 7-1 液流电池系统以及液流电池储能系统

以全钒液流电池(vanadium flow battery，VFB)为例，该电池系统主要由电堆、两个独立的正负极电解液储罐、循环泵及连接管路等构成，具体结构如图 7-2(a)所示。其中，电堆是由多片单电池串联而成的，每一片单电池又包括一对正负极与离子交换膜。相邻单

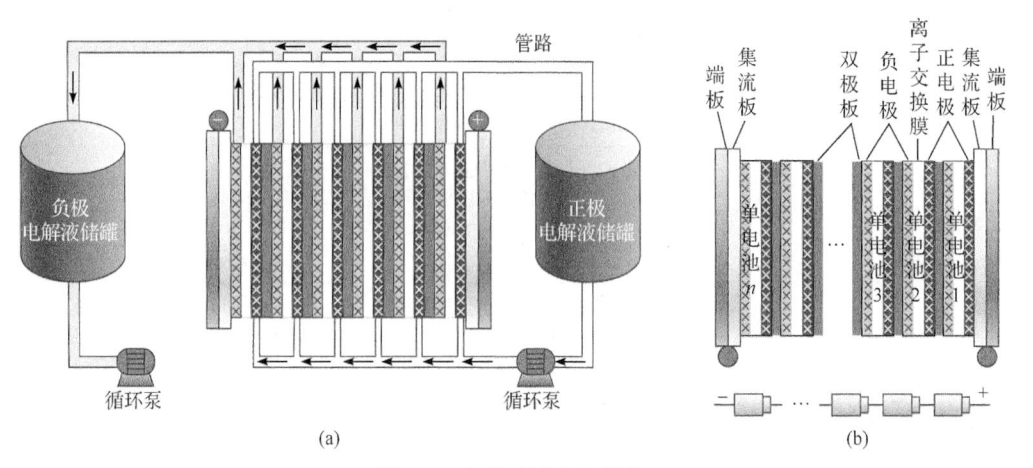

图 7-2 全钒液流电池结构

电池间则通过双极板分隔开，如图 7-2(b)所示。离子交换膜的作用在于将单电池内部空间划分为正负两部分反应区域。当全钒液流电池处于工作状态时，在循环泵的作用下，电解液经由管路分别流入正负极区。此时，电解液中的活性物质会在电极表面经历氧化或还原过程，即释放或吸收电子。与此同时，氢离子透过离子交换膜在两侧迁移，配合着外电路中电子的流动共同形成闭合回路，从而产生电流并汇聚至双极板上。整个电堆所能提供的电流大小取决于电极面积及其上的电流密度，而电堆总功率则由串联在一起的单电池数量决定。

1. 电堆结构

电堆是液流电池系统中进行电化学反应的关键部位。它由一系列串联起来的单电池构成，每个这样的单元又进一步由两个通过隔膜材料相隔离的半电池组成，这一布局如图 7-3 所示。采用板框式设计的电堆组件利用双极板连接相邻的单电池，并且在板框结构之间填充密封材料来防止电解液泄漏。正负极电解液从电堆的一侧进入，从另一侧流出，从而形成一个循环流动的过程。针对电堆的设计研究涵盖了多个方面，包括但不限于密封机制的创新、电极材质的选择、电解液通道的设计以及对电池隔膜特性的探讨等核心技术领域。尽管石墨是最常用的电极材料之一，但在高电压条件下，正极端的石墨可能会遭受电化学腐蚀，进而导致电堆内部出现短路现象或电解液泄漏的问题。

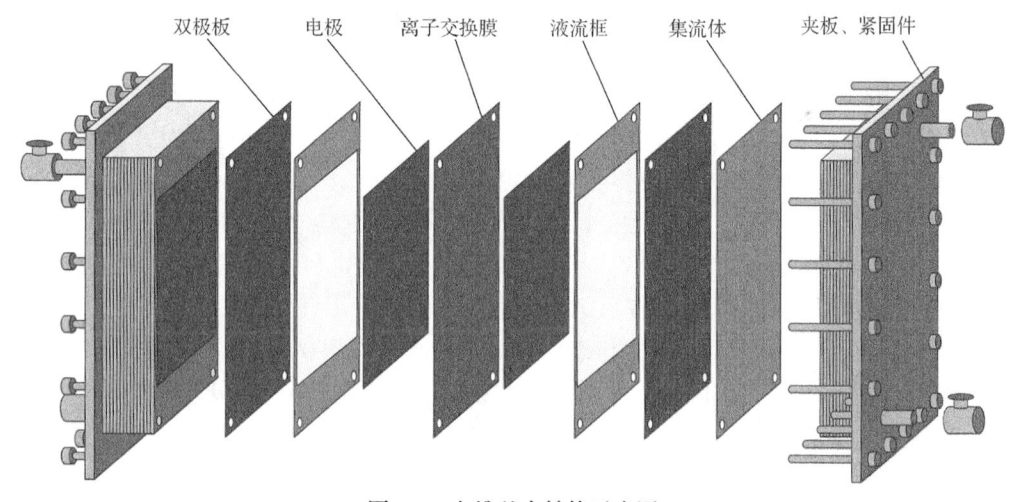

图 7-3 电堆基本结构示意图

2. 电解液输送系统

电解液输送系统由电解液、储存容器、输送管道、循环泵、热交换装置以及控制阀门等组成。以全钒液流电池为例，其电解液的主要成分为含钒离子的硫酸溶液，由于存在游离状态下的硫酸，该溶液表现出较强的酸性和腐蚀性特征。值得注意的是，在温度超过 50℃时，五价钒离子(V^{5+})析出五氧化二钒(V_2O_5)沉淀；而在较低温度条件下，随着溶解度降低，低价态钒离子也可能发生结晶现象。这种由化学稳定性问题导致的沉淀或结晶物附着于电极表面，不仅会减少有效反应区域，还可能引起流道阻塞。因此，探索有效的电解液稳定添加剂及确定适宜的操作温区对于改善电池性能至关重要。

3. 电池管理系统

电池管理系统的核心职责在于调控电池的充电与放电过程，并对相关运行参数实施监测和调整。在充电阶段，该系统能够将输入的交流电转换为直流形式，以便对电池进行直流充电；而在放电时，该系统需具备逆变功能，即把电池产生的直流电转回 220 V/50 Hz 的标准交流电，使之能顺利接入电网或直接供用户使用。鉴于铅酸及锂离子等传统类型电池与全钒液流电池之间存在显著差异，尤其是在允许的最大充放电程度以及可承载电流强度方面，因此专门为后者开发一套兼容其特性的控制方案显得尤为重要。这不仅是促进全钒液流电池技术成熟的关键步骤之一，也是其实现广泛商业部署的前提条件。

7.1.2 液流电池的工作原理

液流电池的工作原理基于正负极电解质溶液中活性物质的可逆电化学氧化还原反应，即通过价态的变化来实现电能与化学能之间的转换。在充电过程中，当正极上的活性物质经历氧化作用导致其化合价上升时，负极处则发生还原过程，使得该区域内化合物的化合价下降。相反地，在放电阶段则发生逆向变化。值得注意的是，与传统电池不同，液流电池的设计将活性材料置于外部储罐内，并且这些材料是独立于正负电极存在的；它们通过泵送系统被传输至电池内部参与电化学反应。这样的结构特性使得液流电池能够分别调整输出功率和储能容量的设计。

电堆是由多个单电池通过串联方式组合而成的，代表了当前技术成熟度较高的液流电池类型之一。在该系统中，正极利用的是 VO^{2+}/VO_2^+ 这一氧化还原电对，而负极则采用 V^{3+}/V^{2+} 作为活性物质电对；硫酸被用作电解质，水则充当溶剂的角色。图 7-4 展示了全钒液流电池的工作机制。根据理论计算，当发生正极反应时其标准电位为 +1.004 V，相对地，在负极端的标准电位约为 -0.255 V，因此理论上开路电压大约是 1.259 V。但在实际应用条件下，全钒液流电池能够提供的开路电压通常位于 1.5~1.6 V。

在全钒液流电池体系中，不同价态的钒离子溶液呈现出显著的颜色差异：二价钒离子(V^{2+})溶液呈现紫色，三价钒离子(V^{3+})溶液为绿色，四价钒离子(VO^{2+})溶液显示蓝色，而五价钒离子(VO_2^+)溶液则为黄色。基于此颜色变化特性，可以通过直观观察正负极电解质溶液的颜色来大致判断全钒液流电池的工作状态。当使用外部电源对全钒液流电池进行充电时，电堆内部的电极上会发生氧化还原反应，其中正极上的 VO^{2+} 持续失去电子转变为 VO_2^+；与此同时，在负极处 V^{3+} 接收电子被还原成 V^{2+}。在此过程中，循环泵的作用是促使储罐中的钒电解质液体流入电堆，并均匀地分布于各个单元格内参与连续不断的化学反应，直至整个充电过程完成。上述过程所涉及的具体化学反应方程式如式(7.1)~式(7.3)所示。

$$\text{正极反应:} \quad VO^{2+} + H_2O - e \rightleftharpoons VO_2^+ + 2H^+ \tag{7.1}$$

$$\text{负极反应:} \quad V^{3+} + e \rightleftharpoons V^{2+} \tag{7.2}$$

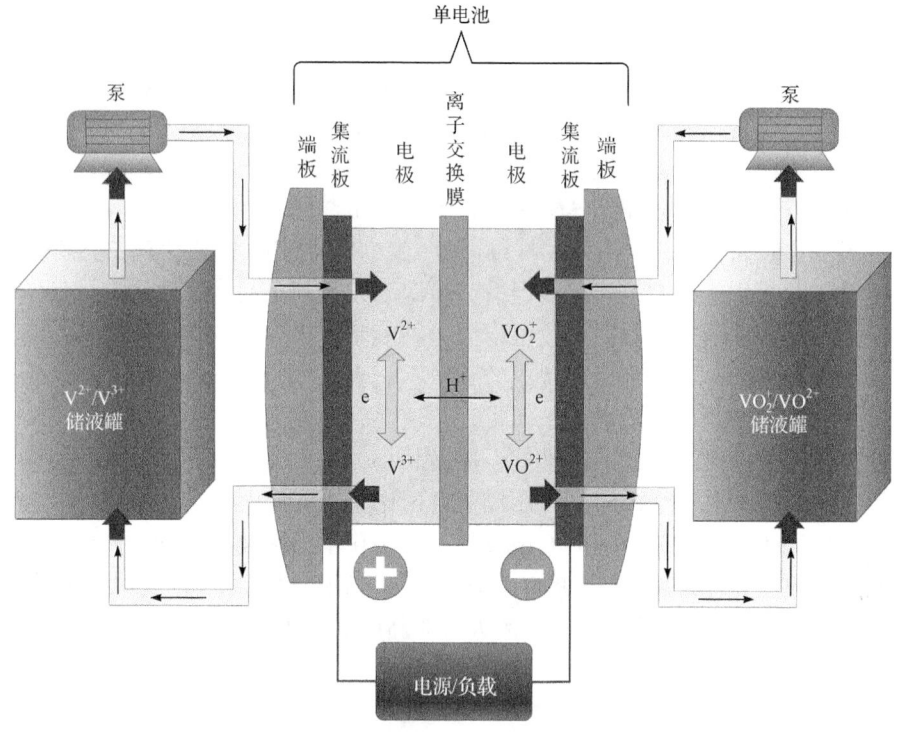

图 7-4 全钒液流电池的工作原理示意图

电池总反应: $$VO^{2+} + V^{3+} + H_2O \rightleftharpoons V^{2+} + VO_2^+ + 2H^+ \tag{7.3}$$

在全钒液流电池的设计中,正极与负极所使用的电解质溶液均以不同价态的钒离子作为电化学活性成分。这种配置能够有效防止因长时间运行而导致的两极电解质间相互污染的问题,进而增强了整个储能系统的稳定性并延长了其使用寿命。

7.2 全钒液流电池的关键材料和技术

7.2.1 全钒液流电池电极材料

电极材料在液流电池系统中扮演着至关重要的角色。不同于锂离子电池、铅酸蓄电池或镍氢电池等其他类型的化学电源,液流电池中的储能活性成分主要以电解质溶液的形式被储存于电堆外的储罐里,而不是直接嵌入电极内部。因此,这种设计下的电极并不直接参与到能量存储过程中;它们的主要职责是为正负两极之间发生的氧化还原反应提供必要的反应场所。当电解液中的活性粒子通过电极-电解质界面时,会经历电子的得失过程,以此实现从电能到化学能(反之亦然)的能量转换,从而达到充放电的目的。在这个过程中,电流载体需在电极表面完成从离子态到电子态的转变,保证了整个电路能够顺利闭合并导通。鉴于液流电池特有的工作原理,理想的电极材料应具备高比表面积和适中孔隙率的特征,同时还需要拥有足够的机械强度与柔韧性、优异的抗腐蚀性能及较低的副反应发生率,并且能够促进高效的氧化还原反应以及表现出良好的动力学可逆性。

1. 碳毡及石墨毡电极

碳毡是一种通过特定工艺处理含碳原纤维针织毛毡而制得的高性能碳纤维纺织品，其生产过程包括在空气中预氧化、于惰性环境下进行碳化以及高温石墨化等步骤。此外，还会对其进行表面处理以增强性能。该材料拥有高比强度、出色的耐腐蚀性、抗蠕变性和良好的导电传热特性等多种优异属性。值得注意的是，碳毡内部的孔隙率可超过90%，且具备较大的比表面积与相互连通的纤维通道，这些特点使得电解质溶液能够顺畅流动。同时，这种各向异性的三维结构还能促进流体湍动，有利于活性物质的有效传输。依据纤维原料的不同，碳毡或石墨毡大致可以分为黏胶基、聚丙烯腈基及沥青基三类。研究表明，采用聚丙烯腈作为基础材料制成的碳毡不仅表现出色的导电性能，而且由于其表面富含多种活性官能团，对于钒离子而言，在这类材料表面上发生的电化学反应活性非常高。这是因为聚丙烯腈基碳毡纤维的石墨微晶小，处于碳纤维表面边缘和棱角处的不饱和碳原子数目多，表面活性较高，比较适合用作全钒液流电池的电极材料。若将未处理的碳毡直接用于全钒液流电池的电极材料，其电化学活性及动力学可逆性相对较差。需要对其进行改性处理，改善材料的亲水性，增加表面活性基团，以获得电化学活性高、副反应少、循环性能稳定的电极材料。澳大利亚新南威尔士大学的 M. Skyllas-Kazacos 等在空气条件下，将碳毡在 400℃条件下热处理 30 h，在电流密度 25 mA/cm^2 下，电池的能量效率由 78%上升为 88%。他们还发现，将碳毡浸入浓硫酸内煮沸 5 h 也能显著提高碳毡电极的性能，同样在电流密度 25 mA/cm^2 下，电池的能量效率达到了 91%。

2. 其他碳材料

随着碳材料理论研究的深入发展和制备技术的不断更新，许多新型碳材料也逐渐引入液流电池电极材料体系。H. Q. Zhu 等考察了石墨和碳纳米管复合材料对钒氧化还原电对的催化性能，他们发现，单纯的石墨电极可逆性好，但氧化、还原峰的峰值电流小。而单纯的碳纳米管电极导电性好，氧化、还原峰的峰值电流大，但可逆性差。如果将两种材料按照合适的比例混合，将兼具两种材料的优点，得到反应电流大、可逆性好的复合电极材料。他们探索出的最佳混合比例是石墨/碳纳米管质量比为 95∶5，这种电极材料可用于全钒液流电池的正极和负极材料。Han Pengxian 团队将氧化石墨烯纳米片用于 VO^{2+}/VO_2^+ 和 V^{2+}/V^{3+} 氧化还原电对的催化材料。氧化石墨烯的制备过程及不同温度处理条件下的氧化石墨烯的循环伏安曲线如图 7-5 所示。

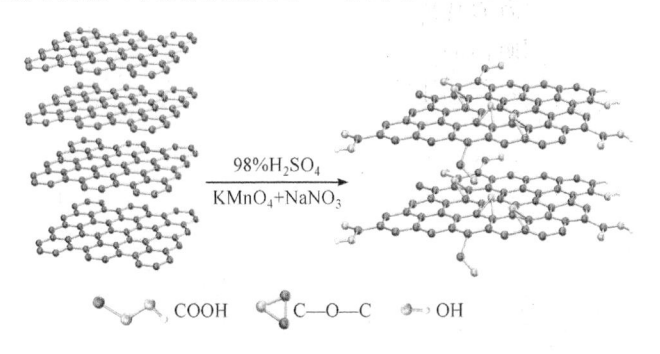

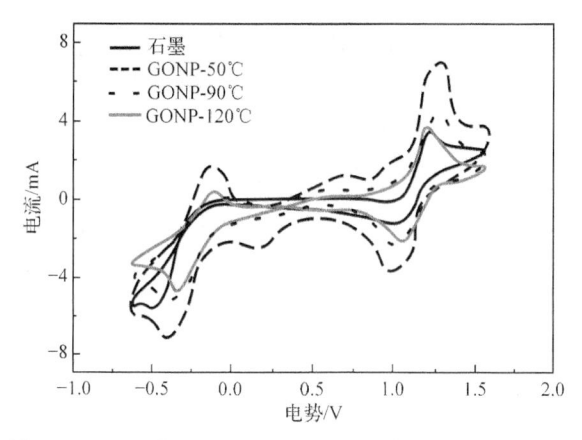

图 7-5 氧化石墨烯(GONP)的制备过程及不同温度处理条件下的氧化石墨烯的循环伏安曲线

目前，对于电极反应机理的研究还不够深入，理论不完善。但一般认为亲水性官能团如羟基(—OH)和羧基(—COOH)能够催化钒氧化还原电对，加速电极反应的进行。Lu Yue 等认为经羟基化处理的碳纸之所以能提高其对于钒正、负极氧化还原电对的反应活性，是因为在羟基的作用下经历了图 7-6 所示的催化过程。

图 7-6 羟基化碳纸催化过程

对于 VFB 正极氧化还原电对 VO^{2+}/VO_2^+，羧基化的多壁碳纳米管要比羟基化的多壁碳纳米管具有更高的催化活性，作用机理如图 7-7 所示。对碳纤维材料进行浓硫酸处理、在空气中高温氧化、电化学氧化和等离子体处理等操作，均是为了增加碳纤维表面—OH 和—COOH 官能团的含量。

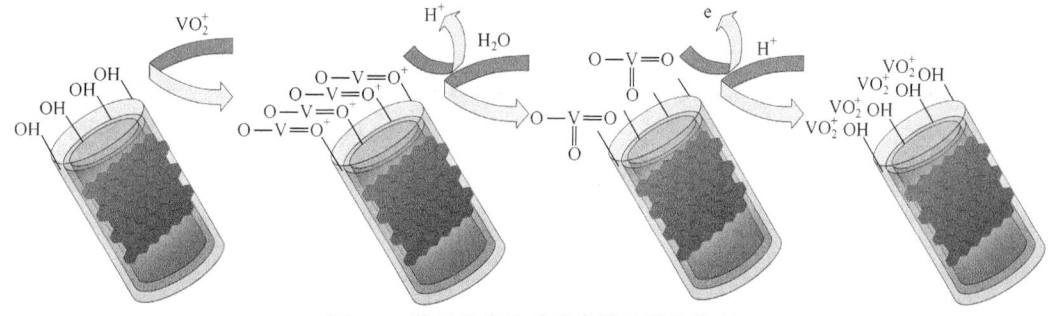

图 7-7 羧基化多壁碳纳米管的催化机理

3. 其他电极材料

金属类电极材料是研究得比较早的一类电极，包括 Au、Sn、Ti、Pt 及 Pt/Ti 等，此类电极的显著特点是电导率高、力学性能好。经循环伏安扫描研究发现：Au、Sn 和 Ti 电极的电化学可逆性均较差，Sn 和 Ti 电极循环扫描时易在表面形成钝化膜，阻碍活性物质与金属活性表面的接触，造成电极性能衰减。将铂黑镀在钛板上制备的钛基铂(Pt/Ti)电极，对于全钒液流电池正、负极氧化还原电对 VO^{2+}/VO_2^+ 和 V^{2+}/V^{3+} 均表现出了良好的电化学可逆性，而且在循环扫描过程当中能够避免在钛电极表面上生成使反应难以进行的钝化膜。此外，钛基氧化铱电极更是表现出了较高的电化学可逆性，而且在反复多次的充放电过程中，氧化铱膜的力学性能依然稳定，未出现脱落现象。但遗憾的是，这两种电极的制造成本非常高，限制了其在全钒液流电池中的实际应用。

7.2.2 全钒液流电池电解液

1. 全钒液流电池电解液制备

全钒液流电池电解质溶液的合成途径主要包括化学合成法与电化学合成法两大类。采用化学合成法时，通常是将钒化合物或氧化物溶解于特定浓度的硫酸中，并通过加热处理或者添加还原剂的方式将其转化为含有预定硫酸浓度的硫酸氧钒水溶液。这种方法的优点在于无需复杂的电化学反应过程，因此所需设备相对简单；然而，其缺点也很明显，即反应速率较慢，且需要具有较高浓度的酸性环境。相比之下，电化学合成法则是在电解槽阴极放置含 V_2O_5 或 NH_4VO_3 的硫酸溶剂，阳极则为硫酸钠或纯硫酸。当施加直流电流后，位于阴极端的 V_2O_5 或 NH_4VO_3 会发生还原反应。调整电解槽内的电压可以控制产物种类，如生成四价、三价乃至二价钒离子溶液，其中，低价态钒离子还能促进原料进一步溶解。此技术的最大优势在于能够大规模生产具有不同氧化状态的电解质。在当前已知的多种钒基电解质制备方案中，有些可以直接产出 V^{3+} 和 VO^{2+} 各占一半比例的理想混合物；另一些则是先得到硫酸氧钒水溶液，再经由后续电解步骤达到相同的目的。综上所述，实际操作中可能会单独采用电化学路线，也可能结合两种方法共同作用以完成整个工艺流程。

2. 电解液组成及性能

能源行业《全钒液流电池用电解液 技术条件》(NB/T 42133—2017)对硫酸体系电解液的主要成分做出了具体规定，如表 7-2 所示。其中，钒离子的浓度和 SO_4^{2-} 的浓度可参照能源行业《全钒液流电池用电解液 测试方法》(NB/T 42006—2013)进行测试。为保证能够在长期运行条件下全钒液流电池储能系统电解液的性能和储能容量不衰减，电解液中的杂质离子含量应限定在一定浓度以下，避免其对电池性能和稳定可靠性产生影响。电解液中的杂质离子及含量主要取决于原材料质量及生产工艺。《全钒液流电池用电解液 技术条件》(NB/T 42133—2017)提供了建议的杂质含量标准，表 7-3 列举了硫酸体系电解液中杂质元素含量的具体建议。

表 7-2 NB/T 42133—2017 对硫酸体系电解液主要成分含量的要求

电解液种类	组分	浓度/(mol/L)
负极电解液	V	>1.50
	SO_4^{2-}	>2.30

续表

电解液种类	组分	浓度/(mol/L)
3.5价电解液	V	>1.50
	SO_4^{2-}	>2.30
正极电解液	V	>1.50
	SO_4^{2-}	>2.30

表 7-3　NB/T 42133—2017 对硫酸体系电解液杂质元素含量的建议

元素	Al	As	Ca	Co	Cr	Cu	Fe	K	Mg	Mn	Mo	N	Na	Ni	Si
含量不高于/(mg/L)	50	5	30	40	20	5	100	50	30	5	30	20	100	50	20

除电解液主要组分的测试方法外，《全钒液流电池用电解液 测试方法》(NB/T 42006—2013)还提供了全钒液流电池电解液部分物理性能的测试方法，包括电解液的电导率、密度、黏度等。正、负极电解液的电导率、密度和黏度都受电解液组成的影响。例如，在硫酸体系的电解液中，如果溶液中 SO_4^{2-} 的浓度保持不变，随着钒离子浓度的增加，电解液的电导率会降低，电解液黏度会增大。对于正、负极电解液，SOC 数值越高，溶液的电导率数值越高，黏度数值越低。正、负极电解液的密度随 SOC 的变化表现出不同的规律，正极电解液密度随着 SOC 的提高而逐步增大，负极电解液密度则随着 SOC 的提高而逐步减小。

电解液的温度同样会影响其电导率、密度及黏度。温度升高，溶液中溶质和溶剂分子的热运动速率增加，溶液的流动性增强。因此，正、负极电解液的电导率随温度的升高而增加，黏度随温度的升高而降低。在 10~40℃范围内，正、负极电解液的密度均随温度的升高而降低。

7.2.3　全钒液流电池离子交换膜

1. 全钒液流电池离子交换膜分类

自 18 世纪起，科研人员便致力于探索具备优异离子传导性能的隔膜材料，并成功研制出了一系列具有广泛应用潜力的新材料。按照膜的形态可以分为致密膜与多孔膜，然而这两者之间并无明确的界限。按照多孔膜孔径由大到小，可以将多孔膜粗分为微滤膜、超滤膜、纳滤膜、反渗透膜等。其中，纳滤膜的孔径小于 10 nm，对高价离子具有很好的截留能力，在液流电池中有一定的应用前景。

1) 按照膜的组成划分

均质膜：组成膜的材料单一，仅由一类树脂组成，如杜邦公司开发的 Nafion 全氟磺酸离子交换膜。该类膜一般具有各向同性的特点，膜内各方向上的电导率相同。

复合膜：隔膜由多种材料复合而成，以增强隔膜的性能，并满足特定场合的需要。例如，通过与四氟乙烯多孔膜复合后，Nafion 膜的离子选择透过性大大提高。

2) 按照离子在膜内的传导差异划分

阳离子交换膜：组成该类膜的分子链上布满磺酸、磷酸、羧酸等荷负电的离子交换基团,可以允许阳离子(如质子、钠离子等)自由通过,而阴离子难以通过。

阴离子交换膜:组成该类膜的分子链上布满季铵、季磷、叔胺等荷正电的离子交换基团,可以允许阴离子(如氯离子、硫酸根等)及少量质子自由通过,而较大的阳离子难以通过。

多孔分离膜:该类膜基本不含离子交换基团,通过孔径进行离子选择性透过,水合质子、氯离子等体积较小的离子可以自由通过隔膜,而尺寸较大的水合钒离子则难以透过。

3) 隔膜制备方法

挥发溶剂成膜法:作为一种简便且广泛应用于制备致密薄膜的方法,其基本原理是将用于形成薄膜的树脂溶解于能够自然蒸发的溶剂之中。接着,在选定的基材表面均匀涂抹该溶液,并通过控制一定的温度条件来促使溶剂蒸发,从而使树脂固化并最终形成所需的薄膜层。

挤出成膜法:挤出成膜法涉及将树脂加热至其熔点,并在这一状态下通过挤压形成薄膜,如 Nafion115 膜。此工艺的一大优势在于无须使用溶剂,这不仅有助于减少环境污染,还能够有效控制制造成本。然而,对于那些熔化温度超过分解温度的树脂材料而言,采用这种方法是不可行的。

相转化成膜法:相转化成膜法是一种较为成熟的方法,广泛应用于工业多孔膜(如微滤膜、超滤膜等)的制备过程中。与挥发溶剂成膜法不同,这种方法是将铺设好的液态膜中的溶剂在水或醇类等非溶剂中进行置换而实现的。在此置换过程中,膜材料会经历凝胶化和结晶化等一系列变化,从而形成具有特定形态的多孔结构。

2. 全钒液流电池离子交换膜材料

全钒液流电池用离子交换膜按照膜材料树脂氟化程度的不同,可以大体分为全氟磺酸离子交换膜、部分氟化离子交换膜和非氟离子交换膜三类。

1) 全氟磺酸离子交换膜

全氟磺酸离子交换膜是指采用全氟磺酸树脂制成的离子交换膜。在高分子材料中,碳-氟键的键能远远高于碳-氢键的键能,树脂材料的氟化程度越高,其耐受化学氧化和电化学氧化的能力越强。全氟高分子材料中的 C—H 键全部被 C—F 键取代,因此表现出优异的化学和电化学稳定性。

全氟磺酸离子交换膜最初由美国杜邦公司在 20 世纪 60 年代初期研发成功。到了 80 年代,这种材料开始被应用于氯碱工业中,随后扩展至质子交换燃料电池领域。近年来,它还逐渐在液流电池技术中找到了应用空间。该种树脂是将带有磺酰氯基团的单体与四氟乙烯及六氟丙烯进行二元或三元共聚反应制备而成的。之后,通过挤出或流延工艺形成薄膜,并经水解处理,再利用 H^+ 替换 Na^+ 的方式,即可制成质子型全氟磺酸离子交换膜。其具体的分子结构如图 7-8 所示。

全氟磺酸离子交换膜内,磺酸基团与全氟骨架紧密结合,表现出显著的阳离子选择性渗透特性。由于氟原子拥有较高的电负性且具有强大的吸电子能力,这进一步增强了全氟聚乙烯磺酸结构中的酸度水平,使得磺酸基团能够在水环境中实现完全解离。另外,鉴于 C—F 键相较于 C—H 键具备更高的键能,富含电子的氟元素紧密围绕着碳链排列,

图 7-8 全氟磺酸树脂的分子结构

有效地为碳骨架提供了防护作用,防止其在经历电化学过程时受到自由基中间产物引发的氧化损害。全氟磺酸离子交换膜的微观结构可用 Cluster-Network 模型来解释,如图 7-9 所示。磺化离子簇分布在氟碳晶格中,通过大约 1 μm 的狭窄通道连接这些离子簇,从而形成质子迁移通道。由于全氟磺酸离子交换膜的氟碳骨架灵活性高,可以保证磺酸基团的均匀分布,从而在膜内形成了连续的离子传输网络,即形成了有利于质子(或离子)交换传导的离子簇,因此全氟磺酸离子交换膜具有很高的离子传导性。然而,由于磺化离子簇具有较高的亲水性,这使得此类膜材料容易吸收水分而发生溶胀现象。这种变化导致膜内部形成了更加宽大的离子传输网络,从而影响了电池的性能,具体表现为离子选择性降低以及电池容量迅速衰减等问题。

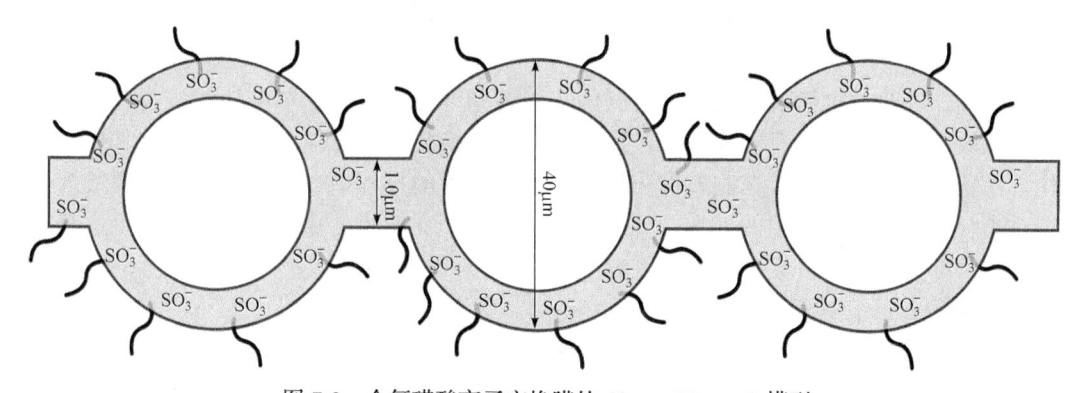

图 7-9 全氟磺酸离子交换膜的 Cluster-Network 模型

2) 部分氟化离子交换膜

部分氟化离子交换膜具有较低的成本并且具有良好的化学稳定性,从而可应用在全钒液流电池中。部分氟化离子交换膜通常以碳氟聚合物为主体,如乙烯-四氟乙烯共聚物(ETFE)和 PVDF。通常采用接枝离子交换基团的方法制备部分氟化离子交换膜或具有多孔结构的多孔离子传导膜。辐射接枝法是调控部分氟化离子交换膜性质的最常用方法。通过电子束、γ射线辐射引发聚合物主链上产生自由基以接枝亲水性的离子交换基团。通过辐射接枝的方法可以在 ETFE 聚合物上接枝不同种类的离子交换基团,如γ射线辐射接枝甲基丙烯酸二甲胺乙酯(DMAEMA)制备阴离子交换膜或通过两步法先接枝苯乙烯(PS)磺化,再辐射接枝 DMAEMA,制备出两性离子交换膜,其制备过程如图 7-10 所示。通过辐射接枝的方法可以实现 ETFE 膜良好的离子传导性能,并可以通过控制接枝度保证良好的离子选择性能。

另一种方法是通过醇钾溶液(氢氧化钾的乙醇溶液)处理的方法,将亲水性离子交换基团引入部分氟化聚合物的主链中。膜的接枝度对部分氟化离子交换膜的离子传导性有很

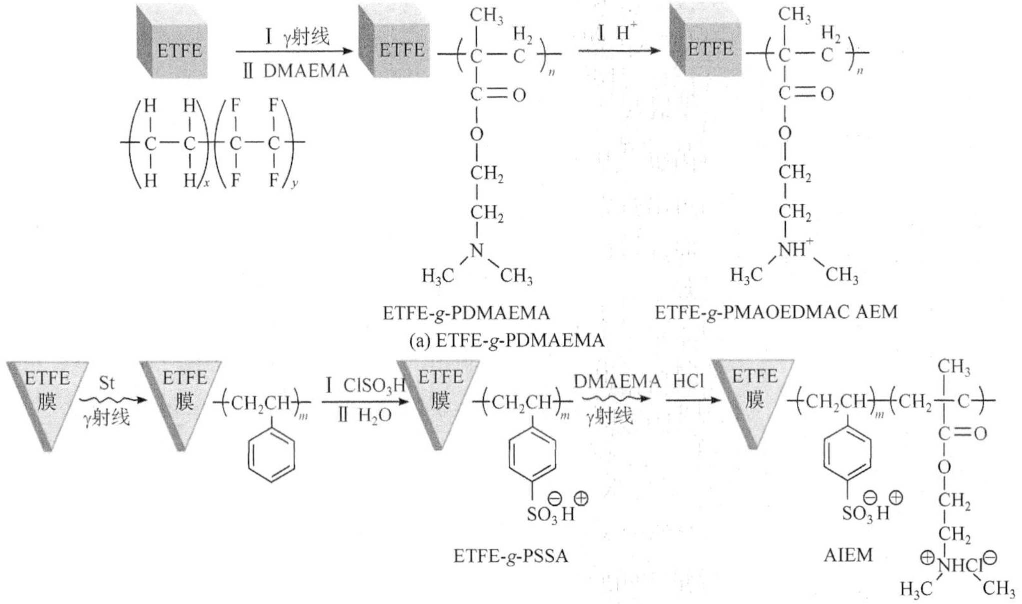

(b) ETFE-*g*-PSSA-co-PDMAEMA

图 7-10　辐射接枝离子交换膜制备

大的影响，在接枝度较低的情况下，膜的离子传导性能较低，在单电池测试过程中，电压效率较低。而当膜具有较高的接枝度时，离子交换膜将具有较高的溶胀性，其机械和化学稳定性较差。另外，在制备部分氟化离子交换膜的过程中，射线辐射或醇钾溶液也将对聚合物主链造成一定的破坏，导致部分氟化离子交换膜的化学稳定性降低。这严重地制约了部分氟化离子交换膜在全钒液流电池中的应用。

3) 非氟离子交换膜

除了上述两类交换膜，研究者相继探索开发出应用于全钒液流电池的非氟离子交换膜，并取得了一定进展。按照带负电荷的离子交换基团酸性的强弱，可将非氟离子交换膜分为强酸性(如磺酸型)、中强酸性(如磷酸型)、弱酸性(如羧酸型、苯酚型)离子交换膜。在全钒液流电池中，研究较多的离子交换膜是磺酸基型离子交换膜。磺酸基型离子交换膜的制备方法主要有“先磺化”和“后磺化”两种。“后磺化”是指以高分子树脂为基材，选择合适的磺化试剂(如浓硫酸、发烟硫酸、三氧化硫、氯磺酸等)与高分子树脂材料发生磺化反应，在高分子的主链上引入磺酸基团，使其具有质子传导的能力。磺化反应可以通过化学引发剂引发，也可以通过高能辐射引发。该制备方法操作较为简单，可选择的高分子种类多，因而较早得到研究。中国科学院大连化学物理研究所、大连理工大学、北京大学、中山大学等研究单位分别设计合成了一系列不同聚芳香族主链结构的磺化(图 7-11)和季铵化(图 7-12)的非氟离子交换膜，并对其进行了全钒液流电池性能的研究。

非氟离子交换膜以其优异的选择性和较低的成本而受到青睐，但其相对较差的稳定性限制了其更广泛的应用。在全钒液流电池系统中，离子交换膜需承受强氧化性、高酸度及高压环境，这对材料的耐久性提出了极高的要求。此外，针对此类膜材在液流电池工作条件下复杂降解机制的研究尚显不足，这也构成了推进非氟离子交换膜技术发展的重大障碍。

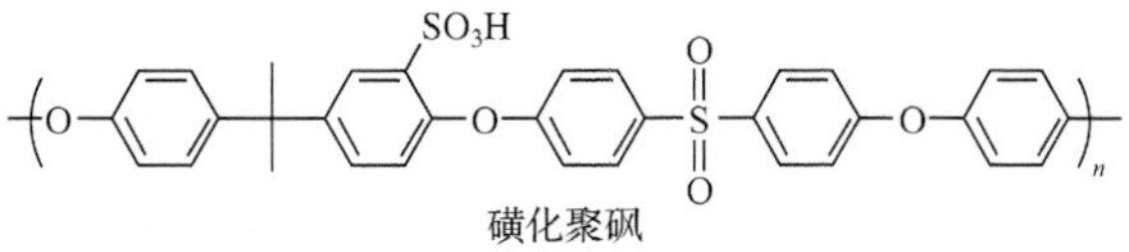

图 7-11 几种不同主链结构的磺化芳香族聚合物结构

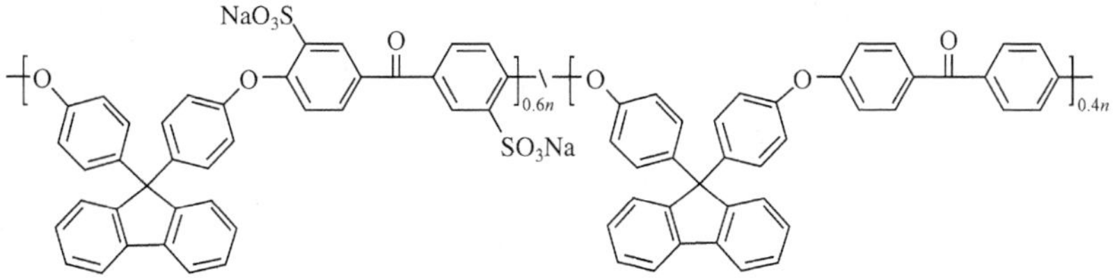

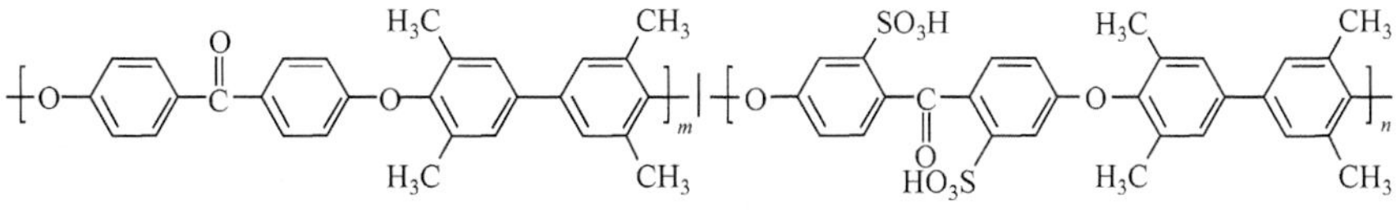

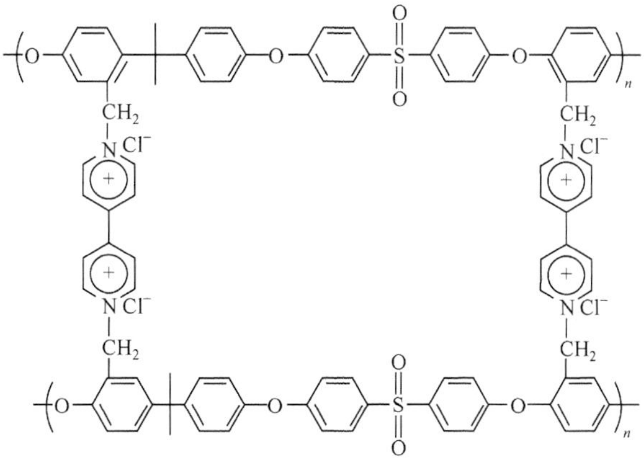

图 7-12 几种不同主链结构的季铵化芳香族聚合物结构

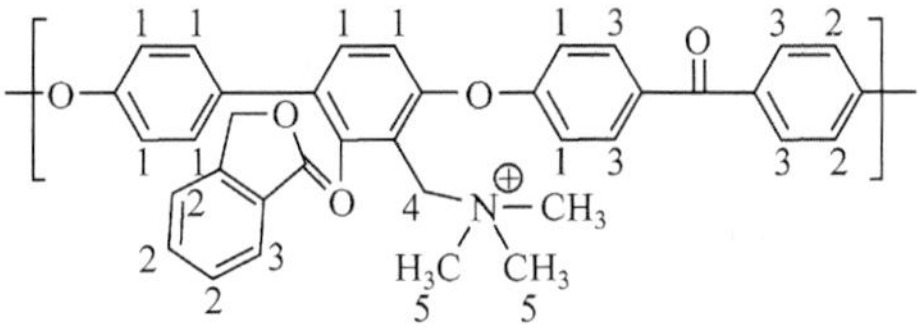

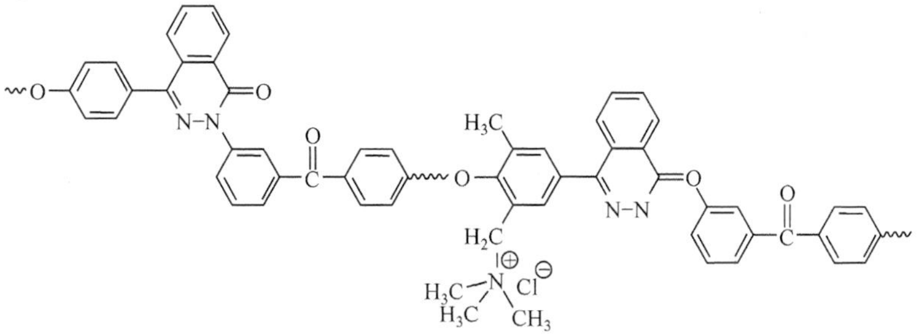

4) 多孔离子传导膜

为了解决全氟磺酸离子交换膜价格昂贵和非氟离子交换膜稳定性差的问题，推进全钒液流电池储能技术的产业化应用，张华民研究团队发现，在非有机高分子材料中引入离子交换基团，是导致非氟离子交换膜材料降解的根本原因。按照传统的离子交换机理，离子交换膜材料必须含离子交换基团，否则无法实现离子的交换传导。但离子交换基团的导入会造成非氟离子交换膜降解，导致稳定性降低。中国科学院大连化学物理研究所的研究小组成功地突破了传统离子交换传导机制的限制，创新性地提出了一个全新的概念——离子筛分传导机理，这一机制并不依赖于离子交换基团的存在。基于此理论，研究人员开发了一系列具有独特孔隙结构特征的非氟多孔离子传导膜材料，这些材料能够利用孔径筛分效应，高选择性地区分并传导钒离子与质子。特别值得注意的是，对于采用相转化技术制备的聚丙烯腈(PAN)多孔离子传导膜，其结构由一层致密皮层及一个大孔支撑底层组成。其中，致密皮层负责根据孔隙结构实现对钒离子和质子的有效筛选与传导，具体过程如图 7-13 所示。实验结果显示，当使用这种新型离子传导膜构建全钒液流电池单元，并在 80 mA/cm² 条件下进行恒定电流充放电测试时，该电池表现出超过 95% 的库仑效率，性能几乎可以媲美成本高昂的 Nafion 115 离子交换膜，而价格却仅约为后者的 1/5。这项研究不仅证明了将多孔离子传导膜应用于全钒液流电池中的巨大潜力，而且基于离子筛分传导原理的新方法从根本上克服了引入离子交换基团而导致的多孔离子传导膜稳定性差、易降解的问题，拓宽了可用于此类电池系统的膜材料种类，为推动全钒液流电池膜材料向实际应用和商业化迈进开辟了一条崭新的路径。

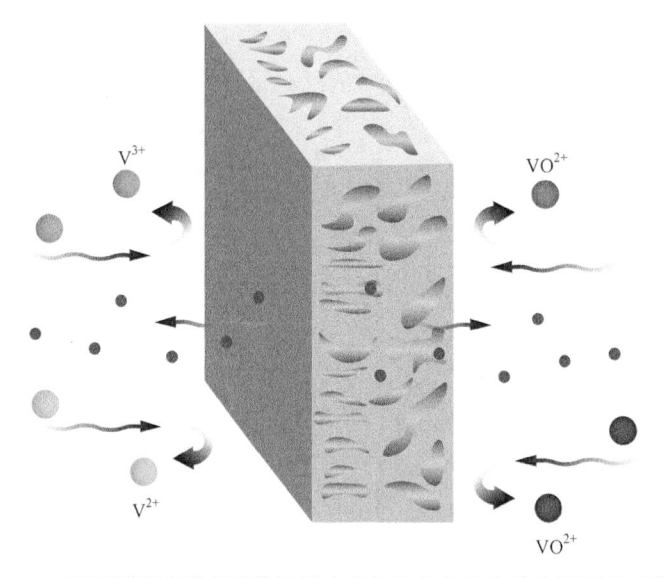

图 7-13 聚丙烯腈多孔离子传导膜在全钒液流电池中的应用原理示意图

7.2.4 全钒液流电池电堆设计

1. 电堆设计原则

全钒液流电池电堆的设计思路与其他电池相同，即保证高能量效率的同时实现高可靠性与低成本，因此电堆的设计原则主要围绕以下几点展开。

1) 电堆额定输出功率和额定能量效率

与锂离子电池、铅酸(炭)电池不同,液流电池电堆的库仑效率、电压效率、能量效率、电解液利用率与电堆的工作电流密度密切相关。对于给定的电堆,在输出功率不同的条件下,工作电流密度与能量效率不同。因此,额定输出功率及在额定输出功率运行时的工作电流密度、能量效率是评价电堆性能的三个必不可缺的重要参数。

电堆的额定输出功率是指在满足指定能量效率的条件下,电堆在一个充、放电循环过程中可获得的最大可持续输出功率。电堆的能量效率是指电堆在恒功率充、放电条件下,从电堆输出的能量占输入电堆的能量的百分比。在不同的工作电流密度下,电堆的输出功率和能量效率可用以下方法计算:

电堆输出功率=工作电流密度×电极有效面积×平均输出电压×单电池节数

电堆的能量效率=库仑效率×电压效率

电堆的库仑效率是指在规定条件下,电堆放电过程中所放出电量的安时数(或瓦时数)占充电过程中所消耗电量安时数(或瓦时数)的百分比;而电堆的电压效率是指电堆放电平均电压占充电平均电压的百分数。增加电极有效面积和单电池节数均可以提高电堆的输出功率,但增加材料的使用量会提高成本,增加的体积和质量也增大了系统的占地面积。而电池的平均输出电压也由于工作电压区间的限制而无法大范围调节,因此在保证能量效率不变的前提下,提高工作电流密度是提高电堆输出功率、降低电堆成本的最有效途径。电堆的能量效率可由库仑效率和电压效率的乘积来计算。

2) 低流阻、高均匀性流场结构

液流电池电堆中的流场设计主要涉及两个方面:一是电极框内的分支流道设计与电极内的流场设计;二是单电池间的电解液共用管路的设计。电极框内的分支流道、分配口的几何参数决定了电解液在电极内的分配均匀性,从而影响电池的过电位以及电流密度分布,局部过电位及电流密度的过高和过低对电堆的整体性能有很大的影响。

电解液共用管路的流动形式分为U形和Z形,二者的主要差异在于电解液进出电堆的流动方式不同,如图7-14所示。对于U形结构,如图7-15所示,共用管路及单电池

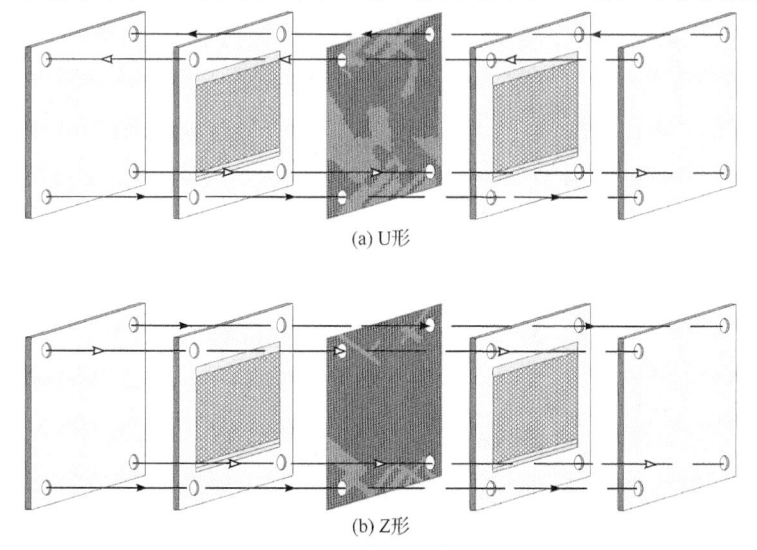

(a) U形

(b) Z形

图7-14 电解液在电堆共用管路中的两种流动形式

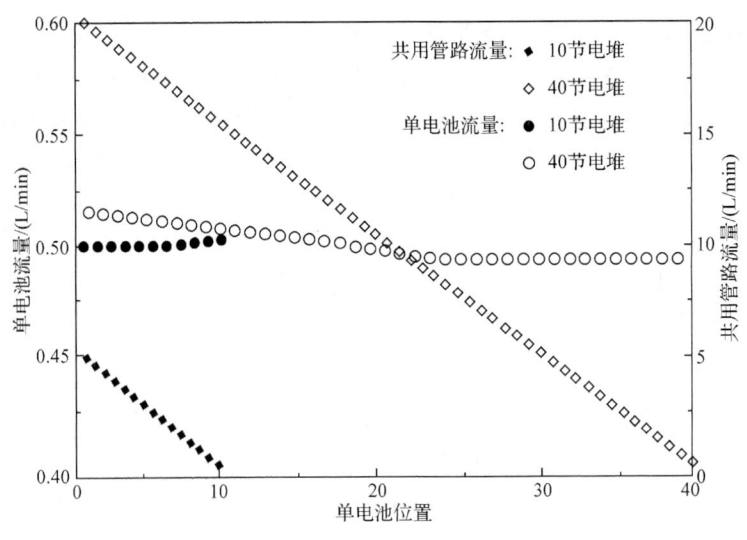

图 7-15 液流电池 U 形电堆结构电解液分配

中电解液的流量由外至内逐渐降低，并且随着电池节数的增加，电解液流量分配的均匀性变差。而对于 Z 形结构，如图 7-16 所示，电堆中心处单电池中的电解液流量最低，两端最大，共用管路的进口和出口电解液流量呈中心对称分布，并且随着电池节数的增多，流量分配的均匀性变差。单电池间流量分配的不均匀性直接影响各单电池的浓差极化，进而影响充放电深度及电压的均匀性，因此，共用管路的设计与优化对于电堆内电解液在各单电池间流量的均匀分配十分重要。

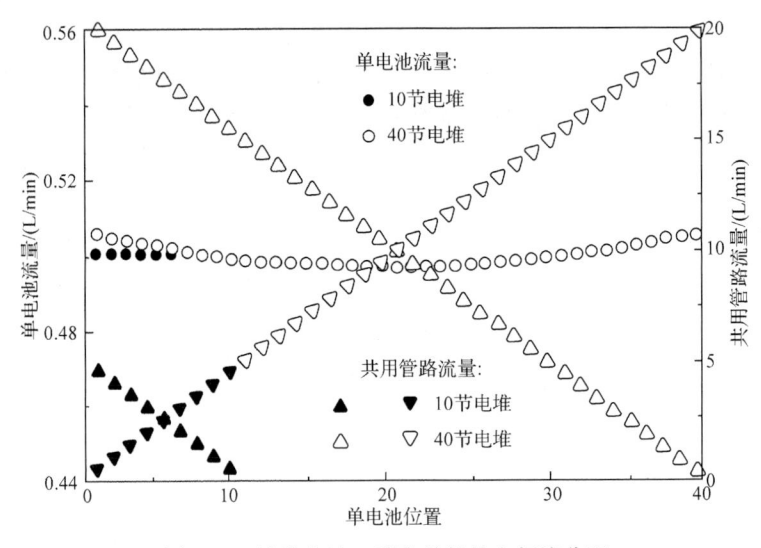

图 7-16 液流电池 Z 形电堆结构电解液分配

3) 可靠性与安全性

电堆中任何的组件，如电极、离子传导(交换)膜、双极板、密封件、端板等均影响着电堆的可靠性与耐久性。一般来说，影响可靠性的主要因素在于以下两个方面：一是耐腐蚀性，包括各组件的耐酸性，也有电极的氧化造成的腐蚀等；二是力学性能，其中最重要的是离子传导(交换)膜和密封垫的力学性能。常用的离子交换膜，如 Nafion 离子交换膜的机械强度不高，有时会在电堆组装和电堆长期运行后出现破碎。密封件虽然常选用耐腐蚀性很强的氟橡胶，但长期的酸腐蚀和高压紧力的作用也会导致密封件的弹性变差，从而失去密封效果，使电堆漏液。

2. 电堆的密封材料与结构

全钒液流电池是由离子传导(交换)膜分隔正、负两极电解液的，因此，在电堆内需要密封技术来防止两极电解液之间互相渗透，避免影响电堆的库仑效率和储能容量，从而确保运行安全。同时，还需要通过密封技术来防止电解液向电堆外侧泄漏，选择合适的密封材料和密封方式是液流电池电堆设计的关键。

全钒液流电池常用的密封材料为橡胶材料，如氟橡胶或者三元乙丙橡胶。密封材料需具备优良的耐腐蚀性、化学稳定性及弹性。密封方式一般分为面密封与线密封。采用面密封时，密封面积大、组装压力大、对组装平台的要求高，密封效果好。但采用面密封结构时密封材料的使用量大，密封材料成本高。如果采用线密封，则对电堆的双极板及密封槽等部件的加工精度和装配精度要求很高，技术难度大。

3. 端板

端板作为电堆最外侧的部件，起到紧固电堆的作用，一般为铸铁板或者铝合金板等。要求电堆的端板有优良的刚性强度和加工平整度。刚性强度不好的端板容易产生挠曲变形，造成电极内的碳毡压缩比和电解液分布的不均匀，增大电堆的欧姆极化，进而影响电堆性能。因此，高刚性强度、轻质和低成本是设计选择端板材料的三个条件。在设计液流电池电堆端板结构时，应在满足设计刚度要求的条件下采用加强筋的结构形式，从而尽量减小端板的材料用量和质量。

4. 电堆的组装

电堆组装过程中，关键步骤有两个方面。首先是定位，一个 30 kW 的电堆通常大约由 50 节单电池组成，涉及数百个组件。将这些组件逐一地按照定位结构进行组装，可以避免错位，以保证电解液在单电池节数增多时的均匀分配，并有效防止漏液。其次是装配的压力均匀性，在压力机加压时，施压面与端板的平行度及加压速度极为重要，平行度不好或者加压速度过快都会导致电堆的变形，甚至引发组件弹出等问题。

7.2.5 全钒液流电池储能系统

全钒液流电池储能系统主要遵循以下设计原则。

1. 外部接口条件

外部接口条件是指储能系统与外部用户或者风电场的连接，其中包括系统功率、储能容量、能量转化效率及电压等级等要求。鉴于液流电池储能系统的优点，电池储能系统的储能容量与功率可以独立设计。与其他储能电池相比，全钒液流电池储能系统的输出功率和储能容量设置更为灵活，储能容量不受储能电池功率的影响，可通过调节电解液体积实现对储能容量的控制。充放电过程中能量损失越小,系统能量效率越高。全钒液流电池储能系统由多个电堆在电路上通过串联、并联或者串并联相结合的方式构建而成,需要达到一定要求的额定功率和电压才能满足应用需求。

2. 高能量效率

高能量效率的电堆是高效液流电池储能系统的基础,而系统管路设计及智能运行控制技术等都是实现电池系统高效率的必要条件。为确保液流电池储能系统在稳定运行状态下连续工作,所必须提供支持的设备主要包括电解液循环泵、温控设备和控制管理设备等。电解液流量的大小不仅直接影响循环泵的功耗及液流电池的性能,而且影响电池内电解液的分布均匀性,从而影响液流电池储能系统的能量效率和储能容量等性能,如图 7-17 所示。电解液流量的选择应在保证液流电池系统的能量效率和储能容量的前提下尽量降低,从而降低循环泵功耗,同时提高液流电池系统的综合能量效率。

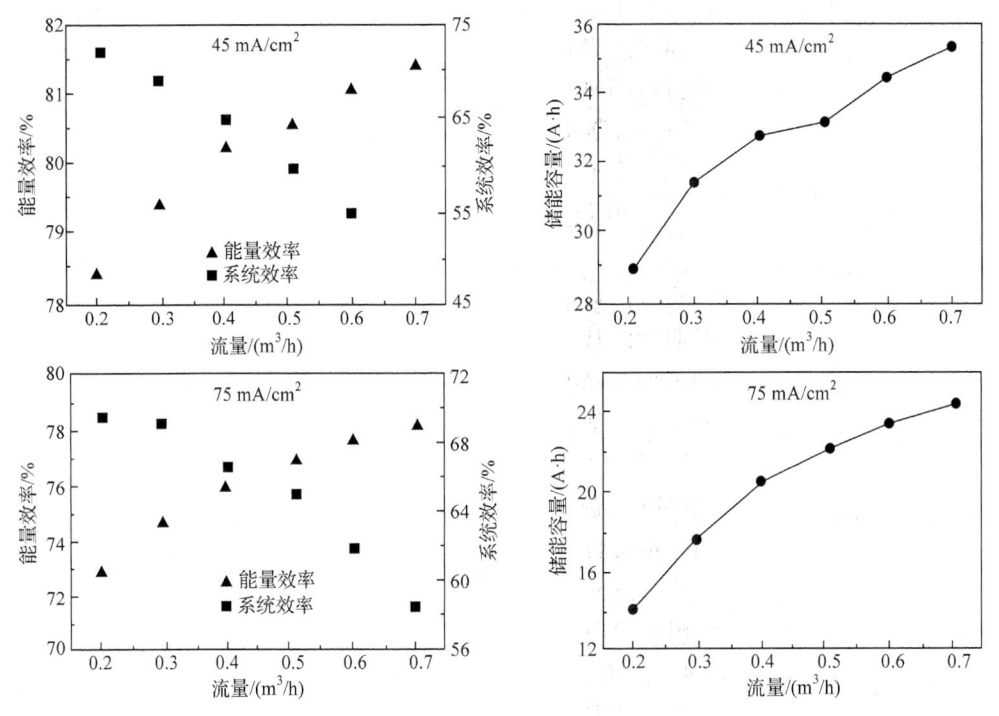

图 7-17 不同电解液流量下液流电池能量效率、系统效率和储能容量的关系

3. 高安全性系统控制管理

对于全钒液流电池储能系统,必须严格控制其充放电截止电压,尤其是充电截止电压,否则会增加析氢等副反应发生的概率,严重时会腐蚀电极和双极板等关键材料,显著影响系统效率与使用寿命。副反应产生的微量气体会在负极累积,长年运行可能存在安全隐患。为保证使用安全,一般采用惰性气体置换技术及时排出电解液储罐中的氢气,并在全钒液流电池储能系统室内安装通风装置和可燃气体检测报警仪。

除此之外,全钒液流电池适宜的运行温度为 10~40℃。当运行温度超过上限时,容易造成电解液中五价钒的析出,造成电极和管路堵塞;当电解液温度低于运行温度下限时,容易造成负极电解液中的 V^{2+} 离子生成沉淀而析出。为维持液流电池电解液的运行温度,需要配备换热器。由于液流电池系统中含有钒离子的硫酸水溶液具有很强的酸腐蚀性和氧化还原性,换热器的材质需要为 PP、PTFE 等耐腐蚀材料。

7.3 其他类型液流电池技术

7.3.1 钒/多卤化物液流电池

受钒化合物,特别是五价钒离子(VO_2^+)溶解度所限,全钒液流电池电解质溶液的浓度较低,导致全钒液流电池的能量密度较低。在钒/溴液流电池体系中,正、负极分别为 Br^-/Br_2Cl^-(Cl^-/Cl_2Br^-)和 VBr_3/VBr_2 电对,二价钒离子在电解液中的溶解度较高,使钒/溴液流电池体系的能量密度可达 50 W·h/kg。但溴具有严重腐蚀性并且污染环境,所以又提出钒/多卤化物液流电池。该体系采用多卤离子代替多溴离子,称为第二代全钒液流电池。钒/多卤化物液流电池发生的化学反应式如式(7.4)~式(7.8)所示。

正极反应:
$$2Br^- + Cl^- \rightleftharpoons Br_2Cl^- + 2e \tag{7.4}$$

$$2Cl^- + Br^- \rightleftharpoons Cl_2Br^- + 2e \tag{7.5}$$

负极反应:
$$V^{3+} + e \rightleftharpoons V^{2+} \tag{7.6}$$

电池总反应:
$$2Br^- + 2V^{3+} + Cl^- \rightleftharpoons 2V^{2+} + Br_2Cl^- \tag{7.7}$$

$$2Cl^- + 2V^{3+} + Br^- \rightleftharpoons 2V^{2+} + Cl_2Br^- \tag{7.8}$$

钒/多卤化物液流电池的能量密度虽然得到了提高,但该体系中含有多种活性物质,电解液易发生交叉污染,进而导致电池容量衰减速率增加、能量效率降低等问题。同时,该体系中溴等卤化物具有强腐蚀性、挥发性,易对环境造成污染。若能有效解决这些问题,钒/多卤化物液流电池将在实际应用中展现出广阔的前景。

7.3.2 锌基液流电池

1. 锌/溴液流电池

锌/溴液流电池是国外在 20 世纪 70 年代末至 80 年代初开始研究的新一代高能电池。锌/溴液流电池的正、负半电池由隔膜分开,两侧电解质溶液为 $ZnBr_2$ 溶液。在循环泵的作用下,电解质溶液在储存罐和电池电堆之间构成的闭合回路中进行循环流动。电极反应的动力为正、负极活性电对的电势差,其中涉及的电极反应如式(7.9)~式(7.11)所示。

负极反应:
$$Zn^{2+} + 2e \rightleftharpoons Zn \tag{7.9}$$

正极反应:
$$2Br^- \rightleftharpoons Br_2 + 2e \tag{7.10}$$

电池总反应:
$$Zn + Br_2 \rightleftharpoons ZnBr_2 \tag{7.11}$$

锌/溴液流电池的电解质溶液采用的是 $ZnBr_2$ 溶液。在充电过程中,负极端锌离子会以金属状态沉积于电极表面上；与此同时，在正极端产生的溴与特定配体结合后形成一种油状物质，并储存在正极槽底部区域，该电池的工作原理示意图见图 7-18。这种电池设计中采用了双极性电极构造，由集流板以及分别附着在其两侧并具备电化学活性的正负极层构成，其中正负极材料分别选择了活性炭和碳毡。为了增强锌/溴液流电池电极材料的性能，可以通过多种处理方法来实现，包括但不限于使用浓碱、高锰酸钾、浓硝酸或过氧化氢等进行氧化处理，或采取等离子体技术、电化学氧化过程及高温热处理等方式。

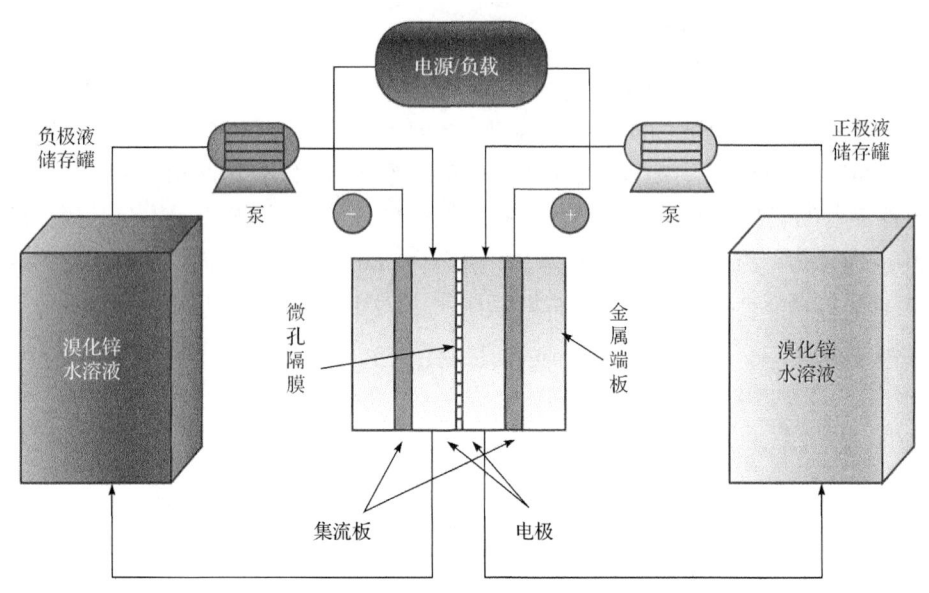

图 7-18 锌/溴液流电池工作原理示意图

锌/溴液流电池充电过程中锌离子得到两个电子，变成锌单质沉积在负极。电极材料电阻不均匀、电极边缘效应等固有因素的存在，会导致锌枝晶的形成。随着金属电化学氧化还原反应的连续循环，在电极表面沉积形成金属枝晶的概率越来越高。如何有效抑制锌枝晶的形成是锌/溴液流电池电极材料开发、运行管理控制的重点。除了负极金属锌沉积的问题，还需要注意单质溴在电解液中的溶解度较高、电池材料耐受性差等问题。

2. 锌/镍液流电池

锌/镍液流电池正、负极电解液同为锌酸盐碱性溶液，只有一个电解质溶液储罐。因此，不需要使用离子交换膜。通过电池内离子的流动与外电路电子的定向运动构成电流回路。充电时，正极的氢氧化镍氧化成 NiOOH，负极的锌酸根离子沉积成金属锌。其工作原理如图 7-19 所示。正负极涉及的电池反应如式(7.12)~式(7.14)所示。

正极反应： $2NiOOH + 2H_2O + 2e \rightleftharpoons 2Ni(OH)_2 + 2OH^-$ (7.12)

负极反应： $Zn + 4OH^- \rightleftharpoons Zn(OH)_4^{2-} + 2e$ (7.13)

电池总反应：

$$Zn + 2H_2O + 2NiOOH + 2KOH \rightleftharpoons 2Ni(OH)_2 + K_2Zn(OH)_4$$ (7.14)

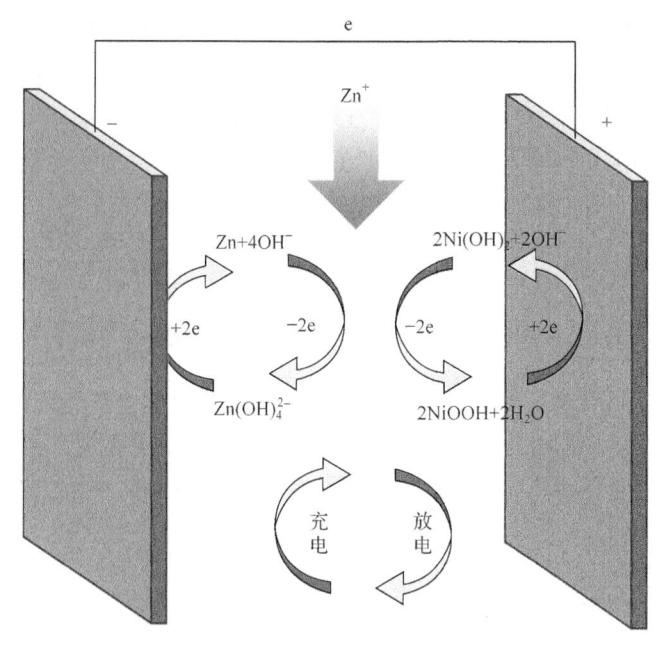

图 7-19 锌/镍液流电池工作原理示意图

3. 锌/铈液流电池

锌/铈液流电池最早由 PlurionSystems 公司等提出,其正、负极分别采用 Ce^{3+}/Ce^{4+} 电对和 Zn^{2+}/Zn 电对。锌/铈液流电池的电解质采用的是甲基磺酸,电流密度可以达到 300～400 mA/cm^2。Ce^{4+}/Ce^{3+} 的氧化还原电位为 1.72 V,负极电对 Zn^{2+}/Zn 的氧化还原电位为 −0.76 V,因此,电池可以达到较高的理论开路电压,涉及的电池反应如式(7.15)～式(7.17)所示。

正极反应: $$2Ce^{3+} \rightleftharpoons 2Ce^{4+} + 2e \tag{7.15}$$

负极反应: $$Zn^{2+} + 2e \rightleftharpoons Zn \tag{7.16}$$

电池总反应: $$2Ce^{3+} + Zn^{2+} \rightleftharpoons 2Ce^{4+} + Zn \tag{7.17}$$

锌/铈液流电池的另一个特点是正、负极电解液的交叉混合不会对电极性能产生严重的影响,然而四价铈离子与单质锌发生化学反应,会降低电池的库仑效率。在充电过程中,若正极电解液中含有 Zn^{2+},由于锌的最高价态为+2 价,Zn^{2+} 不会失去电子而在正极放电;同样,若负极电解液中含有三价铈离子,三价铈不会在负极得电子转变为更低价态或金属铈,得电子的仍是 Zn^{2+}。在放电过程中,四价铈离子在正极优先被还原,而三价铈离子的存在不会影响锌的放电过程。

7.3.3 铁/铬液流电池

铁/铬液流电池是最早被提出的液流电池体系,它为液流电池技术的发展奠定了理论和技术基础。美国、日本等国家曾对铁/铬液流电池投入了大量的精力和资源。铁/铬液流电池在正、负极分别采用 Fe^{2+}/Fe^{3+} 和 Cr^{3+}/Cr^{2+} 电对,盐酸为电解质,水为溶剂。电池正、负极之间用离子交换膜隔开，电池充、放电时，由 H⁺通过离子交换膜在正、负极电解液间的电迁移而形成导电通路。铁/铬液流电池的标准开路电压为 1.18 V，其正极标准电位为+0.77 V，负极标准电位为–0.41 V。铁/铬液流电池充、放电时电极上发生的反应方程式如式(7.18)~式(7.20)所示。

正极反应： $$Fe^{2+} \rightleftharpoons Fe^{3+} + e \tag{7.18}$$

负极反应： $$Cr^{3+} + e \rightleftharpoons Cr^{2+} \tag{7.19}$$

电池总反应： $$Cr^{3+} + Fe^{2+} \rightleftharpoons Cr^{2+} + Fe^{3+} \tag{7.20}$$

与全钒液流电池相比，铁/铬液流电池的原材料成本更低，安全性相当。但铁/铬液流电池也存在一些缺陷，例如，电池能量效率提高空间有限，充电过程中易发生析氢现象，从而增加了电池的安全隐患，电池正负极活性物质互串问题会导致电池的库仑效率下降和容量寿命缩短。

7.3.4 其他新型液流电池体系

经过数十年的发展，以全钒液流电池为代表的液流电池技术已经进入大规模工程示范和商业推广应用阶段。然而，其成本受钒市场价格的影响和制约。因此，众多的科研工作者对新型液流电池开展了探索研究。根据支持电解质的特点，探索研究的新型液流电池可分为水系和非水系两大类。水系液流电池是指使用水作为支持电解质，非水系液流电池是指使用有机物(非水)作为支持电解质。

1. 水系液流电池

Huskinson 等提出了一种醌/溴化物液流电池系统，分别用溴和 9,10-蒽醌-2,7-二磺酸(AQDS)作为正极和负极的活性物质，正极采用氢溴酸作为支持电解质，负极采用硫酸作为支持电解质。据报道，该液流电池的工作电流密度达到 500 mA/cm²。但是醌/溴化物液流电池系统中的溴单质易被氧化，且对系统耐腐蚀性要求苛刻。该电池系统的循环性能较差，且该体系的开路电压仅为 0.7 V，较低开路电压导致能量密度太低和实用性不强。该研究团队继续应用铁氰化物离子代替溴化物，开发了醌/铁液流电池系统，其中系统的正极和负极活性物质分别为 K₄Fe(CN)₆ 和 2,6-二羟基蒽醌(2,6-DHAQ)。测试数据表明，该体系液流电池的开路电压可达到 1.2 V，在 100 A/cm² 工作电流密度下，可以连续稳定运行 100 个充放电循环，电池能量转换效率达到 84%。然而该体系电解液正极活性物质浓度仅能达到 0.4 mol/L，负极活性物质浓度仅能达到 0.5 mol/L，导致电池能量密度较低，实用性不强。

2. 非水系液流电池

20 世纪 80 年代时，人们就提出了非水系液流电池的概念。早期非水系液流电池的储能活性物质主要是基于无机金属(V 和 Ru 等)的有机配合物，但是这种液流电池的主要问题是活性物质的浓度低，导致工作电流密度极低。2014 年，Wang 等提出了 Li/TEMPO 体系。正极使用的是 2,2,6,6-四甲基哌啶-1-氧基(TEMPO)，负极使用的是 Li 片，如图 7-20

所示。溶剂为碳酸乙烯酯(EC)、碳酸丙烯酯(PC)、碳酸甲乙酯(EMC)，支持电解质为 LiPF$_6$。正极反应为 TEMPO 的自由基型反应，负极为锂的沉积与溶解。Li/TEMPO 液流电池的开路电压可以达到 3.5 V，电化学测试证明 TEMPO 具有很好的电化学活性及可逆性。但由于有机体系电解液的电导率较低，Li/TEMPO 体系不仅工作电流密度只有 5 mA/cm^2，能量效率也很低。

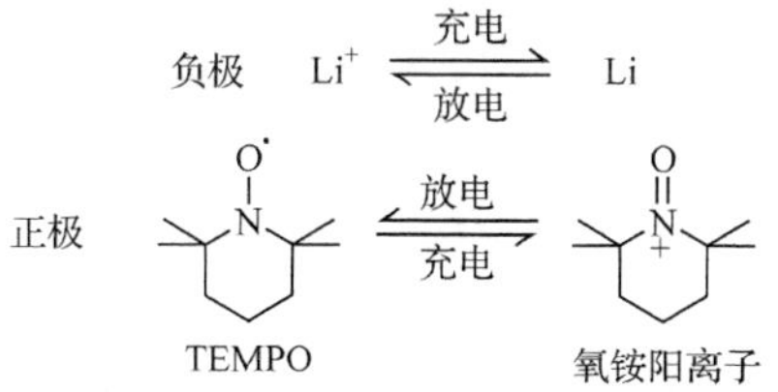

图 7-20 Li/TEMPO 液流电池电极反应

近几年，美国得州大学研究小组在非水系液流电池领域取得了许多进展。研究人员开发了使用二茂铁(FeCp2)和钴茂(CoCp2)分别作为氧化还原活性负极和正极的非水系锂基液流电池。这种基于全茂金属的锂基液流电池具有更高的茂金属反应速率常数，可提供更高的工作电压，且每个循环的容量保持率高达 99%以上。

思 考 题

1. 概括出液流电池的技术类型、特点及优缺点。
2. 写出锌/溴液流电池涉及的电化学反应及其与铁/铬液流电池的区别。
3. 简述全钒液流电池的工作原理以及电池结构。
4. 全钒液流电池的电解液组成对全钒液流电池的性能有何影响？
5. 简述全钒液流电池离子交换膜的作用、分类，不同材质的离子交换膜如何选择？
6. 全钒液流电池储能系统的组成以及设计原则是什么？

第 8 章　前沿储能电池技术

8.1　二次镁基电池技术

近年来，包括镁(Mg)、铝(Al)、锌(Zn)、钙(Ca)在内的多种多价金属元素，在电化学储能技术领域内受到了越来越多的关注。特别地，镁离子电池由于其独特的优势而被视为锂离子电池极具潜力的候选者之一，如图 8-1 所示。镁作为一种无毒且环境友好的材料，拥有较高的理论比容量(3833 mA·h/cm^3，2205 mA·h/g)，在地壳中的含量相对丰富(占比约为 2.0%)。此外，在合适的条件下，镁能够以平滑的方式沉积，不易形成枝晶结构，这有助于减少因枝晶生长而导致的安全隐患，如电池内部短路等问题。

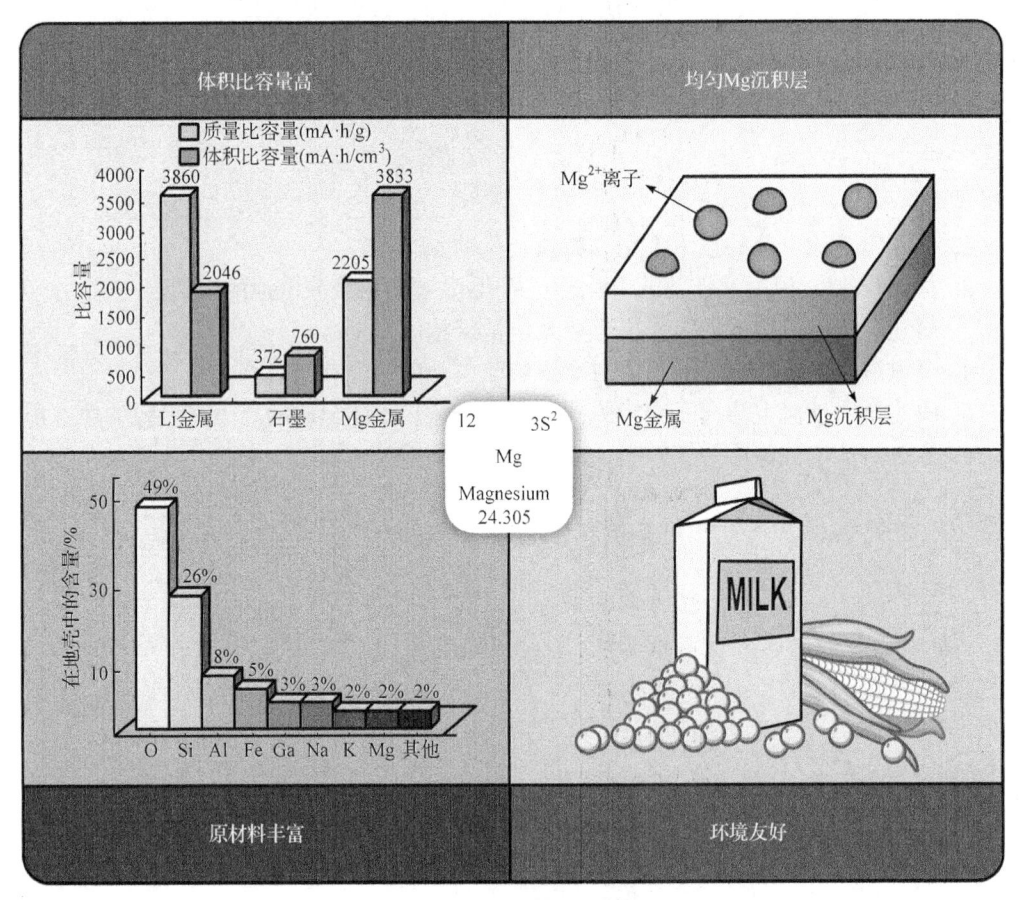

图 8-1　镁金属特性示意图

近年来，镁二次电池作为一种前景广阔的新型可充电电源引起了广泛关注。该电池主要由镁负极、电解质以及能够嵌入镁离子(Mg^{2+})的正极材料构成，其工作机理与锂离子电池相似。镁二次电池以金属镁作为负极，要求 Mg/Mg^{2+}电化学可逆地进行沉积/溶解。然而，由于镁较为活泼，在常规条件下只能在非质子性的有机溶剂中稳定反应。目前，镁离子电池的研究尚处于起步阶段，仍面临诸多挑战。其中最主要的障碍之一是镁离子因其二价特性而与宿主材料间存在较强的相互作用力，导致镁离子在材料内部的嵌入和扩散变得异常困难。此外，传统有机电解液与镁金属之间的兼容性差也是一个关键问题，这会导致镁表面形成一层致密的钝化层，从而阻碍了镁的有效沉积与溶解，并降低了电荷传输效率，严重制约了镁离子电池技术向商业化迈进的步伐。

8.1.1 二次镁基电池的组成和工作原理

镁离子电池由四个关键组件构成：正极、负极、电解质以及隔膜。其中，正极材料的选择对于这类电池的电化学特性起着至关重要的作用；而负极则通过与电解质相互作用充当镁离子和电子的良好载体。电解质作为电池内部不可或缺的部分，不仅使正负极之间形成回路并传导离子，而且为电化学过程提供了必要的条件。

如图 8-2 所示，镁离子电池利用浓度梯度原理工作，其正负两极均能够进行镁的嵌入/脱出反应。在镁离子的嵌入过程中，从负极释放出的 Mg^{2+}通过电解质溶液传输至正极材料中；这里，电解液起到了连接正负电极的作用，促进了 Mg^{2+}向正极的有效迁移。相反地，在镁离子脱出时，整个过程呈现出高度可逆性，这种特性有助于维持电池性能的稳定。

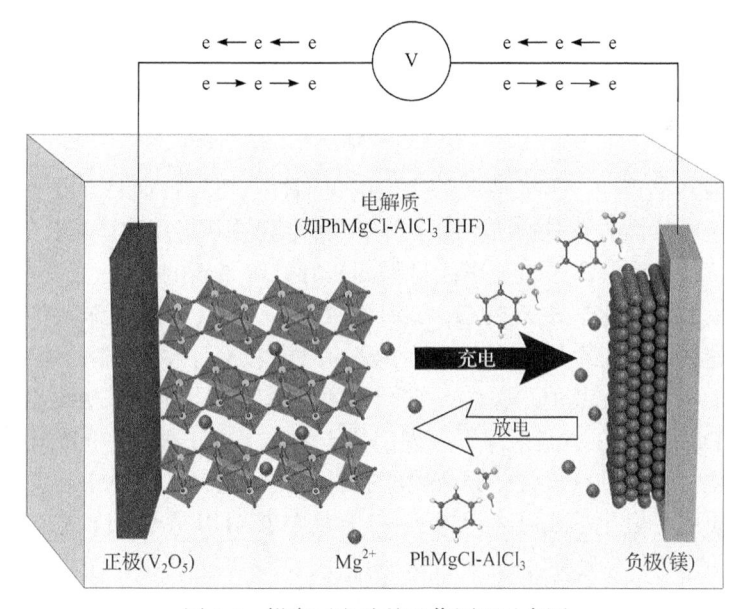

图 8-2 镁离子电池的工作原理示意图

8.1.2 二次镁基电池的关键材料和技术

1. 镁离子电池正极材料

在镁离子电池(MIBs)中，正极材料扮演着至关重要的角色，直接决定了电池的工作电压及充放电比容量。理想的镁离子电池正极材料应当具备高容量、较高的电压平台、良好的可逆性、高效的循环性能、安全性及稳定性，原材料丰富且易于加工生产。目前研究探索的正极材料主要包括嵌入脱出型材料、转换型正极材料以及有机正极材料等类型。

1) 嵌入脱出型材料

嵌入脱出型材料，也称为插层材料，在多次循环过程中能够维持其结构稳定性，从而实现稳定的电化学性能。这类材料在镁离子电池正极材料的研究中占据了重要地位。鉴于它们在锂离子电池领域取得的成功，这些插层化合物也被视为镁离子电池体系内具有潜力的正极候选者。

在镁离子电池(MIBs)领域，切弗里相型正极材料的应用历史最为悠久，其化学式遵循 Mo_6T_8 的模式，其中 T 代表 S、Se 或 Te。特别是 Mo_6S_8 材料，由于具备快速的镁嵌入动力学性能及出色的循环稳定性，被认为是目前最成功的镁离子电池正极材料之一。

层状材料具有独特的二维通道特性，这种结构为化学活性物质提供了丰富的嵌入位点，从而赋予了它们快速进行插入与脱出过程的能力，并展现出广阔的应用潜力。特别是在镁离子电池领域，层状过渡金属氧化物因高操作电压、优异的结构稳定性以及成本效益等优点，被广泛视为一种极具发展潜力的正极材料选项。

2) 转换型正极材料

与插层化合物相比，转换型正极材料在镁离子电池领域的探索起步较晚。然而，这类材料因其显著的理论容量及能量密度而备受关注，其性能指标甚至可超越传统插层材料数倍之多。转换型正极材料主要包括过渡金属硫化物和氧化物等。

在众多的转换型镁离子电池正极材料中，过渡金属氧化物，特别是锰基化合物，因其原料易得且具有多样化的晶体结构而备受研究者青睐。通过在这些正极材料中用氧取代硫，可以有效提升嵌入电压及理论容量，从而为实现更高的能量密度提供了可能性。

3) 有机正极材料

有机材料因其丰富性、多样性和结构上的灵活性与可调性而日益受到重视。特别是那些具备氧化还原活性的有机物质，由于分子间的相互作用力相对较弱，所以 Mg^{2+} 能够快速迁移。这一特性为镁离子电池正极材料的研究开辟了新的路径。

羰基化合物的通用化学式为 2RC=O(其中 R 可以是 H、CH_2 或苯环等)，这类物质因其较高的理论容量、多变的分子结构以及丰富的原料来源而备受青睐。在这些化合物中，以苯醌为基础的衍生物尤其值得关注，它们作为金属离子电池的正极材料展现了巨大的应用潜力。如 DMBO，在室温条件下表现出优于众多无机正极材料的放电容量。

除了羰基化合物，具有氧化还原活性的有机自由基也可作为 MIBs 正极材料的选择之一，这类物质的一般化学式可表示为 N—3R(其中 R 可以是 H、O 或苯环等)。聚 4-甲基丙烯酸-2,2,6,6-四甲基哌啶-1-氮氧自由基酯(PTMA)最初是在锂离子电池中得到应用的，由于其拥有出色的电子传输能力，因此研究者期待它能够有效缓解 Mg^{2+} 迁移缓慢的问题。

2. 镁离子电池负极材料

作为镁离子电池的组成部分，负极材料一直是研究领域的焦点。鉴于二价镁离子的独特属性，许多在锂离子电池中表现出色的负极材料并不适合用于镁离子电池。基于这一点，寻找能够有效应用于镁离子电池中的负极材料成为提升此类电池整体性能的关键所在。

现阶段，依据反应机理的不同，镁离子电池的负极材料大致可以划分为三类：第一类是通过在镁金属表面构建 Ge 基保护层或利用钛络合物进行预处理的方式得到的表面修饰型材料；第二类是适用于离子嵌入机制的材料，如纳米结构碳和钛酸锂等；第三类是能够与镁形成合金的金属元素，包括铋、铟及锡等。

1) 镁金属表面修饰型负极

镁金属表面的修饰主要可以通过两种方法实现。第一种方法是利用适当的添加剂或溶剂对镁金属表面进行处理，例如，采用碳包覆技术或形成保护层，从而在镁金属表面构建一层人工 SEI 膜。这种方法有助于镁金属在更宽广的电化学窗口内可逆地沉积和溶解。第二种方法则是通过纳米化技术直接改变镁金属的表面特性，提高材料的比表面积，进而增强电极材料的电化学迁移动力学性能。例如，科研人员成功制备了直径小于 3 nm 的超小型 Mg 纳米颗粒作为负极，并将其与具有类似石墨烯结构的 MoS_2 正极相结合来组装全电池系统。实验结果显示，相较于传统块状 Mg 负极而言，这种新型组合在循环稳定性、倍率性能以及充放电容量方面均展现出明显的优势。

2) 嵌入型负极

这类材料能够在较低的电压条件下促进镁离子(Mg^{2+})可逆地嵌入与脱出，进而有效克服钝化现象。现阶段，常用的几种嵌入型负极材料包括钛酸锂($Li_4Ti_5O_{12}$)、钒酸锂(Li_3VO_4)和钒酸铁($FeVO_4$)等。以钛酸锂(LTO)为例，当其内部的锂逐步被镁离子取代后，会转变成尖晶石结构的钛酸镁，并展现出一定的储镁性能。研究显示，这类嵌入型负极材料能够良好地适应由镁盐组成的极性非质子性溶剂环境，但同时也面临着扩散速率低、体积变化显著及电极损伤不可逆等一系列挑战，这些难题构成了开发高能量密度镁离子电池的主要障碍。

3) 合金型负极

合金型负极材料由于具有高的理论比容量和在低电位下可逆的嵌镁和脱镁能力，引起了研究者的兴趣。常见的合金型负极材料有 p 区元素铋(Bi)、锡(Sn)、铟(In)、锑(Sb)等，这些元素能够与镁实现可逆的电化学合金化反应，从而生成 Mg_xM。

上面提到的三种负极材料有各自的优势，但也存在各自的缺陷。因而探索具有更高能量密度、更优异的循环稳定性，以及安全无污染的负极材料依然任重道远。

3. 镁离子电池电解液

1) 液态电解质

在当前镁离子电池体系中，液态电解质被视为最为理想的电解液之一。相较于固态电解质而言，它展现出更优的离子传导率、更高的可逆性和更佳的循环稳定性，并且其制备过程更为简便，同时具备更低的黏度特性。此类电池系统中的液态电解质主要分为无机类、硼基型、含镁有机铝酸盐类、酚盐或醇盐基型以及非亲核型几种。

相较于格林试剂，有机镁铝酸盐电解质表现出更优的镁溶解与沉积效率，几乎可以达到百分之百，并且其阳极稳定性也更加出色。将无机盐氯化镁($MgCl_2$)与氯化铝($AlCl_3$)作为原料合成的氯化镁铝络合物电解液(MACC)，是最早报道的一种性能优于格林试剂的电解质溶液之一。这种 MACC 电解液不仅库仑效率达到了 100%，而且拥有较宽广的电化学窗口(2~3 V)，以及较低的镁沉积电压。

非亲核型的电解质溶液因出色的阳极稳定性、较高的溶解能力和优异的库仑效率而备受青睐，这些特性不仅丰富了正极材料的选择范围，还使得硫能够被用作正极材料之一，从而开辟了镁-硫(Mg-S)电池这一新兴的研究领域。

2) 固态电解质

固态电解质因优异的安全特性、良好的机械强度、广泛的电压范围以及较高的能量密度而备受青睐。根据材料组成的不同，可以将这类电解质大致归类为无机固态电解质、有机固态电解质及有机-无机复合型固态电解质三类。当前，关于镁基固态电解质的研究尚处于起步阶段。用于构建镁固态电池的固态电解质主要包括无机材料(如磷酸盐、硼氢化物及硫族化合物)、含有镁盐的有机聚合物(有时会掺入无机填料以增强性能)，以及有机-无机复合型电解质等多种类型。

有机固态电解质，也称为固态聚合物电解质(SPE)，因其具备优异的安全性能及机械特性而被视为具有极大应用潜力的一类材料。这类电解质主要是有机聚合物与镁盐进行复合制备而成的。

有机-无机复合型固态电解质是将聚合物电解质与无机填充材料(如 MgO、TiO_2、SiO_2 及 Al_2O_3)相结合而制成的。当不同尺寸的 MgO 颗粒被分散到基于 PVDF-HFP 的聚合物电解质内时，这些纳米级的 MgO 粒子能够增加聚合物中可移动链段的比例，从而促进了镁离子的有效传输。实验表明，在添加了质量分数为 3% 的 MgO 纳米粒子后，所得到的复合电解质表现出高达 $8×10^{-3}$ S/cm 的电导率。

8.2 二次铝基电池技术

作为地壳中含量最丰富的金属元素，铝以其低廉的成本成为可充电电池电极材料的理想选择。自从铝被发现以来，它在电化学领域中的应用就备受关注。铝基电池包括铝-空气电池、$Al-MnO_2$、$Al-HO_2$、Al-S、Al-Ni 和 Al-$KMnO$ 等一次电池，它们已在机动车辆、无人水下航行器及鱼雷动力系统等多个特殊领域得到了广泛推广。尽管这些电池为非充电型，限制了铝基电池技术的发展潜力，但研究人员仍在持续探索铝基电池的可能性，这主要归功于几个关键因素：首先，铝表面形成的氧化层使其具有良好的化学稳定性，在空气中易于处理，且与锂或钠相比展现出更高的安全性；其次，每个铝离子能够提供三个电子参与氧化还原反应，这意味着还原一个 Al^{3+} 相当于还原 3 个 Li^+ 或 Na^+。此外，Al^{3+} 和 Li^+ 离子半径相近，分别为 0.535 Å 和 0.76 Å；最后，与其他几种金属(如锂、钠、镁、钾、钙)相比，铝不仅密度更大，而且是唯一能够转移三个电子的金属。从体积比容量的角度来看，铝仅次于另一种材料，位居第二位，具体如图 8-3 所示。这种高比容量特性使得铝基电池成为实现最小化储能装置极具吸引力的选择。

8.2.1 二次铝基电池的组成和工作原理

1. 非水系铝电池

非水系铝电池使用铝作为负极，石墨或碳纳米管等作为正极，并采用离子液体或有

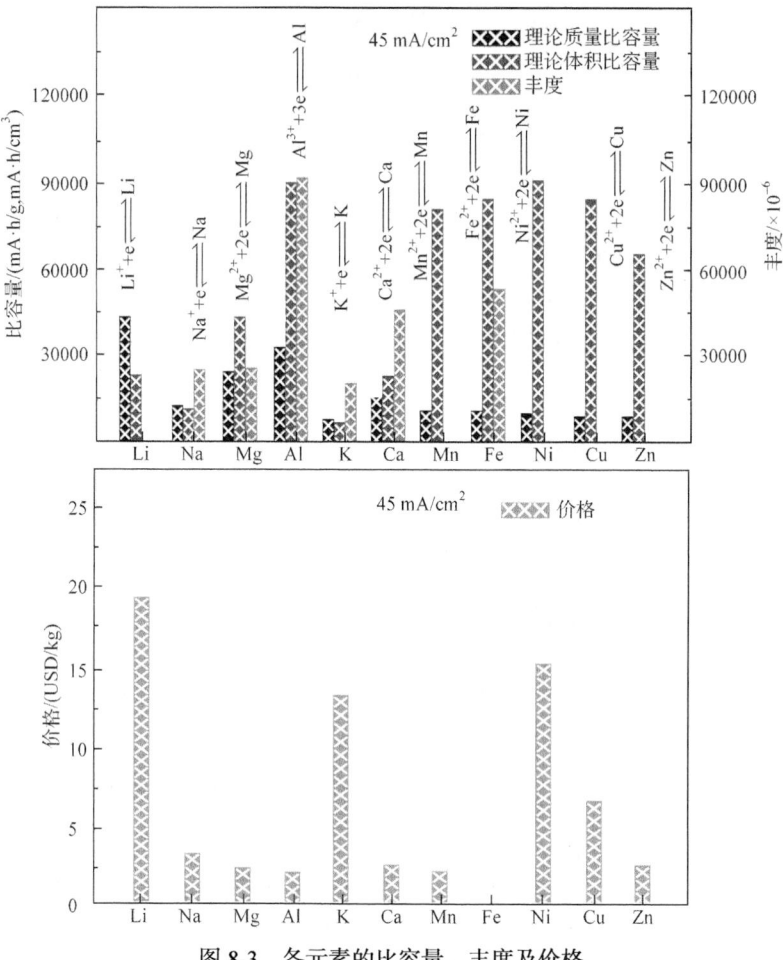

图 8-3 各元素的比容量、丰度及价格

机溶剂中的铝盐作为电解质。铝在阳极氧化形成铝离子并释放电子,这些铝离子在阴极材料中插入并结合电子。非水系铝电池能提供较高的能量密度和良好的循环寿命,但其离子液体电解质成本高,且需要解决电解质稳定性和安全性的问题。

非水系铝电池与传统的单离子"摇椅式电池"(锂离子电池或钠离子电池)不同,它有两种以上的活性离子参与正极和负极过程。在 $AlCl_3$ 酸性基电解质中,阴离子主要是 $AlCl_4^-$ 和 $Al_2Cl_7^-$。随着 $AlCl_3$ 摩尔含量的增加,电解质中 $Al_2Cl_7^-$ 的含量也增加,酸性增强。其中负极侧的电化学反应如下:

$$4Al_2Cl_7^- + 3e \rightleftharpoons Al + 7AlCl_4^- \tag{8.1}$$

在充电过程中,$Al_2Cl_7^-$ 阴离子还原为 $AlCl_4^-$ 阴离子和金属 Al,负极上金属 Al 发生沉积;在放电过程中,$AlCl_4^-$ 阴离子与 Al 金属反应生成 $Al_2Cl_7^-$,从而完成可逆的循环充放电过程(图 8-4)。

目前,基于 $AlCl_3$ 酸性基电解质的非水系铝电池正极的储能机理可分为可逆嵌入/脱出反应、吸附/脱附反应和电化学转化(变价)反应三种类型。根据客体离子的不同,第一种又可分为 $AlCl_4^-$ 阴离子和 Al^{3+} 阳离子的嵌入。众所周知,基于嵌入/脱出反应机理的电

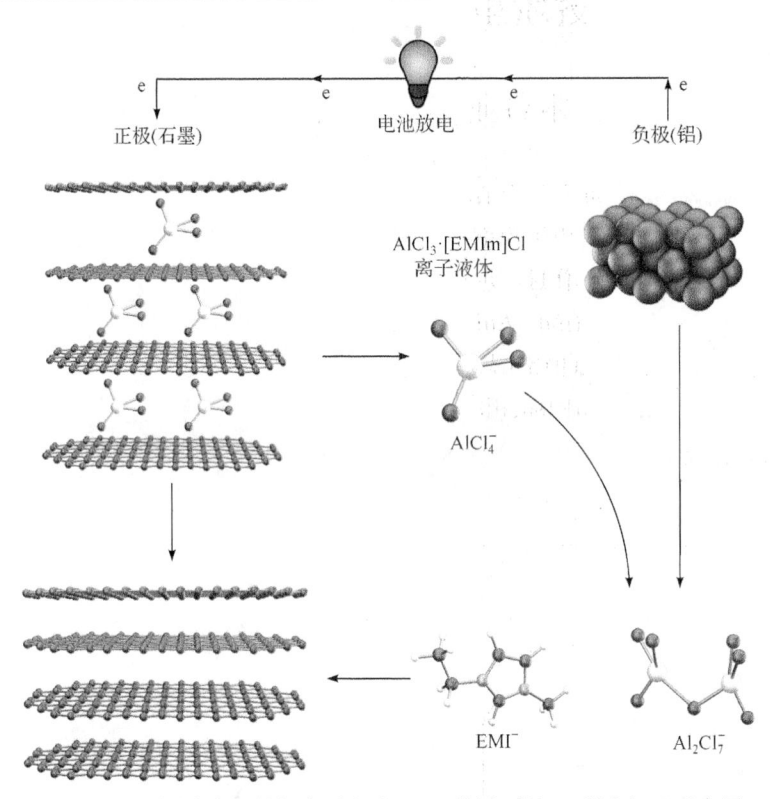

图 8-4 以石墨为负极的铝离子电池 $AlCl_4^-$ 阴离子嵌入/脱出机理示意图

极材料通常允许的电子转移数不大于 1，导致电池能量密度有限。与嵌入/脱出型正极相比，电化学转化反应突破了充放电过程中电极材料相态和结构变化的限制。因此，如果可以可逆地进行多相转化反应，通常每摩尔转化型材料可以存储 2~3 个电子。因此，基于这种转化机制的非水系铝电池有望通过多电子氧化还原反应获得更高的容量。

2. 水系铝电池

水系铝电池采用铝作为负极，并使用水系电解质。正极材料可以是锰氧化物、钛氧化物等，具体的正极反应取决于所使用的材料。铝在负极氧化生成铝离子并释放电子，正极则通过还原反应消耗电子。这种电池环保且成本低，但其性能稳定性和循环寿命仍需改进。

在水系铝电池运行过程中，Al^{3+} 可逆地嵌入电极材料，根据电极上发生的电化学反应类型，水系铝电池的工作原理可分为嵌入/脱出型和电化学转化型。在水溶液中，Al^{3+} 与 H_2O 分子形成六配体络合物，如式(8.2)所示：

$$Al(H_2O)_6^{3+} \longrightarrow Al(OH)(H_2O)_5^{2+} + H^+ \tag{8.2}$$

水分子的屏蔽作用在 Al^{3+} 的嵌入/脱出机理中起着重要的作用。当 Al^{3+} 的嵌入/脱出过程伴随着电极材料元素的化合价变化时，这种原理称为电化学转化型。

鉴于 Al^{3+} 离子仅能在 pH 低于 2.6 的酸性环境下保持稳定状态，故水系铝电池所采用的电解质通常是强酸性的单一铝盐溶液。为进一步提升此类电池的电化学性能，研究人员尝试向电解液中添加功能性助剂,并开发了适用于柔性电池设计的凝胶聚合物电解质。现阶段,普鲁士蓝类似物、石墨基材料、过渡金属氧化物以及钠超离子导体 $Na_3V_2(PO_4)_3$ 等电极材料能够在水系电解液中可逆地嵌入/脱出铝离子,并且展现出一定的容量。

水系铝电池的发展还处于初级阶段,面临着许多问题,本书中不作详细介绍。

8.2.2 二次铝基电池的关键材料和技术

1. 铝-空气电池正极材料

1) 空气电极

空气电极作为一种氧还原催化薄膜电极,在铝-空气电池中发挥着至关重要的作用,它能够使电池从空气中获取氧气。因此,空气电极的性能直接关系到铝-空气电池的放电效率。首先,为了增强电池的工作效能,空气电极必须具有较高的催化活性,这有助于在气、固、液三相交界处促进氧还原反应。其次,空气电极内部应设计一个气体扩散层,该层不仅有利于氧气的有效扩散,还能有效阻止电解质泄漏,从而延长了电池的整体使用寿命。

根据空气电极的类型将空气电池分为三种:第一种是直接利用电解质溶液中的溶解氧作为工作介质的空气电池;第二种是通过钟罩式结构来传递氧气的空气电池;第三种则是基于固态、液态及气态三相界面之间氧气扩散机制工作的空气电池。

铝-空气电池中的空气电极是一种具备导电性、防水性、透气性以及催化性能的薄膜,其构造大致可以分为三个关键部分:导电集流体层、催化活性层以及气体扩散层。导电集流体层的主要功能在于收集电流并促进电子流动,通常采用镍网或泡沫镍作为材料,这是因为镍金属在碱性电解质环境中能够保持良好的稳定性且经济实惠。催化活性层是实现氧气还原反应的关键部件,在这里,来自外界的氧气与催化位点相互作用,触发了氧的还原过程。而气体扩散层,也称为防水透气层,充当着传输介质的角色,一般由碳和疏水性黏合剂(如聚四氟乙烯)构成,这种结构允许外部氧气通过微孔进入电极内部参与化学反应,并且有效地阻止了电解液向外渗透,从而保护了气体通道免受阻塞。

氧还原反应主要在催化活性层中进行,为了促进这一过程的高效运行,需要确保催化活性层内存在丰富的气/液/固三相接触面。因此,在制造空气电极的过程中,一个关键步骤是尽可能地扩大三相接触面的数量及总面积。当前,空气电极的设计方案大致可以分为三类:微孔毛细管构造、带有微孔的隔膜布局以及具有疏水透气特性的结构。

2) 空气电极催化剂材料

催化活性层作为空气电极的核心组成部分,主要由催化剂、载体及辅助催化材料构成,是氧还原反应发生的关键区域。在铝-空气电池系统中,电化学催化剂能够显著促进阴极处的氧还原过程。该层的有效性直接关系到整个电池系统的电化学性能及使用寿命。然而,由于氧还原过程中存在动力学迟缓、较高的活化能障碍以及相对较低的受体选择性问题,能量转换效率大幅下降。因此,当前的研究重点在于开发具有高活性的电催化材料,旨在加速反应速率并增强选择性,以期克服上述问题。

空气电极催化剂材料应满足的基本条件主要包括:具备较大的比表面积、能够加速还原/析出反应的速度、促进过氧化氢这种中间产物的分解、对抗电解质腐蚀表现出色以及拥有良好的导电特性。值得注意的是，对于不同种类的催化剂材料而言，其表面积并不直接决定催化活性；然而，在同一种类内，更大的表面积意味着可以提供更多的活性位点，进而可以增强催化效果。因此，在其他变量保持一致的情况下，催化剂的颗粒尺寸及分布均匀性，加上催化剂本身的特性和类型，构成了直接影响空气电池效能的关键因素。当前，众多研究已报道了多种可用于氧还原反应的有效催化剂选项，涵盖贵金属及其合金、金属大环化合物、碳基材料、过渡金属氧化物及硫族元素化合物等。

2. 非水系铝电池正极材料

现阶段，关于非水系铝电池的研究重点在于正极材料的选择上。与锂离子电池相似，理想的电极材料对于非水系铝电池同样至关重要。研究领域广泛覆盖了碳基材料、金属氧化物、硫及其化合物、硒及其化合物、碲及其化合物、锑及其化合物、有机物质以及其他少数材料。本部分将详细介绍几种典型的非水系铝电池正极材料，具体包括碳材料、金属氧化物、硫化物以及有机物。

具有独特层状结构的碳材料，因成本低廉且资源丰富，在电池储能领域受到了广泛关注。焦树强等研究了一种以碳纸作为正极材料的非水系铝电池，这种电池不仅制造成本低，安全性高，工作电压也较高。此外，他们还提出了一种关于铝离子在该正极材料中进行嵌入与脱出过程的工作机制。电池反应如下。

充电过程，负极反应：

$$Al^{3+} + 3e^- \longrightarrow Al \tag{8.3}$$

正极反应：

$$Al_xCl_y - e \longrightarrow Al^{3+} + Al_aCl_b^{2-} \tag{8.4}$$

放电反应与之相反。

这种非水系铝电池的原理类似于"摇椅式"锂电池。Al^{3+}、$Al_aCl_b^-$ 两种离子在充电和放电过程中参与嵌入-脱出反应过程。

从极性相互作用的角度来考虑，能够在室温离子液体中发生 Al^{3+} 嵌入的正极材料应当是具有极性键的过渡金属硫化物或氧化物。然而，Al^{3+} 与正极材料的嵌入反应并非孤立过程，其在晶格中的迁移过程通常伴随着相转变反应的发生。钒氧化物是非水系铝电池中常用的嵌入型正极材料。以 VO_2 为正极材料的具体反应如下。

总反应：

$$Al_xVO_2 \rightleftharpoons VO_2 + xAl \tag{8.5}$$

充电过程，负极反应：

$$xAl^{3+} + 3xe \longrightarrow xAl \tag{8.6}$$

正极反应：

$$Al_xVO_2 - xAl^{3+} - 3xe \longrightarrow VO_2 \tag{8.7}$$

硫单质具有轻质的特点，将铝金属负极与硫正极匹配得到的 Al-S 电池具有高的理论能量密度(1300 W·h/kg)。例如，研究人员将 Mo_6S_8 作为正极材料运用到非水系铝电池中，通过原位 X 射线衍射测试，对 Mo_6S_8 在非水系铝电池中的应用进行了详细的研究。电池反应机理如下：

$$Al + 7AlCl_4^- - 3e \rightleftharpoons 4Al_2Cl_7^- \tag{8.8}$$

$$8Al_2Cl_7^- + 6e + Mo_6S_8 \rightleftharpoons Al_2Mo_6S_8 + 14AlCl_4^- \tag{8.9}$$

有机物具有资源丰富、价格便宜、环境友好、可持续性高和可循环再利用等优势，是一种理想的电极材料。由于其具有丰富的官能团和较强的分子可设计性，作为电极材料时可与活性离子进行配位，能够表现出可观的能量密度。例如，研究人员采用聚噻吩与氧化石墨烯的复合物作为非水系铝电池的正极材料，虽然该电池的放电电势较低，但表现出了良好的倍率性能和循环稳定性。当电流密度为 1000 mA/g 时，循环 4000 圈后其放电比容量仍能够维持在 100 mA·h/g 以上，并且具有 99.5% 的高库仑效率。相对于其他硫化物及氧化物正极材料，在电池的循环稳定性方面具有明显的竞争优势。

3. 非水系铝电池负极材料

依据目前的研究，非水系铝电池负极材料可分为铝金属负极材料、碳基负极材料、合金及其他负极材料。目前大部分研究选用铝箔作为负极，但铝表面上的保护性氧化层会降低电池性能，导致不可逆电极电势和电极激活延迟(在电池达到最大工作电压之前的时间延迟)。熔融盐电解质和室温离子液体的出现打破了铝电池的困境。将熔融盐或室温离子液体等非水系介质作为电解质，解决了铝表面氧化膜的问题，实现了铝的可逆沉积和剥离。但铝金属负极的研究仍面临枝晶生长、腐蚀和粉碎等问题。

为非水系铝电池寻找合适的负极材料永远不会停止。铝箔、不锈钢和膨胀石墨等几种典型负极材料首先被选作研究对象，并探究了其化学性质和几何形状对反应可逆性和电池性能的影响。从图 8-5 可以看出，铝箔和膨胀石墨中铝的剥离和沉积均是可逆的，但不锈钢作为负极是不可逆的。此外，在施加负电流密度，长期还原各种负极后，铝沉积层均匀紧凑地覆盖在铝箔和膨胀石墨表面，而不锈钢上的铝沉积层不黏合且不均匀。此外，经过长时间的沉积周期后，膨胀石墨负极的库仑效率从 80% 提高到 100%。因此，除铝金属外，膨胀石墨作为铝电池的负极是有很大希望的。与膨胀石墨相比，三维碳纸表现出较高的库仑效率和较低的沉积/剥离反应过电势，这意味着三维结构负极有利于负极铝的沉积。这可以扩展到其他电极(包括铝网等)，三维结构负极的开发为非水系铝电池实现更高功率密度奠定了基础。

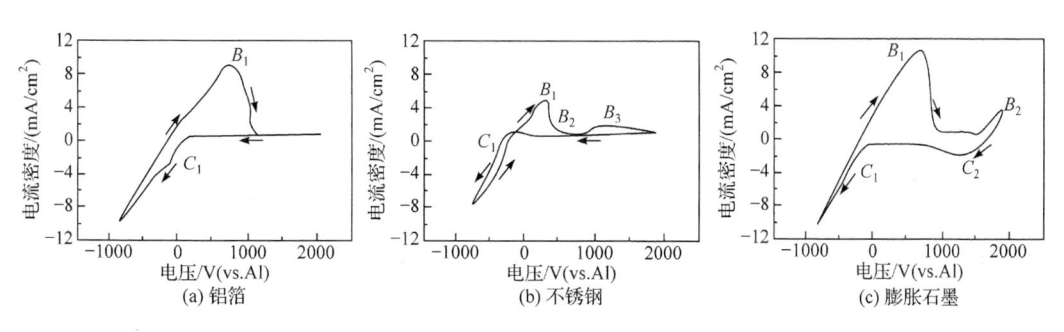

(a) 铝箔　(b) 不锈钢　(c) 膨胀石墨

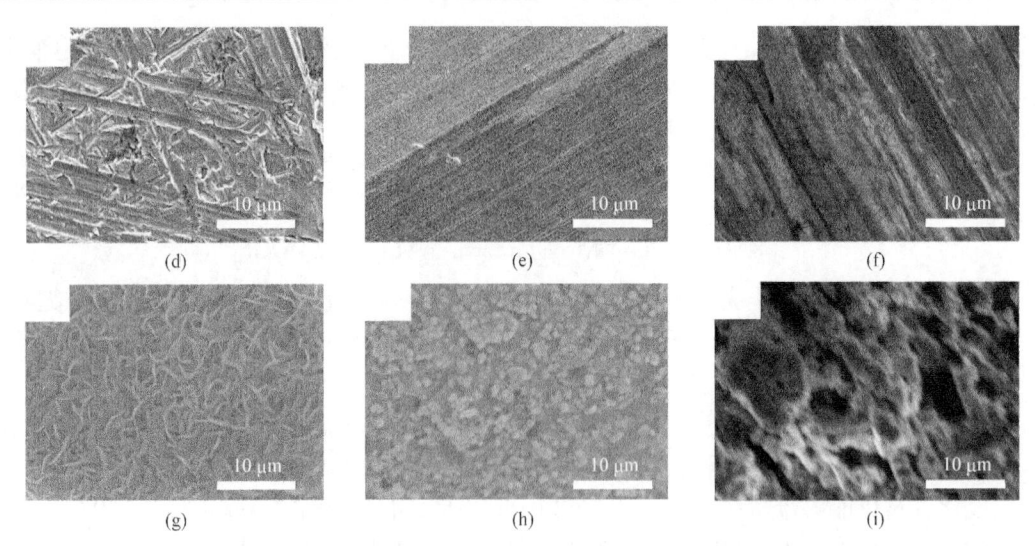

图 8-5　在室温下铝箔、不锈钢和膨胀石墨在 AlCl$_3$/BMIC(2∶1)电解液中的循环伏安曲线和长时间铝电沉积前后基底的扫描电镜图像

4. 非水系铝电池电解质

1) 室温离子液体电解质

室温离子液体是非水系铝电池中研究得最多且最深入的电解质体系，它允许电池在室温下正常工作，并拥有许多优异的性能，如高离子电导率、不燃性、低蒸气压以及良好的电化学活性和稳定性，曾被广泛地应用于电池、电容器和合成燃料太阳能电池等电化学器件中。铝电池应用的室温离子液体电解质通常由 M$^+$X$^-$ 和 AlCl$_3$ 混合而成，其中 M$^+$ 表示有机阳离子，X$^-$ 表示卤素阴离子或有机阴离子。研究中较为常见的是由不同烷基侧链的咪唑阳离子和氯阴离子组成的电解质。

2) 熔融盐电解质

熔融盐电解质通常由不同摩尔配比的 AlCl$_3$ 和 XCl(X = Na, K, Li, ⋯)组成，最初为金属铝电沉积的媒介。与室温离子液体电解质相比，无机熔融盐的低黏度和相对较高的工作温度不仅显著提高了电解质的离子电导率，还有利于加快离子嵌入/脱出，减少极化现象。因此，熔融盐电解质铝电池有望获得优异的高倍率和循环性能。从大规模工业应用的角度来看，电池的工作温度可以通过其自身充电/放电过程中产生的焦耳热来维持，或者通过工业过程的废热来维持。

3) 固态电解质

固态电解质通常以固态或半固态的形式存在，基本没有流动性，从而可以解决漏液问题。另外，固态电解质的几何形状多变，具备抗外力形变能力，且产气少，可以提供更高的安全性和稳定性，这在锂离子电池的研究中已经得到证实。因此，发展铝电池用固态电解质似乎是一个更好的选择。值得注意的是，在锂离子电池中使用固态电解质是为了缓解由可燃有机电解质和锂金属负极引起的安全问题，以及达到显著提高能量密度的目标。目前，在铝电池中应用固态电解质的主要方法是采用准固态电解液，即将液态电解质封装于有机基质中。该策略在保留液态电解质卓越电化学性能的同时，增强了电解质的整体稳定性。相比纯液态电解质，准固态电解质能有效抑制电极侧反应，并可与更多电极材料兼容，为铝电池的高性能和高能量密度发展提供了更广阔的前景。然而，固态电解质的制备过程复杂且成本较高，限制了其大规模商业化应用的可行性，因此亟需进一步研究，以开发高效、可控的制备方法，推动其大规模生产应用。

8.3 二次锌基电池技术

由于金属锌负极无毒、比容量高(820 mA·h/g)、氧化还原电位相对较低(相对于标准氢电极为–0.76 V)、安全性高、成本低等优点，被认为是一次电池和二次电池的理想负极。锌离子电池作为一种新颖且极具发展前景的替代储能技术，因资源丰富、安全可靠和价格低廉的优势，近年来受到广泛关注。相比于当前流行但不安全且昂贵的锂离子电池，锌离子电池展现出显著的竞争潜力。锌离子电池与锂离子电池的结构以及工作机理相近，在充放电过程中锌离子在正极和负极之间迁移。由于其与水系电解液具有良好的相容性，相比非水系锌离子电池，水系锌离子电池受到了更广泛的关注和研究。

目前关于锌离子电池正极材料的研究远多于负极材料，关于提高金属锌负极电化学性能的研究仍处于初级阶段。早在 1977 年，当锌首次被用作伏打电池的负极时，就引起了科研界的极大兴趣。20 世纪 60 年代见证了可重复充放电碱性 Zn-MnO$_2$ 电池的成功开发；然而，在碱性环境下，正负极间易发生不可逆副反应，从而导致较低的库仑效率(CE)及较差的循环稳定性。至 1986 年，Yamamoto 等通过采用弱酸性 ZnSO$_4$ 电解质替代传统碱性溶液，成功制备出了一种新型可充电水系 Zn-MnO$_2$ 电池。2011 年，Kang 等学者提出了水系锌离子电池(ZIBs)的概念，并首次报道了 Zn^{2+} 在 α-MnO$_2$ 结构内实现可逆嵌入/脱出的过程。自此以后，利用中性或弱酸性电解液构建的新一代水系二次锌基电池因潜在的大规模储能应用价值而受到日益增长的关注，相关研究成果也呈逐年上升趋势。锌负极当前面临的挑战主要是循环能力较差和库仑效率较低，这是由严重的枝晶生长、自腐蚀和不可逆的副产物形成所引起的。为了改善金属锌负极在水系电解液中的固有缺点，研究者已经开发了一些有效的策略，包括负极与电解质之间的界面改性、锌负极的结构设计、采用新型的隔膜以及设计新型电解质。在不久的将来，应用更成熟的技术有望设计出电化学性能优异的锌负极，推动锌离子电池的商业化发展，使其逐步与锂离子电池接轨，成为高效的可充电电池。

8.3.1 水系锌离子电池的组成和工作原理

水系锌离子电池的结构包括正极材料、隔膜、电解质溶液以及负极部分。当前，已成功研发出多种正极材料，如锰基化合物、钒基化合物、普鲁士蓝类似物、硫化物及有机化合物等。这些材料通常具备层状或隧道结构，能够为离子提供存储位置并允许其嵌入与脱出。为了确保锌离子能够在电池两极之间自由迁移，所选用的隔膜一般具有多孔特性，例如，采用玻璃纤维制成。至于电解液，则是基于不同种类的锌盐在水中形成的溶液，如硫酸锌、氯化锌或者三氟甲烷磺酸锌等。根据作用机制的不同，这类电池中的负极可以分为两类：一类是通过嵌入/脱出方式工作的材料(如 Zn$_3$V$_4$(PO$_4$)$_6$ 和 TiS 等)；另一类则是基于沉积/剥离工作机理的金属锌。相较于前者，后者不仅拥有更高的理论容量

(达到 820 mA·h/g)，而且储量丰富，对环境的影响较小，因此更适合作为二次锌离子电池的负极材料使用。

水系锌离子电池利用锌离子在正负极之间的移动来实现电能与化学能的相互转换。如图 8-6 所示，在放电阶段，位于负极端的锌原子失去电子形成 Zn^{2+} 离子。与此同时，这些自由电子通过外部电路从电池的一端流向另一端。充电过程则完全相反，Zn^{2+} 离子从正极材料中脱出，并在负极处重新获得电子，还原成金属锌。

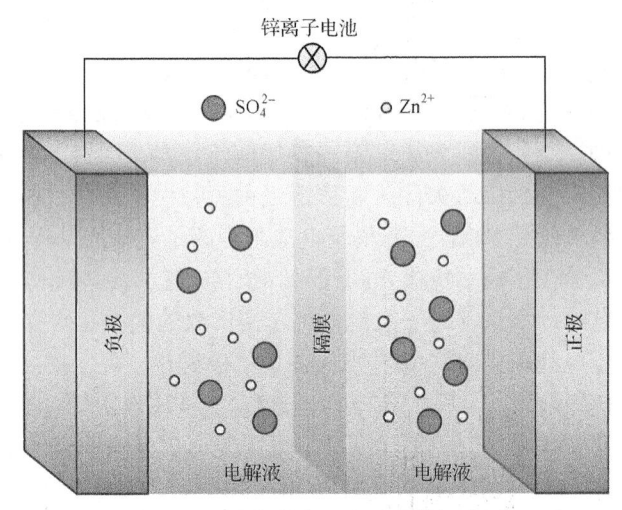

图 8-6　可充电锌离子电池工作示意图

值得注意的是，水系锌离子电池的容量主要由正极材料决定。不同的正极材料会导致水系锌离子电池内部的储存机制有所差异。当前，水系锌离子电池的储能过程可以大致归纳为六种类型：Zn^{2+} 的嵌入/脱出机制、氢离子(H^+)的嵌入与脱出、Zn^{2+} 和 H^+ 共同参与的嵌入与脱出过程、转换型反应、溶解/沉积作用以及基于离子配位的存储方式。接下来将说明其中 4 种典型机制的具体案例及相关化学方程式。

正极材料为 MnO_2，储存机制为 Zn^{2+} 嵌入/脱出，正极反应如下：

$$2MnO_2 + Zn^{2+} + 2e \rightleftharpoons ZnMn_2O_4 \tag{8.10}$$

正极材料为 VO 六氰基铁酸盐，储存机制为 Zn^{2+} 和 H^+ 共嵌入/脱出，正极反应如下：

$$(VO)_{1.31}Fe(CN)_6 \cdot 5.95H_2O + xZn^{2+} + 2xe \rightleftharpoons Zn_x(VO)_{1.31}Fe(CN)_6 \cdot 5.95H_2O \tag{8.11}$$

正极材料为 S，储存机制为转换型反应，正极反应如下：

$$S + 2Zn^{2+} + 2e \rightleftharpoons ZnS \tag{8.12}$$

正极材料为三角形大环菲醌，储存机制为离子配位，正极反应如下：

$$PQ\text{-}\Delta + 3Zn(CF_3SO_3)_2 + XH_2O + 6e \rightleftharpoons PQ\text{-}\Delta \cdot 3Zn^{2+} \cdot XH_2O + 6(CF_3SO_3)^{2-} \tag{8.13}$$

8.3.2　水系锌离子电池的关键材料和技术

1. 锌金属负极

锌金属的颜色为银灰色，熔点和沸点都比较低，分别为 419.5℃和 907℃，其晶体结构为密排六方结构，点阵常数 a 和 c 分别为 0.2664 nm 和 0.4947 nm。每个锌原子有 12 个邻近原子，其中 6 个原子间距为 0.2664 nm，另外 6 个为 0.2907 nm，使得六方基面内的原子键强于基面间的原子键，因此该晶体具有许多形变特性和各向异性。

锌的化学特性涵盖了其化学性能和电化学性能两方面。化学性能主要体现在锌与电解质之间的相互作用上，这种作用基于电子转移机制而发生，具体表现为电解质中的氧化剂能够与锌表面的原子进行氧化还原反应，在此过程中不涉及电流的产生。此外，锌形成的化合物多为二价态，这些化合物内部既包含共价键结构，也存在离子键结构。锌在空气中与氧气发生反应形成氧化锌，即化学腐蚀，其反应是

$$2Zn + O_2 \longrightarrow 2ZnO \tag{8.14}$$

$$Zn + H_2O \longrightarrow ZnO + H_2 \tag{8.15}$$

$$Zn + CO_2 \longrightarrow ZnO + CO \tag{8.16}$$

上述这种锌的氧化腐蚀反应在室温下进行得非常缓慢，但当温度达到 200℃ 时反应明显，加热到 400℃ 以上时反应进一步加速。但是经过 500 h 持续加热，锌表面的氧化锌薄膜不会发生明显变化，肉眼无法看出变化。氧化锌的体积比锌大 44%，氧化锌薄膜致密且与锌表面结合紧密，阻止了氧继续向内扩散，起到保护锌的作用，但是氧化锌生长到一定厚度时，体积膨胀，从而使得氧化锌从表面开裂、脱落。除此之外，锌还能与氟、氯、溴、碘等发生反应，与磷、硫在加热时发生反应并发生爆炸。锌不与氮、氢、碳发生作用。从上述反应可见，锌通常在常温下由氧化反应造成的腐蚀并不严重，决定其腐蚀程度的是其电化学反应。

Zn 在水溶液中是热力学不稳定的，在不同的 pH 下存在不同的平衡相。图 8-7(a) 是 Zn 在水环境中的 Pourbaix 电化学相图，该图显示了 Zn 在水溶液中可能存在的稳定(平衡)相。在整个 pH 范围内，Zn 都是易于溶解的，并且溶解过程伴随 H_2 的释放。在酸性条件 (pH < 4.0) 下，锌具有较高的溶解度，易于溶解为 Zn^{2+}。在 5.0 < pH < 8.0 下，与强酸溶液相比，锌的溶解相对较慢，这是因为其具有较高的电势和较低的腐蚀活性。在中性或弱碱性溶液 (8.0<pH<10.5) 下，Zn 的溶解度降低，并生成更稳定的 Zn 腐蚀产物(如 $Zn(OH)_2$)，反应式表示为

$$Zn + 2OH^- \longrightarrow Zn(OH)_2 + 2e \tag{8.17}$$

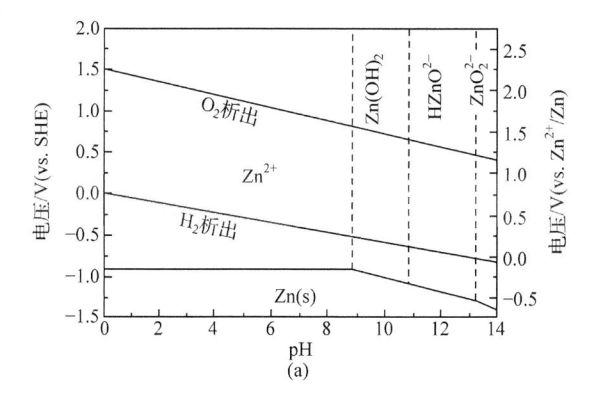

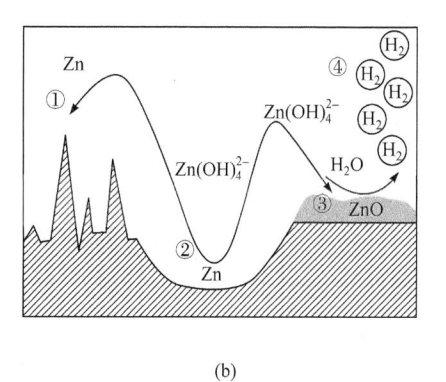

图 8-7 Zn-H₂O 体系在 25℃ 时的 Pourbaix 电化学相图

在 pH 大于 11 的条件下，锌元素的溶解度显著提升，这有助于锌酸盐离子(如 $Zn(OH)_4^{2-}$)的生成。与锌在中性或微酸性环境下的电化学性能相比，在碱性电解质溶液中，锌电极经历了一个从固态到另一种固态再到第三种固态的变化过程，即 ZnO—$Zn(OH)_4^{2-}$—Zn。在这个过程中，放电产物 ZnO 能够使锌表面变得不活跃，从而减少了活性材料的有效利用率；同时，锌溶解和沉积过程中的非均匀分布，电极形状会发生变化，可能导致枝晶的形成。碱性介质中的阳极反应由以下反应方程式表示：

$$Zn + 4OH^- \longrightarrow Zn(OH)_4^{2-} + 2e \tag{8.18}$$

$$Zn(OH)_4^{2-} \longrightarrow ZnO + H_2O + 2OH^- \tag{8.19}$$

锌负极在电池工作期间主要存在四个问题限制了其放电性能，包括枝晶生长、形状变化、表面钝化和析氢问题。在碱性电解质中锌电池的析氢情况比中性电解质中严重得多。碱性电解质中的 Zn/ZnO 标准还原过程和析氢化反应(HER)可通过以下方程式描述：

$$Zn + 2OH^- \rightleftharpoons ZnO + H_2O + 2e \tag{8.20}$$

$$2H_2O + 2e \rightleftharpoons 2OH^- + H_2 \tag{8.21}$$

Zn/ZnO 的标准还原电位(–1.26 V)远高于 HER(–0.83 V)反应电位。HER 过程在热力学上是容易发生的，在锌基电池的使用过程中不可避免地会发生氢气的析出，从而导致循环过程中锌和电解质的消耗。另外，HER 会消耗一些转移到锌负极的电子而产生氢气，这种副反应的发生使得锌电极的库仑效率降低。

2. 水系锌离子电池正极材料

当前，水系锌离子电池正极材料的研究已取得了一定的进展，但实现商业化应用仍需进一步探索。图 8-8 展示了当前各类水系锌离子电池正极材料及 Zn 负极比容量与工作电压的关系。从该图可以看出，现今研究中常用的正极材料主要包括锰基氧化物、钒基氧化物、普鲁士蓝类似物、有机化合物、过渡金属硫化物以及钴基和钼基氧化物等。综合分析，尽管普鲁士蓝类似物拥有较高的工作电压，其比容量仍有待提高；锰基氧化物虽然工作电压较低，但在比容量方面有所改善；而钒基氧化物则兼具较高的比容量和较窄的工作电压范围。相比之下，其他类型的有机化合物以及钴基氧化物等材料的比容量相对较低。

1) 二氧化锰正极材料

锰元素在自然界中分布广泛，且成本相对低廉，同时具备较低的毒性和良好的环境友好特性。关于二氧化锰作为电极材料的应用研究已有悠久历史，早在一个多世纪前，它就被用作一次碱性锌-锰电池中的正极材料。二氧化锰存在多种晶体结构形式，如 $\gamma\text{-}MnO_2$ 和 $\alpha\text{-}MnO_2$ 展现的是隧道结构，而 $\delta\text{-}MnO_2$ 则表现为层状结构。当使用微酸性电解质时，基于锰的氧化物成为储锌系统中常用的正极材料选择之一；然而，这类材料仍然面临如何进一步提升放电比容量及倍率性能的问题。

2) 普鲁士蓝类正极材料

与锰基正极材料相比，普鲁士蓝类似物(PBAs)能够在 1.5～1.8 V 的工作电压区间内运行。然而，这类材料通常表现出较低的比容量(少于 200 mA·h/g)和不理想的循环稳定

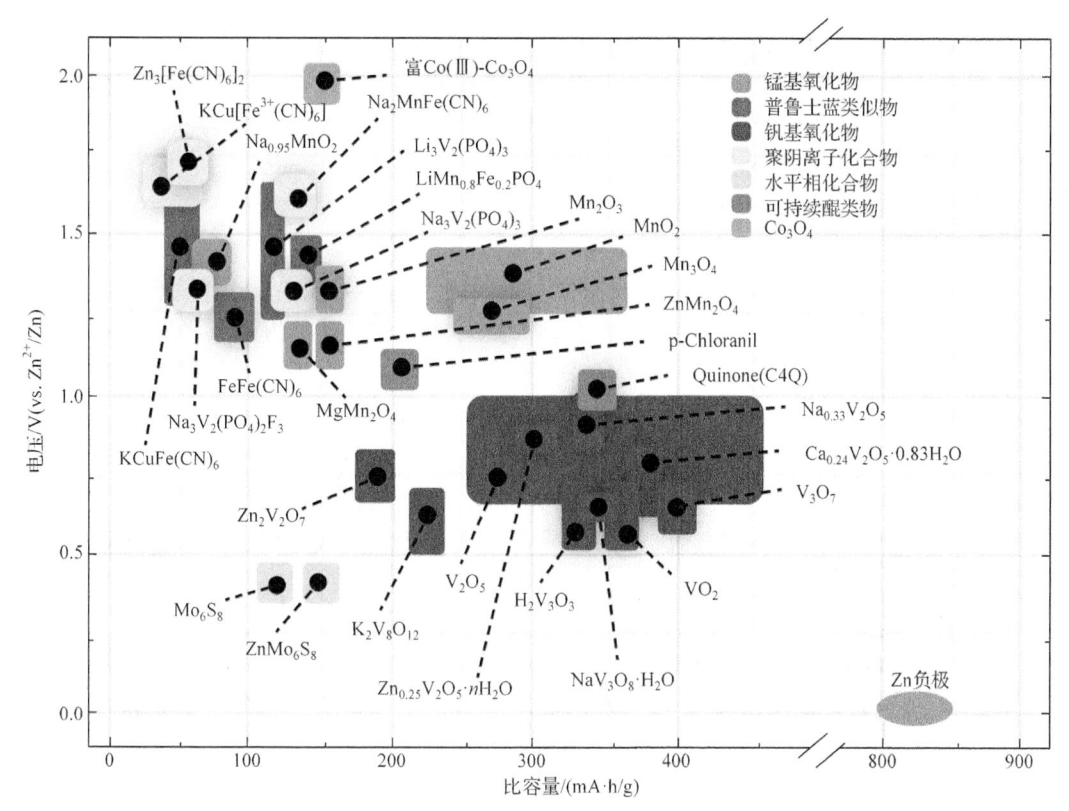

图 8-8 当前用于水系锌离子电池的各种正极材料及 Zn 负极比容量与工作电压的关系

性。通过优化结构设计，例如，增加锌离子的存储位置或引入多重氧化还原对以提升放电容量，有助于开发出具有更高能量密度的 PBAs 正极材料。Zhang 的研究采用亚铁氰化锌(ZnHCF)作为正极，并以锌金属为负极构建了一种水系锌离子电池系统，如图 8-9 所示，该系统的平均工作电压约为 1.7 V，对应的能量密度达到约 100 W·h/kg。此外，Zampardi 等还制备了一系列不同 Zn：Cu 比例的混合锌铜六氰基铁酸盐(CuZnHCF)，当 Zn：Cu 比为 7：93 时，该组合展现出了优异的容量保持能力，在 2 mol/L 的 $ZnSO_4$ 溶液中经过 1000 次充放电循环后，仍能保持 85.5%的初始容量。研究进一步揭示，CuZnHCF 之所以拥有如此出色的电化学性能，主要是因为在反应过程中形成了更多结晶形态，这一点也得到了 X 射线衍射分析的支持，分析显示材料内部存在立方体和非立方体两种不同的晶格结构。

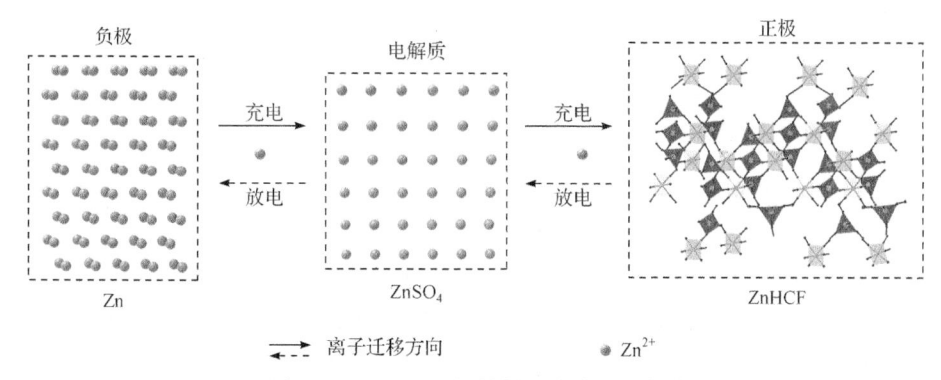

图 8-9 ZnHCF 正极材料的充放电示意图

现在，还有六氰化铁(FeHCF)、亚铁氰化铜(Cu₂Fe(CN)₆)和铁氰酸镍(NiHCF)等普鲁士蓝化合物作为水系锌离子电池的正极材料被广泛研究。虽然这些材料都表现出较高的工作电压以及较长的循环寿命，但是都存在放电比容量较低的问题，通常容量不会超过110 mA·h/g。因此，目前仍然需要对这些普鲁士蓝化合物进行不断的改进，在提升其电化学性能的同时，也要对其反应机理继续进行探索。

3) 有机化合物

作为锌离子电池正极材料，有机化合物具备一系列显著优点，包括轻质、环境友好、导电性能良好、低毒性以及支持多电子反应。此外，它们还能够提供多样化的分子结构设计，并且可以调节电化学窗口。近年来的研究表明，某些醌类物质如聚苯胺与聚对苯二酚硫醚等，在电化学特性方面表现尤为突出。一项研究中，研究人员采用了一种共轭羰基化合物作为正极材料来构建水系锌离子电池系统，发现该材料在长时间循环使用下仍能保持出色的稳定性。另一项针对锌/聚苯胺电池的研究指出，当使用硫酸锌作为电解质时，即使在高达 10 A/g 的电流密度条件下，经过上千次充放电循环后，电池仍能维持约 111 mA·h/g 的容量。

4) 钒基正极材料

钒基化合物因其丰富的储量及较低的成本而备受青睐。鉴于钒元素能够以多种价态存在，当作为水系锌离子电池的正极材料时，它展现出了相对较高的理论容量(例如，V_2O_5 的理论容量达到 589 mA·h/g)。目前，一系列钒基化合物如 VS_2、$H_2V_3O_8$、LiV_3O_8、V_6O_{13}、V_2O_5、$V_2O_5·nH_2O$ 等已被广泛用作此类电池的正极材料。

钒基氧化物作为正极材料时，因某些化合物具有较大的层间距离而备受关注。这种结构特征使得 Zn^{2+} 能够在这些层之间可逆地嵌入和脱出，从而赋予了钒基氧化物较高的可逆容量。以五氧化二钒为例，V^{5+} 转变为 V^{3+} 的过程中，V_2O_5 的理论比容量可达 589 mA·h/g，这使得它成为当前研究中具有较高比容量特性的正极材料之一。然而，V_2O_5 的工作电压窗口较低的问题限制了其在动力电池领域的实际应用。尽管如此，鉴于 V_2O_5 显著的能量密度优势，未来有望在储能技术方面获得极大的发展。

3. 水系锌离子电池电解液

水系锌离子电池电解液通常由含可溶的一种或多种锌盐的水溶液组成。基于阴离子的不同，可溶性锌盐可以分为无机阴离子类电解质和有机阴离子类电解质。常用的无机阴离子类电解质有 $ZnSO_4$、$Zn(NO_3)_2$、$ZnCl_2$、ZnF_2、$Zn(ClO_4)_2$ 等，有机阴离子类电解质主要包含 $Zn(CH_3COO)_2$、$Zn(TFSI)_2$ 和 $Zn(CF_3SO_3)_2$ 等。

无机阴离子类电解质中，$ZnSO_4$、$Zn(NO_3)_2$ 是最常见的锌离子电池电解质。$ZnSO_4$ 的正极匹配性十分优秀，并且具有价格低廉的显著优势，有利于商业化生产。但在电池充放电过程中，其容易在正负极表面生成副产物 $Zn_4(OH)_6SO_4·5H_2O$。

$Zn(NO_3)_2$ 能够和 MnO_2、V_2O_5 和 PBAs 等多种常见正极材料匹配，组装成锌离子电池，发挥电池的电化学性能。但 NO_3^- 的强氧化特性使 $Zn(NO_3)_2$ 在特定的应用体系上存在一定的局限性。例如，在 CuHCF-Zn 电池中，NO_3^- 的强氧化性使得正极材料和锌金属快速退化，导致电池迅速失效。$ZnCl_2$ 广泛应用于凝胶电解质中，Cl^- 离子能够有效降低水合锌离子的去溶剂化能垒，从而提升电池性能。然而，Cl⁻离子在某些条件下可能引发氯气析出，导致热力学问题，从而严重影响电池的性能。在20℃时，ZnF_2在100 mL水中仅能溶解约1.5 g，浓度约为0.15 mol/L，这一较低的溶解度限制了其作为二次锌基电池水系电解液的应用。$Zn(ClO_4)_2$常用于以CuHCF和NiHCF为正极的锌离子电池中，但该电解液往往会导致较大的极化现象，进而影响电池的实际性能。此外，ClO_4^-有可能会被还原分解为Cl⁻和OH⁻，从而对锌金属负极造成腐蚀。

8.4 二次钙基电池技术

金属钙作为钙离子电池负极材料，表现出理想的理论体积比容量(2072 mA·h/mL)和理论质量比容量(1337 mA·h/g)，这两项指标均优于目前商用锂离子电池中常用的石墨负极材料(相应数值分别为300~430 mA·h/mL和372 mA·h/g)。鉴于钙元素不仅储量丰富且无毒性，采用该材料可大幅削减电池制造成本，并减轻对环境造成的污染。近年来，由于钙离子电池具备多方面优势，它正逐渐成为研究领域的热点之一。其中一个重要因素在于，与相对稀缺的锂资源相比，钙是地壳中的第五大元素，不仅易于获取而且安全无害。此外，钙离子的尺寸几乎等同于钠离子(前者半径为0.1 nm，后者为0.106 nm)，这使得它们在二次电池体系内的可逆嵌入及脱出过程更加顺畅。值得注意的是，尽管钙的还原电位略高于锂(前者为-2.87 V，后者为-3.04 V)，但两者之间仅相差0.17 V，这意味着钙基系统能维持较高工作电压的同时，还能实现能量密度的有效提升。另外，相比于其他多价离子，如镁离子、锌离子和铝离子，钙离子显示出更低的极化效应以及更强的扩散能力，这些特性共同保证了其具有优异的倍率性能。

鉴于上述特性，钙离子电池的研究领域正逐渐受到更多学者的关注。尽管在电解质溶液与高性能电极材料的研发上仍存在一定的不足，导致该领域的进展相对缓慢，但钙离子电池凭借其独特的多重优势仍展现出了广阔的研究潜力。随着未来在电解液及先进电极材料技术上的不断突破，预计能够有效促进钙离子电池技术的发展，并加速其实现大规模应用的步伐。

8.4.1 二次钙基电池的组成和工作原理

钙离子电池的工作原理与锂离子电池相类似，均基于"摇椅式"机制运行。在此机制中，钙离子在电池的正负极之间往返移动，从而实现能量的有效储存与释放。如图8-10所示，当使用嵌入脱出型材料作为正极、金属钙作为负极时，其充放电过程可以通过示意图来直观展示。充电期间，在外部施加电场的作用下，钙离子会从正极材料中释放出来，并通过电解质溶液穿过隔膜向负极迁移，在那里它们将沉积于金属钙上；与此同时，电子则通过外部电路从正极流向负极。在整个充电过程中，正负极发生如下反应。

正极反应：
$$Ca_xHost \rightleftharpoons xCa^{2+} + 2xe + Host \tag{8.22}$$

负极反应：
$$xCa^{2+} + 2xe \rightleftharpoons xCa \tag{8.23}$$

电池总反应：

$$Ca_xHost \rightleftharpoons xCa + Host \tag{8.24}$$

钙离子电池放电过程中，正负极的反应则与之相反。

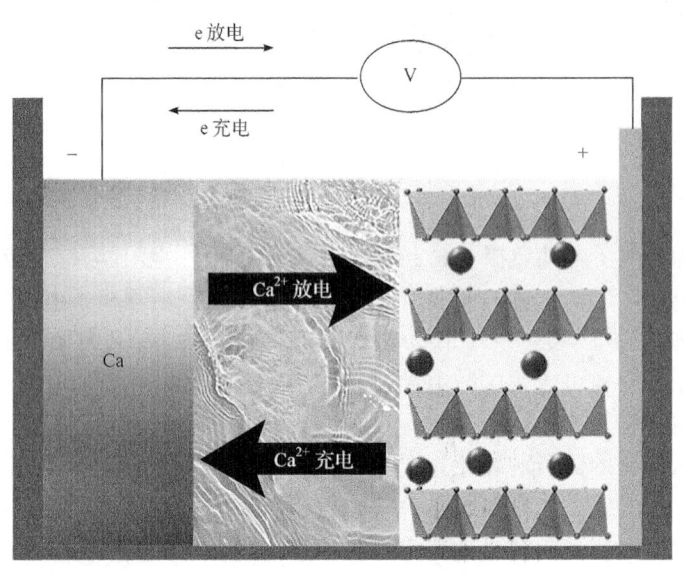

图 8-10 钙离子电池工作原理示意图

8.4.2 二次钙基电池的关键材料和技术

1. 钙离子电池正极材料

正极材料是决定钙离子电池能量密度的重要因素之一，其研究与开发对于推进该类电池技术的发展具有至关重要的作用。理想的钙离子电池正极材料应当拥有高钙离子容量、宽广的离子迁移通道、优秀的电子与离子传导性能以及较高的氧化还原电位等特征。当前文献报道中所涉及的正极材料主要可以按照结构特点分为三大类：三维隧道结构材料、层状材料及普鲁士蓝类似物等类型。

1) 三维隧道结构材料

三维隧道结构材料主要分为尖晶石型和钙钛矿型两大类。现阶段，关于这些材料主要依赖于理论计算方法来预测它们的电化学储钙能力，以此为新材料的选择提供科学依据。在探索存储多价离子的电极材料的过程中，科研人员对一系列具有尖晶石结构的化合物进行了详尽的理论分析，结果显示 $CaMn_2O_4$ 可能是一种稳定的钙储存介质材料，其理论放电电压约为 3.1 V(vs. Li^+/Li)，能够达到约 250 mA·h/g 的比容量。此外，采用密度泛函理论(DFT)技术，研究人员探讨了 $CaMO_3$ (其中 M 代表 Mo、Cr、Mn、Fe、Co 以及 Ni)系列钙钛矿化合物作为钙基电池电极材料的可能性。

2) 层状材料

现阶段，层状材料的研究焦点主要集中在五氧化二钒(V_2O_5)及其同质异形体的钙离子储存性能上。除此之外，科研人员还致力于通过扩展层间距的方法来增强 V_2O_5 在钙离子电池中的电化学性能。同时，借助密度泛函理论(DFT)技术，探讨了不同形态下 V_2O_5

结构的稳定性以及钙离子在其内部的迁移能垒。研究结果表明，在倍率性能方面，δ 相的 V_2O_5 相较于 α 相具有更优的表现。另外，对比分析表明，与体相相比，钙离子在(010) 晶面上的扩散过程更为容易。

3) 普鲁士蓝类似物

普鲁士蓝类似物作为一类金属有机框架材料，在电池技术领域，尤其是作为插入式电极材料得到了广泛的研究。这类化合物的化学通式为 $A_xMFe(CN)_6 \cdot yH_2O$，其中 A 可以是 Li、Na、Mg、Ca 等元素，而 M 则代表 Ba、Ti、Mn、Fe、Co、Ni 等一系列金属。该类物质具有独特的立方体结构，由于其内部存在较大的离子传输路径，因此在多种电池系统中，包括钙离子电池在内，都表现出了显著的电化学活性。研究人员探究了普鲁士蓝类似物 $NaMnFe(CN)_6$ 的储钙性能，实验发现，当这种材料经历初步的钠离子脱出过程之后，在非水系钙离子电解质环境中能够实现稳定的循环充放电，并且达到了约 75 mA·h/g 的比容量。

2. 钙离子电池负极材料

鉴于钙离子电池具备较高的体积能量密度以及钙元素资源丰富的特点，这一领域正吸引着越来越多研究人员的研究兴趣。为了开发出高效的钙离子电池系统，关键在于采用性能优良的电极材料。理想的负极材料应当拥有出色的钙存储能力、良好的电子及离子传导性，并且工作电压较低。现阶段对于负极材料的研究重点主要集中在金属钙基合金材料、插层型材料以及有机化合物等方面。尽管如此，目前仍面临界面稳定性不足、体积膨胀问题以及材料溶解等挑战。因此，为促进高性能电池系统的实现，迫切需要研究和发展更加稳定的负极材料。

1) 金属钙

金属钙作为负极材料，在电池中的应用需满足可逆剥离及电镀的基本条件。当电池处于充电状态时，电极表面会经历还原或氧化过程，涉及钙盐或溶剂的化学变化，产生不溶性物质沉积于金属钙上，并形成固态电解质界面(SEI)膜。理想状态下，这种 SEI 膜应具备高选择性，即能够促进钙离子的传导而阻止电子流动，从而防止电解质与金属钙发生进一步反应。然而，在实际操作中，形成的 SEI 膜往往过于紧密，阻碍了钙离子的有效往返迁移。尽管通过优化电解液配方，研究者已成功地将金属钙的可逆沉积温度从高温降至常温范围，但当前技术下所达到的沉积效率仍无法完全满足商业化需求。由此可见，对于以金属钙为负极的钙离子电池而言，研发出既稳定又高效的新型电解液是提升其性能的关键所在。

2) 合金材料

鉴于合金材料具备较高的比容量及较低的反应电位，它们被视作金属钙负极的一种潜在替代方案。因此，硅基和锡基合金作为钙离子电池负极材料引起了研究人员的兴趣。已有研究指出，在 100℃下，$CaSi_2$ 能够在将 0.45 mol/L $Ca(BF_4)$ 溶解于 EC：PC(体积比为 1∶1)的电解质中经历去钙化过程；理论计算表明，钙与硅形成合金时的电压约为 0.4 V，并且预测其理论容量可达到 400 mA·h/g。不过，在实际操作过程中，由于还原步骤中的电压滞后现象以及无定形结构的产生，所以通过实验来验证合金是否形成的难度增加。另外，还有报告介绍了以金属锡为负极、以石墨(通过阴离子嵌入)为正极、采用 0.8 mol/L

Ca(PF6)$_2$溶解于 EC∶PC∶DMC∶EMC(体积比为 2∶2∶3∶3)作为电解液构建的钙离子电池系统。该系统的电化学性能如图 8-11 所示，工作电压区间在 3.0~5.0 V，并且经过 350 次循环后仍能保持超过 95%的初始容量。尽管如此，合金材料普遍存在的一个问题是在合金化过程中会导致显著的体积膨胀，这可能会影响电池长期运行时的稳定性。

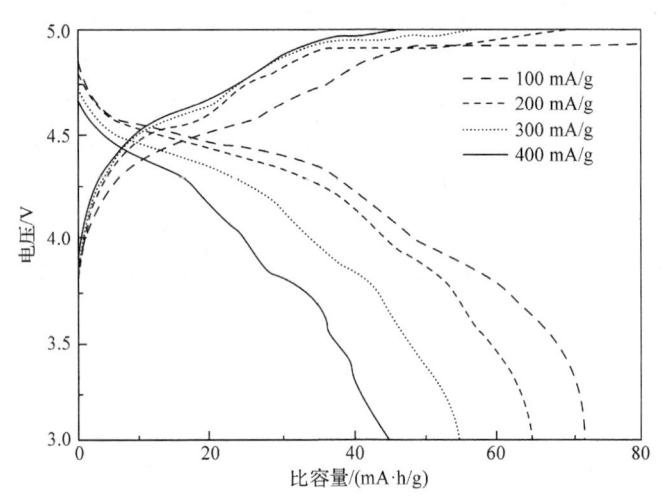

图 8-11 钙离子电池的在不同电流密度下的电化学性能(锡作为负极，石墨作为正极)

3) 嵌入脱出型材料

除了上面提到的合金金属负极，嵌入脱出型材料同样在钙离子电池领域被广泛地关注。石墨作为锂离子电池中最为典型的负极材料之一，在钙离子电池中的应用潜力也被证实。早期的研究指出，通过化学合成法能够制备出一种名为 CaC$_6$ 的钙基石墨插层化合物，具体步骤为：将高取向热解石墨浸泡于含钙物质中，并在 350℃条件下加热，持续十天。研究表明，CaC$_6$ 拥有 R-3m 空间群下的菱形晶体结构，且通过化学手段可以在相对较高的温度下实现钙元素向石墨中的嵌入。2008 年，有研究首次报道了以天然石墨或高取向热解石墨作为工作电极、将 Ca(CF$_3$SO$_3$)$_2$ 溶解于二甲亚砜溶液作为电解液组成的钙离子电池，在该电池中，钙离子能够嵌入石墨电极之中。后续实验进一步证实，在基于二甲基乙酰胺(DMAc)的电解液体系内，采用天然石墨作为工作电极，钙金属作为对电极时，Ca^{2+}离子可以可逆地插入石墨层间。这些研究成果为使用商业化的石墨材料作为负极开发钙离子电池提供了宝贵的参考价值。

3. 钙离子电池电解液

电解质溶液是构成电池的关键部分之一，其主要功能是高效传输离子及载流子。多价阳离子如镁和铝的电池系统中，由于离子表现出较强的硬酸特性，故而要求采用特制的电解液配方来支持这些阳离子与电极表面之间发生的去溶剂化过程。相比之下，钙离子呈现出较为温和的行为特征，这使得它更类似于锂离子或钠离子电池中的情况。对于钙离子电池而言，其电解液通常仅需将特定盐类溶解于常规电池溶剂中即可完成配制，因此简化了生产流程。根据所选用溶剂的不同，钙离子电池的电解液可以分为两大类：有机电解液和水系电解液。

1) 有机电解液

目前，钙离子电池所采用的电解液已经基本能够满足钙离子在材料体相及界面间的高效传输需求，从而确保了电池具备良好的功率性能，并且可以实现稳定的充放电循环。不过，鉴于钙金属具有较低的电化学势能，这一特性与锂金属相近，在使用金属钙作为负极材料的情况下，电解液中的成分会在钙表面发生分解反应，生成一层固态电解质界面(SEI)膜。这种现象不仅影响了钙离子的正常传输效率，也无法有效抑制金属钙同电解液之间持续发生的化学反应。因此，在当前阶段针对电解液的研究工作中，如何提高其电化学稳定性成为亟待解决的关键问题之一。对于电解液面临的问题，应当从它与正负两极材料之间的相容性角度出发进行全面考量。

钙离子电池有机电解液通常由有机溶剂、钙盐和添加剂组成。常见的有机溶剂包括碳酸酯类(如碳酸乙烯酯、碳酸丙烯酯)、醚类(如二甲醚、四氢呋喃)等。钙盐则多为双(氟磺酰)亚胺钙($Ca(FSI)_2$)、六氟磷酸钙($Ca(PF_6)_2$)等。

高浓度电解液可以提高钙离子的传输效率和电极的可逆性。例如，有研究团队开发了一种 3.5 mol/L 浓度的 $Ca(FSI)_2$ 电解液，显著提高了石墨正极中的阴离子插层能力和有机负极中 Ca^{2+} 的可逆插入，组装的钙基双离子电池在 100 mA/g 时的放电比容量为 75.4 mA·h/g，350 次循环后的容量保持率为 84.7%。复旦大学的研究团队通过系统设计溶剂、电解质盐以及电解质配比，成功制备出一种基于二甲基亚砜/离子液体的新型电解质，有效满足了电池正负极的高要求，构建了可室温充放电的钙-氧电池。

2) 水系电解液

虽然有机电解液能够提供一个较宽的工作电压范围，但其离子电导率较低的问题显著制约了钙离子的迁移效率。与此相反，在水系电解质环境中，钙离子展现了更高的电导率，从而赋予了水系电解液体系更优异的动力学性能。另外，值得注意的是，在纯水中操作时无须采用金属钙作为负极材料，这意味着可以避开与之相关的界面稳定性难题，这也成为水系钙离子电池技术的一大优势。

思 考 题

1. 多电子二次电池相比于二次锂电池有何区别，分别有哪些优势与劣势？
2. 要想构造高性能二次电池，需要从电池的哪些部分着手？
3. 镁离子的二价性质在电池中会导致什么问题？
4. 二次铝电池为什么在最小尺寸的储能装置或系统中具有明显的吸引力？
5. 钙离子电池与锂离子电池拥有类似的储存机制，即"摇椅式"机制，请解释其原理。

参 考 文 献

巴普洛夫, 2021. 铅酸蓄电池科学与技术[M]. 2 版. 段喜春, 苑松, 译. 北京: 机械工业出版社.
蔡萌, 2014. 他一直在默默奉献: 记北京理工大学教授吴锋[J]. 中国科技奖励(5): 40-42.
柴树松, 2017. 铅酸蓄电池制造技术[M]. 2 版. 北京: 机械工业出版社.
陈军, 陶占良, 2006. 镍氢二次电池[M]. 北京: 化学工业出版社.
程新群, 2019. 化学电源[M]. 2 版. 北京: 化学工业出版社.
郭炳焜, 李新海, 杨松青, 2009. 化学电源——电池原理及制造技术[M]. 长沙: 中南大学出版社.
国家发展改革委, 国家能源局. 能源技术革命创新行动计划(2016-2030 年)(发改能源〔2016〕513 号)[EB/OL]. [2016-04-07]. http://www.nea.gov.cn/2016-06/01/c_135404377.htm.
胡信国, 王殿龙, 戴长松, 2015. 铅碳电池[M]. 北京: 化学工业出版社.
黄志高, 林应斌, 李传常, 2020. 储能原理与技术[M]. 2 版. 北京: 中国水利水电出版社.
惠东, 相佳媛, 胡晨, 等, 2023. 电力储能用铅炭电池技术[M]. 北京: 机械工业出版社.
蒋志军, 刘治平, 李倩, 等, 2023. 储能系统用 200 Ah 镍氢电池的研制[J]. 稀土, 44(3): 22-30.
焦树强, 宋维力. 2023. 铝电池原理与技术[M]. 北京: 科学出版社.
李丽, 陈妍卉, 吴锋, 等, 2007. 镍氢动力电池回收与再生研究进展[J]. 功能材料, 38(12): 1928-1932.
刘巍, 2017. 废旧铅酸电池电极活性物质的资源化[D]. 南京: 东南大学.
刘亚楠, 2024. 锌镍液流电池关键原材料和部件测试方法标准解读[J]. 电器工业(3): 22-24.
鹿鹏, 2016. 能源储存与利用技术[M]. 北京: 科学出版社.
梅生伟, 李建林, 朱建全, 等, 2022. 储能技术[M]. 北京: 机械工业出版社.
全球能源互联网发展合作组织, 2020. 大规模储能技术发展路线图[M]. 北京: 中国电力出版社.
饶中浩, 汪双凤, 2017. 储能技术概论[M]. 徐州: 中国矿业大学出版社.
唐有根, 2007. 镍氢电池[M]. 北京: 化学工业出版社.
吴锋, 2009. 绿色二次电池材料的研究进展[J]. 中国材料进展, 28(S1): 41-49, 66.
吴涛, 李清湘, 2006. 国内碱锰电池用无汞锌粉的发展动态[J]. 电池工业, 11: 342-349.
许晓雄, 邱志军, 官亦标, 等, 2013, 全固态锂电池技术的研究现状与展望[J]. 储能科学与技术, 2(4): 331-341.
杨天华, 李延吉, 刘辉, 2020. 新能源概论[M]. 2 版. 北京: 化学工业出版社.
张凤霞, 谈诚, 2023. 先进镍氢电池负极材料的研究进展[J]. 材料导报, 37(S02): 18-26.
张欢欢, 江炜, 2024. 全钒液流电池储能系统最新研究进展[J]. 化工生产与技术, 30 (1): 11-15.
张建, 张晔, 徐熙林, 等, 2024. 整体化全钒氧化还原液流电池电堆的开发[J]. 电池, 54 (2): 200-204.
周杰, 2024. 全钒液流电池管理系统的设计与实现[J]. 自动化应用, 65 (7): 109-111.
朱松然, 2002. 铅蓄电池技术[M]. 2 版. 北京: 机械工业出版社.
BI X X, JIANG Y, CHEN R T, et al., 2024. Rechargeable zinc-air versus lithium-air battery: from fundamental promises toward technological potentials[J]. Advanced energy materials, 14(6): 2302388.
CAO Y L, 2020. The opportunities and challenges of sodium ion battery[J]. Energy storage science and technology, 9(3): 757.
CHAE S, KO M, KIM K, et al., 2017. Confronting issues of the practical implementation of Si anode in high-energy lithium-ion batteries[J]. Joule, 1(1): 47-60.
CHEN J W, ADIT G, LI L, et al., 2023. Optimization strategies toward functional sodium-ion batteries[J]. Energy & environmental materials, 6(4): e12633.

参考文献

GUMMOW R J, VAMVOUNIS G, KANNAN M B, et al., 2018. Calcium-ion batteries: current state-of-the-art and future perspectives[J]. Advanced materials, 30(39): 1801702.

GUO J Z, WAN F, WU X L, et al., 2016. Sodium-ion batteries: work mechanism and the research progress of key electrode materials[J]. Journal of molecular science, 32: 265-279.

HE M L, DAVIS R, CHARTOUNI D, et al., 2022. Assessment of the first commercial Prussian blue based sodium-ion battery[J]. Journal of power sources, 548: 232036.

KONG W J, ZHAO C Z, SUN S, et al., 2024. From liquid to solid-state batteries: Li-rich Mn-based layered oxides as emerging cathodes with high energy density[J]. Advanced materials, 36(14): 2310738.

LI M Y, DU Z J, KHALEEL M A, et al., 2020. Materials and engineering endeavors towards practical sodium-ion batteries[J]. Energy storage materials, 25: 520-536.

LI X, ZHANG W W, CHEN W, et al., 2018. Dual active bridge bidirectional DC-DC converter modeling for battery energy storage system[C]. Proceedings of the 37th Chinese Control Conference. Wuhan: 1740-1745.

LIU F F, WANG T T, LIU X B, et al., 2021. Challenges and recent progress on key materials for rechargeable magnesium batteries[J]. Advanced energy materials, 11(2): 2000787.

LOPES P P, STAMENKOVIC V R, 2020. Past, present, and future of lead-acid batteries[J]. Science, 369(6506): 923-924.

MA H, ZHANG H R, XUE M Q, 2021. Research progress and practical challenges of aqueous sodium-ion batteries[J]. Acta chimica sinica, 79(4): 388.

NAYAK P K, YANG L T, BREHM W, et al., 2018. From lithium-ion to sodium-ion batteries: advantages, challenges, and surprises[J]. Angewandte chemie (international edition), 57(1): 102-120.

OH K, MOAZZAM M, GWAK G, et al., 2019. Water crossover phenomena in all-vanadium redox flow batteries[J]. Electrochimica acta, 297: 101-111.

QIU Y, LI X, CHEN W, et al., 2019. State of charge estimation of vanadium redox battery based on improved extended Kalman filter[J]. ISA transactions, 94: 326-337.

RAZA H, BAI S Y, CHENG J Y, et al., 2023. Li-S batteries: challenges, achievements and opportunities[J]. Electrochemical energy reviews, 6(1): 29.

RODRÍGUEZ-PÉREZ I A, YUAN Y F, BOMMIER C, et al., 2017. Mg-ion battery electrode: an organic solid's herringbone structure squeezed upon Mg-ion insertion[J]. Journal of the American chemical society, 139(37): 13031-13037.

RYU C H, KANG S G, KIM J B, et al., 2015. Research review of sodium and sodium ion battery[J]. Transactions of the Korean hydrogen and new energy society, 26(1): 54-63.

TAEK M S, FILIPPO M, JOON P K, et al., 2017. Nickel-rich layered cathode materials for automotive lithium-ion batteries: achievements and perspectives[J]. ACS energy letters, 2(1): 196-223.

TIAN J, SU Y F, WU F, et al., 2016. High-rate and cycling-stable nickel-rich cathode materials with enhanced Li$^+$ diffusion pathway[J]. ACS applied materials & interfaces, 8(1): 582-587.

VERMA V, KUMAR S, MANALASTAS W, et al., 2019. Progress in rechargeable aqueous zinc- and aluminum-ion battery electrodes: challenges and outlook[J]. Advanced sustainable systems, 3(1): 1800111.

XIAO J, SHI F F, GLOSSMANN T, et al., 2023. From laboratory innovations to materials manufacturing for lithium-based batteries[J]. Nature energy, 8(4): 329-339.

XIONG H Q, WANG Z F, YU H, et al., 2021. Performances of Al-xLi alloy anodes for Al-air batteries in alkaline electrolyte[J]. Journal of alloys and compounds, 889: 161677.

ZHOU A X, ZHANG J K, CHEN M, et al., 2022. An electric-field-reinforced hydrophobic cationic sieve lowers the concentration threshold of water-in-salt electrolytes[J]. Advanced materials, 34(47): 2207040.